シン・オーガニック

土壌・微生物・タネのつながりをとりもどす

吉田太郎 著

農文協

シン・オーガニック　土壌・微生物・タネのつながりをとりもどす

もくじ

第5章

リンは微生物のつながりと資源循環で

シン・オーガニック

土壌・微生物・タネのつながりをとりもどす

はじめに

なぜ、いま、自然への畏敬なのか——断ち切られた関係性のつむぎなおし

地球が沸騰してもゲノム改造人間になれば大丈夫

年間、300万人が訪れる東京の高尾山には水行道場(すいぎょう)の「琵琶滝」がある。東京生まれの筆者にとっては、小学生の遠足で何度も通った想い出の地だ。山腹にある薬王院の開基は奈良時代(744年)。当時からその修行の場となってきた。いまは日常生活に疲れた若い人たちの人気スポットでもあるそうで、筆者が訪れたのは7月だったが何人もが白装束に身を固めて水行に打ち込んでいた。

「圏央道のトンネルが掘られたので滝の水量が減っています。ですが、国土交通省の若手官僚は『問題ありませんよ。人工ポンプでいくらでも水はひけますから』と言うんです」

こう語るのは、東京大学の斎藤幸平准教授とともに、高尾山において森をコモンととらえ、自然環境の再生を行なっている「コモンフォレストジャパン」の坂田昌子理事だ。そして、こう続ける。

「気候変動の会議で、ある中学生がこう発言したんです。『温暖化が進んでも僕たちは大丈夫ですよ。ゲノム編集で熱に耐えられる身体になりますから』と」

坂田理事は、こんな発言が出る背景には、「ゲノム編集がいい科学だ」と学校で教えられているからだとして、トンネルの問題もポンプで解決できると言う若手官僚の世界観と共通すると指摘する[1]。

筆者なりに紐解けば、科学の進歩によって自然のカラクリは解明でき、自然は操作できると考えるか、あるいは自然界の神羅万象にはまだまだ人智を超えたものがあって、畏敬の念を払うべきだと考えるかとの違いだと言える。

坂田理事は、登山道に沿う植物や虫を一つひとつ手にとって説明していく。

「この小さい草のタネ。ドングリと違って親からの栄養をロクにもらえていません。だから、まず土の中の菌根菌を呼び寄せる。うまく共生関係を結べたタネは生き残れますが、結べなければ森の中では生きられない。地面から上だけを見ていても駄目なんです。地面の下の広大な菌糸の森がどう動いているのかも見ないと生態系はわからないんです」

「生物多様性とは生きもの同士の関係性。種類だけでなく関係性も多様でないといけない。その最も濃いのが食い食われるの関係性で、自然界の中では死は常に利他なんです。ですから、死なないモノ、腐らないプラスチックのようなモノが困るんです。人間が余計なことをしなければいい環境になるんです」

観察会で一番、感銘を受けたのが岩肌に付いたコケの前での説明だった。

「コケは常に水をためるスポンジの役割をしています。農業では畑を中心に考えるので良い土がないと駄目だというのだけれども、自然界はコケがあって水があれば回りはじめる。降った雨をコケがためてくれれば他の植物も生きられるんです」[1]

コケは陸上では最古の植物だ。コケには花も果実もタネも、そして、根さえもない。根がないから、土から水を吸うことすらできない。湿った場所にコケが生えているのはそのためだ[2]。けれども、太陽が照りつける岩の上でも枯れないのは、水分の98%を失って干乾びても水分が補給されれば20分で元の状態に戻れる能力があるからだ。標本キャビネットの中で40年も脱水状態にされていたコケでさえ水をかければ完全に生き返る[2]。

水がたまったコケの窪みの中にはワムシがいて、一生をそこで過ごす。ワムシもコケと同じで乾燥すれば体を縮めて代謝をほとんどゼロにして水分が補給されるのを何年も待つ。お待ちかねの雨が降って水が手に入るやいなや、20分も経てば元に戻る。第2章で登場する地衣類も強靭な生命力をもつが、コケやワムシがどのようにして生と死の境界線を漂っていられるのかはいまだに大きな謎である。だが、足元のコケやその中に棲むワムシは絶えずそれを行なっているのだ[2]。

ネイティブアメリカン、ポタワトミ族出身の生物学者、ニューヨーク州立大学のロビン・ウォール・キマラー（Robin Wall Kimmerer）教授はこう言う。

「理解を超えたいのちに対して、畏敬の念を抱くという以外の言葉が見つからない」[2]

土を離れて人は生きていけない――
自然への畏敬の念をもった百姓の叡智の復活へ

食や農に話題を転ずれば、ＳＤＧｓに沿った持続可能なフードシステムへの転換は避けがたい。今後、世界の食料需給の逼迫が懸念される一方で、カーボンゼロや生物多様性の保全を達成しなければならない。カリやリンも有限でウクライナ危機もあって価格も高騰している。地球沸騰を回避し、同時に世界飢餓も防ぐ。二つの難題を同時に解決しなくてはならないのだ。この大前提には世界的にコンセンサスが得られている。しかしそれを実現する手法となるとまさに百花繚乱だ。

日本有機農業研究会の魚住道郎理事長が「ゲノム編集技術やスマート農業は有機農家の心情と逆行している」と憂える一方で[3]、ＡＩやドローンや人工肉、細胞培養等の先端技術を用いたフードテックが農や食の持続性の切り札として着目されている。どちらかと言えばこちらの方が主流だ。耐熱仕様のゲノム改造人間はＳＦだとしても、気候危機で誰しもが不安を抱くなか、科学の進歩に期待したくなるのもわかるではないか。だが、自然農法や有機農業、植物工場から、フードテックまで、頭がこんがらがりそうなさまざまな主張のどれが正しいのか見極めるのは至難の業だ。そこで、交通整理として、横軸にＳＤＧｓにどれだけ寄与するかを、また縦軸に坂田理事が言う自然への畏敬度をとり、この世界観の違いで四象限をつくってみよう[図1]。

大量の石油を使う化学肥料や農薬、農業機械に依存する近代農業や濃厚飼料に依存する工業型畜産

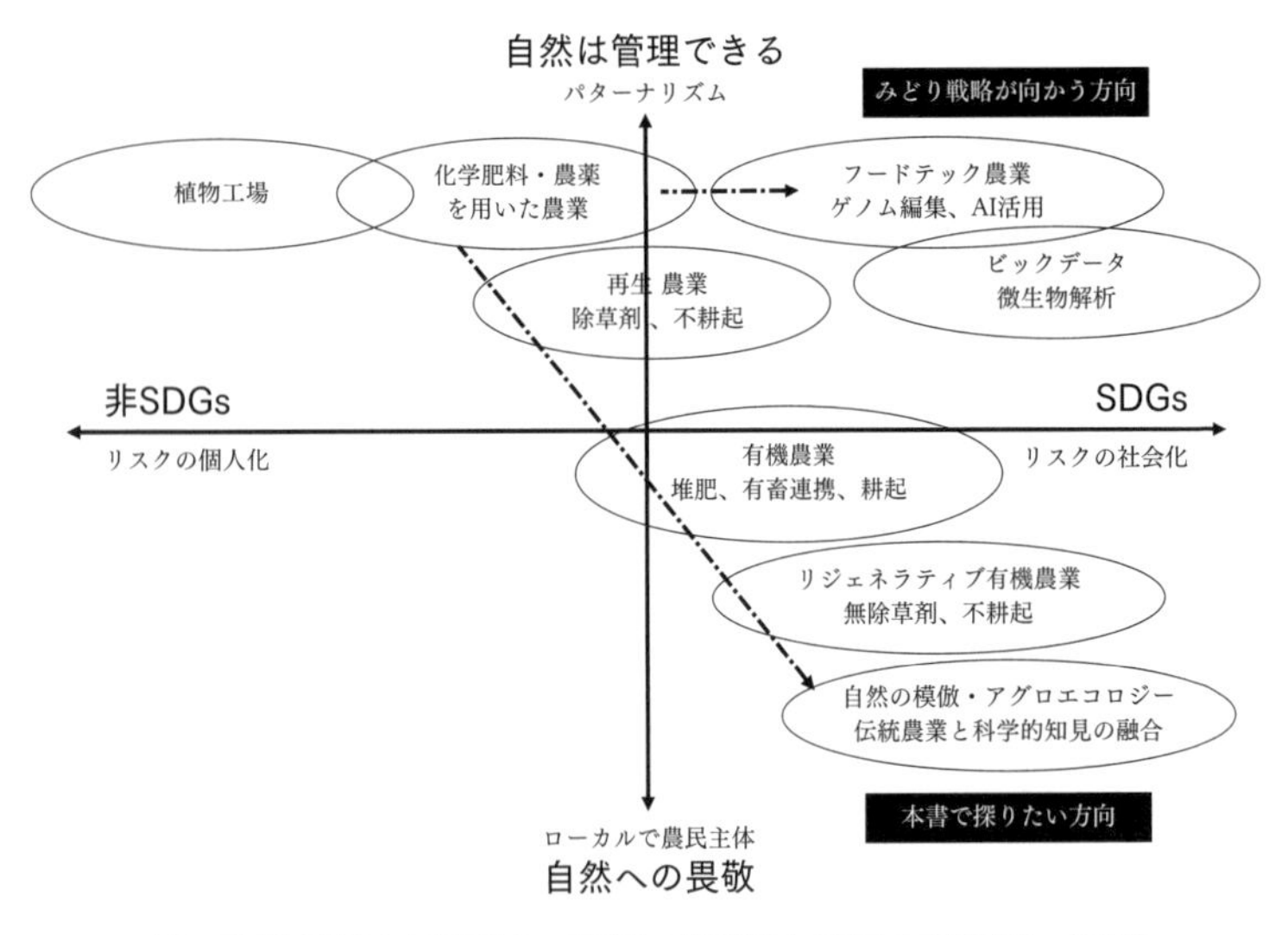

図1　持続可能性と自然観からの各農法の位置付け／出典：内田達也、千葉康伸、関根佳恵、柄谷行人、山口二郎、中島岳志氏らさまざまな資料より筆者作成

や植物工場は持続性がないから問題外だ。したがって、未来への選択肢と対立軸は、第一象限と第四象限。すなわち、極論すれば、科学の進歩で自然のカラクリを解明し、自然を人間のために操作する普遍的なテクノロジーを普及推進していくか、あるいは、自然に畏敬の念を払い、祖先伝来の伝統知を尊重し、篤農家の匠の技（わざ）を再評価するかの違いだと言える。前者は汎用性があり、後者は地域性があって風土に根ざすから、これはグローバルかローカルかの対立軸だとも言える。

本書が探っていきたいのは、第四象限の可能性、すなわち、農民の主体性を伸ばしながら、ローカルな解決策を目指す方向だ。

「土に根をおろし、風とともに生きよう。種とともに冬を越え、鳥とともに春を歌おう。どんなに恐ろしい武器をもっても、たくさんの可哀想なロボットを操っても、土から離れては生きられないのよ」[4]

これは、宮崎駿監督の名作『天空の城ラピュタ』の有名なセリフだが、本書は、土（土壌）と微生物を軸に、無化学肥料と無農薬でも作物ができるメカニズムとはどのようなものなのか。水、光、養分、動植物、微生物といった農生態系を構成する諸要素を時空間でつむぎなおすことを通じてつまびらかにすることを目指す。

とはいえ、生きとし生けるものへのいたわりや作物への愛といったスピリチュアル的な要素は極力排す。最先端の地球科学やゲノム解析によって明らかにされてきた、根、風、鳥、虫、タネ、微生物のダイナミックなつながりへのエビデンスに基づいた議論をしたい。そのうえで、どんなに優れたAIアプリを手にしていても、フードテックに象徴されるロボットを活用したとしても、つまるところは、ヒトは土から離れては生きてはいけないことを読者の皆さんと探っていきたい。もちろん、食や農を考えるうえでは、生産だけでなく、流通や消費も大切だが、本書は、生産の仕組みを土に重点をおいて、なぜ自然に学び、模倣することが重要なのかを原理から紐解いていく。というのも、前図の第四象限で紹介した「農法」を深掘りしていくと、動植物と微生物のつながりの仲介役となる「土」が鍵となると考えざるをえないからだ。

「第Ⅰ部　地球史からみた植物と土とのつながり」では、生命誕生からのカーボン（炭素）と窒素の深いつながり、そして、植物上陸と土壌ができるまでを描く。「第Ⅱ部　土からみた動植物の健康」では、無化学肥料でも農産物が生産でき、無農薬でも病害虫被害が起こらず、健康な土には汚れた水を浄化し動植物を健康にする力がある謎を解き明かす。「第Ⅲ部　進化からみた微生物とタネとのつながり」ではミネラルだけでなく、微生物が生命圏を循環していること、東洋医学で言われてきた「医食同源」や「身土不二」の科学的な根拠がタネにあることがゲノム解析技術の進歩でようやく明らかになってきたことについて書く。

その後の宮崎駿作品の原点ともなった『シュナの旅』のテーマはタネと農だ。主人公のシュナは、貧窮に喘ぐ国を深く憂え、国を救うために神人の国から麦を持ち帰ることを決意して、ヤックルとともに旅に出る。そして、見事麦を携えて、生まれ故郷への帰還を果たす[5]。危機の本質は、タネを介してつながっている動植物と微生物と土との関係性が断ち切られたことにある。それでは、シュナと同じようにその絆のつむぎなおし方を探る旅に出発することとしよう。

引用文献

［1］2023年7月17日、坂田昌子氏の発言、筆者聞き取り
［2］ロビン・ウォール・キマラー『コケの自然誌』（2012）築地書館
［3］2023年3月、農業基本法見直し意見公開会での魚住道郎氏の発言、筆者聞き取り
［4］『天空の城ラピュタ』（1986）スタジオジブリ
［5］宮崎駿『シュナの旅』（1983）アニメージュ文庫

序章

自然生態系の創発から見えてきた有機農業のメカニズム

有機農業を25％にまで拡大する野心的計画は環境の限界からは必然

「みどりの食料システム戦略」という計画をご存知だろうか。２０２１年5月に農林水産省が打ち出したもので、２０５０年までに農林水産業のCO_2ゼロエミッション化を実現し、化学農薬はリスクで50％、化学肥料は使用量を30％カットし、現在ではわずか0・7％しかない有機農業の面積割合を25％（１００万ha）へと増やす野心的な目標が掲げられた。

有機農業の関係者ですら「本当にできるのか」と首をかしげる壮大な目標値だが、２０２３年4月22日には「みどりの食料システム法」（環境と調和のとれた食料システムの確立のための環境負荷低減事業活動の促進等に関する法律）として成立。5月2日に公布、7月1日には施行と矢継ぎ早で政策が動き出している。

こうした背景には、農業といえども、環境に配慮しなければ地球がもたないという厳しい現実がある。斎藤幸平准教授のベストセラー『人新世の資本論』(2020、集英社)で人口に膾炙(かいしゃ)されるようになってきた書名の「人新世」とは、人間活動によって地球がもはやその限界を超え、新たな地質時代に入ってしまったとして提唱されたものだ。その根拠のひとつに「プラネタリー・バウンダリー」がある。2009年にスウェーデンにあるストックホルム・レジリアンス・センターのヨハン・ロックストローム(Johan Rockström)博士が提唱した概念で、いわば地球の収容力だ。

気候変動が深刻なことは日本でも日々実感されているが、それ以上に深刻なのが生物多様性の喪失、窒素、リンの過剰な環境負荷だ。窒素とリンはいうまでもなく農業で使われる肥料だし、絶滅危惧種の86%も農業が原因、温室効果ガスの排出でも3分の1が農業と食に由来する[1]。そう。いずれも農業が原因だ。だから欧州では、みどり戦略の発表の1年前の2020年5月に日本とほぼ同じ数値目標を掲げた「農場から食卓まで戦略(Farm to Folk Strategy)」を公表。米国農務省も2020年2月に二酸化炭素排出量の大幅削減を目標とする「農業イノベーションアジェンダ」を公表している[2]。みどり戦略の説明資料には、こうした海外の動向やプラネタリー・バウンダリーがちゃんと説明されている。

無化学肥料と無農薬でできるメカニズムをつまびらかにすることが大切

みどり戦略では、とかく有機25%と100万haの数値だけが着目されがちだが、2023年12月9、10日に大阪の摂南大学の会場とオンラインで開催された第24回有機農業学会大会では学会長の谷口吉光秋田県立大学教授*は、それ以外の数値目標にも目を配り「農水省が近代農業からの決別を宣言した」と言えることから画期的な意味があると主張する。たとえば、化学合成農薬の50%削減、化学肥料の30%削減は、すべての農業が減農薬・減化学肥料となり、慣行栽培は姿を消すことにほかならないからだ[3、4]。

谷口教授によれば、有機農業の本質は生物多様性の創出にある。農地生態系が豊かになれば、自然循環が活発となり、作物に必要とされる栄養も農地生態系でつくりだされ、病害虫が発生しても天敵や作物の自然治癒力によって被害が抑えられる[4]。

こうした認識から谷口教授は「有機農業パラダイム」を提案する。その本質を突き詰めて表現すれば、化学肥料や農薬を使わなくても、自然の力のおかげで作物は立派に育つということだ。こうした考え方は、有機農業の研究者の間では常識だが、残念ながら、日本の農業界ではまだ広く知られず、気づいていない人が大部分だ[3、4]。けれども、教授によれば、有機農業のこの潜在的な可能性に気づいた国々では、次々と有機農業推進政策を展開して、大きな環境的・社会的成果を上げているという[3]。一方で、従来の効率化と大規模化を推進してきた農政への反省がないままに、その延長上で

*――有機農業学会長はこの発言時で、今大会で茨城大学の小松﨑将一教授と交代。秋田県立大学教授も2024年3月に退官された。

有機農業が推進されると、大手スーパー等に大規模流通業者が流通させる「ビックオーガニック路線」が推進されることになる[3、4]。筆者が「はじめに」で記述した第一象限の方向性だ。

生物多様性の豊かな生態系が有機農業を実現させる

「無化学肥料・無農薬でもできるメカニズムの周知が必要だ」との谷口元学会長の呼びかけに応える著作はすでにある。2023年11月に出版され、有機農業学会大会でも紹介されたスティーヴン・グリースマン著『アグロエコロジー――持続可能なフードシステムの生態学』（2023、農文協）だ。とりわけ、地上部の生態系での病害虫の抑制力に関しては、同著の監訳者の一人、東京農業大学の宮浦理恵教授が「創発特性（emergent property）」の概念から次のように見事に説明されている。

生態系は、生物個体、個体群、群集とさまざまな階層からなるが、個体群が群集となると個体群レベルには存在しない特性が出現する。これが「創発特性」だ。農場も作物だけでなく、雑草や昆虫・野鳥と多くの生命からなる生態系で、個々の作物の総和以上のものとなっている。生物群集同士の複雑な相互関係のなかから相利共生が生じれば、害虫が発生しても創発特性で抑制され、肥料も削減できる。けれども、工業型アプローチは、自然生態系をトウモロコシやダイズだけという単体個体群にまで単純化し、究極的には植物工場を目指す。個体群レベルでは創発特性は起こらない。だから、脱近代農業で最も重要なのは、いかにこの創発特性を生かすかなのである[5、6]。

例をあげよう。いま日本で一番熱い有機の聖地といえば、100%の有機米給食を実現させた千葉県のいすみ市だ。最初に挑戦した農事組合法人みねやの里の矢澤喜久雄代表や有機栽培を技術指導した民間稲作研究所の稲葉光國（1944~2020年）氏、市職員として獅子奮迅の活躍をした鮫田晋氏や大田洋市長がそのキーマンとして思い浮かぶ。けれども、オーガニック推進の強力な立役者はまだいる。筆者はその存在をオオタ・ヴィン監督の映画『いただきます』を観て知った。無農薬水田をまず1反で試みたとき、それを励ますかのように飛来したコウノトリだ［7］。

有機農業は生物多様性との親和性が高く、有機圃場では豊かな生物多様性が保全される。だが、房総野生生物研究所の代表としていすみ市の生物多様性戦略づくりにもかかわった手塚幸夫代表は、話は逆で、生物多様性によって支えられているのが有機農業なのだと主張する。だから、堂本暁子元千葉県知事が生物多様性戦略をつくったことが、いすみの有機の出発点だと指摘する［8］。

里山林や水田は、人が手を加える農業活動によって生み出される人工生態系だが、多くの生物の生息地となっている［9］。生物多様性が豊かであると「生態系サービス」と呼ばれるさまざまな自然の恵みが得られる［9、10］。たとえば、アシナガグモがまず水田に水平の網を張り、網から落ちた害虫、アカスジカスミカメ（斑点米カメムシ）をコモリグモ類が食べてしまうから、農薬防除はいらない［9］。

人為の浅知恵を排する、自然の摂理は虫や微生物から学べるか？

農家の実践例もある。広島県の神石高原町で水田2ha、畑2haを有機農業で50年も営んできた伊勢村文英氏は[11]、「いま、生物多様性が注目されているが、それは当たり前のことであって、野菜を食べる害虫もいれば、その虫を餌にして生きている天敵もいる。春になれば蝶々が飛び、野菜には青虫が付く。農家からすれば害虫だが、徹底的に退治すると寄生バチが生きられない[11、12]。昨年、防虫ネットをかけたところ全滅したが、今年はネットをかけずに栽培したら2000本の大根が立派に出来た。『欲を出して虫が来ないようにしたため、害虫をネットの中に閉じ込めて増やしていた。人間の下手な浅知恵で野菜をつくろうとすると、こういう結果になる』」と反省する。

「農業は命の生かし合い。キャベツの青虫。これは害虫。でも、青虫がいなければ天敵寄生バチは生きられない。地球上は何らかのかたちでつながっている。自然の連鎖、私たちもその中にいる」

自然生態系のバランスが大事なのであって、こうした自然界の輪が途切れると人間の命も途切れると伊勢村氏は考える[12]。

伊勢村氏に教えを得ながら、同じ広島県の中山間地（東広島市）で2011年に新規就農、2・6haの農地で約40品目の野菜と稲を有機栽培する森昭暢氏の安芸の山里農園はなあふもその一例だ。

森氏は、農研機構西日本農業研究センターや地域住民と連携して田んぼの生きもの調査を行なっている。「鳥類に優しい水田がわかる生物多様性の調査・評価マニュアル」では、2018～2021年と毎年、最高ランクの「S」評価を受けていて[9、13]、クモもカウントができないほどいるという[9]。2020年に中国地方では、トビイロウンカが猛威をふるい、農薬を散布しても甚大な被害が生じたが、氏の水田ではウンカが飛来しても被害がでなかった。天敵が棲息する生物多様性が豊かな圃場では、自然の仕組みによって病害虫被害が防げるとの体験を語る[9、13][写真1]。

写真1　自然を観察するコツは「草と同じ目線に立つことが大事だ」と畑で説明する森昭暢氏。スギナばかりであった畑も土づくりによってホトケノザやハコベ、オオイヌノフグリ等に変化していくという。安芸の山里農園はなあふにて2024年4月14日筆者撮影

それでは、地上部と同じく地下部においても、土壌微生物や昆虫、植物との「創発効果」はあるのだろうか。氏は「作物の安定生産で最も大切なことは土づくりで、自然の仕組みを最大限に生かせる資源は雑草と太陽光だと語る[13]。氏の農地は雑草も生かすことで年々有機物含有量が増え、高いところでは7〜8％まで達し、カーボン貯留にもつながっているという[9]。

氏は就農以前には山口大学と名古屋大学大学院で、根の伸長や共生微生物の研究を行なっていた。栄養分が不足気味の土壌でもミネラルバランスが整えば、根がしっかりと張り、健全な根が発達。根の量が多くなればなるほど、根からの分泌物が増えて共生微生物の活性が高まると指摘する。土壌有機物や共生微生物が増えた土壌では、土壌中の無機態窒素や無機態リン酸等が少なくても、作物は健康に育つというのが氏が研究と実践から得た実感だ[13]。

氏による隣接農家（慣行栽培）との比較調査結果も印象的だ。第Ⅱ部や第Ⅲ部で登場する本書の主役たちについてみると、糸状菌は3・9培、細菌は約2・7倍多く、種類

も約1・5倍多かった[9、13]。慣行栽培土壌では検出されないアーバスキュラー菌根菌も103種（菌類の0・3％）が検出され、根粒菌も慣行栽培土壌の476種（細菌の1％）に対して、725種（細菌の1・4％）と多かった[13]。意外なことは、作物に被害をもたらすフザリウム菌も慣行栽培の約7倍も多いことだ[9、13]。日本土壌協会に依頼し、フザリウム菌を活用した病原抑止力を測定してみたところ、抑止力の指標となるPSV値（Pathogen Suppressive Value）が、慣行栽培土壌の60・7に対して、71・7と高かった[13]。ここから、氏は、多様な菌がいれば土壌病害も抑制されると考える[9、13]。

AIの進歩で篤農家の匠の技もエンジニアリング化されるのか？

谷口元学会長が提起した「無農薬でも作物ができるという有機農業のパラダイム」は、このように見事につまびらかにされている。本書の第3章と第8章でも別の切り口からこれについては論じるが、地上部の生態系では、実践例としては、すでに宇根豊博士の「虫見板」を用いた減農薬運動の先例がある。

それでは、地下部においても「無化学肥料・無農薬でもできるとの原則論」は成り立つのだろうか。土壌生態系は地上部の生態系とは違って昆虫よりも目に見えない微生物が中心となるためにミステリアスな部分が多かった。しかし、これも、AIを用いた解析技術が急進展することで日に日に未知のベールが剥ぎ取られつつある。DNA二重らせんの配列を決めることをシークエンスというが、『アグロエコロジー』の監訳者で土壌が専門のカリフォルニア大学サンタクルーズ校の村本穣司准教授は「携帯を使った簡易シークエンサーの開発が進んでいて、将来農家が自分の畑で土壌病原菌や有用菌を同定できる時代がくるのかもしれません」とのコメントを寄せる[14]。

国内でもすでにその萌芽は見られる。京都大学の東樹宏和准教授は、バイテクベンチャー、サンリット・シードリングスを立ち上げ、ゲノム解析技術が進歩するなか、物理学やネットワーク科学の知見も生かして、生態系のコアとなる微生物をビックデータで解析することで、作物の成長促進や腸内細菌叢の働きを一体として捉えられる時代が来ていると最先端での科学の成果を披露する。准教授の会社は、土壌ごとに異なる土着菌をシークエンスデータを解析することで、どうすれば土壌生態系が復旧できるのかの情報を提供するサービスも行なっている[15]。

理化学研究所バイオリソース研究センターの市橋泰範博士も、長年、熟練農家がやってきた匠の技術をAIを活用すれば見える化ができ、わかりやすく次世代に伝えられると考える。同時に人間に都合がよいように農業生態系を人工的に操作することも可能になるとの夢を描く[16]。まさに「はじめに」で記述した最先端のAIの智による普遍化——第一象限へのアプローチだ。

けれども、土壌学者の見方もいろいろだ。総合土壌健康管理（Integrated Soil Health Management: ISHM）を提唱する村本准教授は科学の限界をわきまえ、農業者の参加型の土壌診断が重要だとして、1967年と半世紀以上も前になされた「農民参加型地力判断法」を評価する（終章参照）。欧米では有機農業を普及するため研究の着手段階から農民とともにプロジェクトを立ち上げる参加型研究が主流になっているのだが、「直観的には、日本の参加型研究の見事な事例だと思っています。これの現代版ができないか、と思ったりします」と語る[14]。

加えて、生態系は土壌にとどまらず、海ともつながっている。森里海を結ぶフォーラムの代表、京都大学の田中克名誉教授は、2011年の東日本大震災へのコメントとして「技術ですべてを管理できるとの人間の思い上がりへの戒めであった。自然に対する畏敬の念がない」と述べる。名誉教授は、滋賀県出身の魚類の研究者だけに「水田で魚を育て、コメを収穫して、鮒ずしとなす」は、山々に囲まれ、川と地下水に恵まれた琵琶湖における稲作漁撈文明そのものだと語る。魚が餌とする植物プランクトンは森から流れ出る有機物や鉄分で育つ。だから、魚は森が育んでいるともいえる。そこで、無機化社会から有機的社会に向けてつながりを見なおすため、森里海をつむぎなおす9カ条を掲げる*[17]。

生命はまず海から誕生した。だから、海と土壌とのつながりを掘り下げてみなければ、自然の本当の姿は見えてこない。そこで、田中名誉教授の指摘どおり、まずは、土と海との生命誕生以来の深い絆から見ていくこととしよう。


*――第1条　大より小を、第2条　量より質を、第3条　促成より熟成を、第4条　結果より過程を、第5条　見えるものより見てないモノを、第6条　二元論よりあいだ論を、第7条　モノカルチャーより、マルチカルチャーを、第8条　グローバル化よりローカル化を、第9条　縦割りより横つながりを。

引用文献

［1］吉田太郎「なぜアグロエコロジーは世界から着目されるのか」小規模家族農業ネットワークジャパン編『よくわかる国連「家族農業の10年」と「小農の権利宣言」』（２０１９）農文協ブックレット
［2］谷口吉光編著『有機農業はこうして広がった』（２０２３）コモンズ
［3］２０２３年12月9日、谷口吉光「みどりの食料システム戦略と有機農業を見る7つの視点」第24回 日本有機農業学会大会資料集
［4］２０２３年12月9日、谷口吉光、有機農業学会発表「みどりの食料システム戦略と有機農業を見る7つの視点」筆者聞き取り
［5］２０２３年12月10日、宮浦理恵、アグロエコロジーとは何か「アジアの食農の理解にアグロエコロジーの視点を」オンライン会議での発言、筆者聞き取り
［6］２０２３年12月13日、宮浦理恵、東京農業大学講演「アグロエコロジーとは何か」筆者聞き取り
［7］オオタヴィン『いただきます2　オーガニック給食編』まほろばスタジオ
［8］２０２３年6月11日、「オーガニック給食から始まるローカリゼーション」オンライン会議筆者聞き取り
［9］２０２３年11月16日、農研機構西日本農業研究センター　小林慶子、森昭暢他「農業が育む生きものたち」農研機構西日本農業研究センター市民公開シンポジウム　有機農業でつながる環境・地域・未来、筆者聞き取り
［10］２０２３年9月27日、第6回「生物多様性保全の未来」生物多様性保全の未来～気候対策とのシナジー、ＷＷＦジャパン生物多様性スクール、オンライン会議筆者聞き取り
［11］２０２３年11月17日、有機農業研究者会議第3部「在来知の継承、有機農業研究者会議」オンラインでの筆者聞き取り
［12］２０２３年11月16日、農研機構西日本農業研究センター市民公開シンポジウム「有機農業でつながる環境・地域・未来」における発言、筆者聞き取り
［13］２０２３年11月17日、森昭暢「安芸の山里農園はなあふの取り組み」有機農業研究者会議２０２３資料集
［14］２０２３年12月23日、村本穣司准教授より個人的にコメント
［15］２０２３年3月8日、「京大発イノベーションを探る微生物ベンチャーが目指す地球規模の課題解決～統合的な科学アプローチで生態系のリデザインへ」オンライン会議筆者聞き取り
［16］２０２３年7月29日、東京農業大学、食・土・肥料食・土・肥料のサイエンスでＳＤＧｓ、筆者聞き取り

[17] 2023年9月13日、田中克「森里海を紡ぎ直す―絶滅危惧種ニホンウナギと共に拓く未来」第3回オーガニックカンファレンス2023「森里川海はいのちの基盤〜生物多様性と農業の関わり〜」日本オーガニック会議9、オンライン会議筆者聞き取り

第Ⅰ部

地球史からみた植物と土とのつながり

第1章

生命誕生とカーボンと窒素の深いつながり

酸化的な大気環境の中で生命が誕生した謎

魚の上陸や巨大な恐竜やマンモス。地球史というと、人類の誕生につながる脊椎動物中心の物語となりがちだ。地球の進化、とりわけ、土壌形成では植物や昆虫が果たしてきた役割が決定的なのだが、地球科学の教科書でも初期の植物上陸によって大陸が緑化され、その後に森ができ、タネを実らす種子植物が現われ、最終的には花を咲かせる顕花植物とそれに訪れる昆虫とが共進化で繁栄した程度しか書かれていない。イギリスのシェフィールド大学のデイヴィッド・ビアリング（David John Beerling）教授は、こうした現状を嘆くとともに、多くの教科書に記載されている内容は、時代遅れどころか間違っているとさえ主張する[1]。

「地球環境は生物が快適に住めるように生命によって調整されている」。ジェームズ・ラブロック

(James Lovelock、1919〜2022年）博士が提唱した「ガイア仮説」は、ラブロック自身が10年も経ずして自説を撤回しているのだが、さまざまにかたちを変えて修正版としてはいまだに顔を出す。ビアリング教授はガイア仮説とはそぐわない事実を過去の地球史から一つひとつ示していく[1]。教授にそれができるのも、数多くの研究分野が統合され、かつ、コンピュータの発展で地球をシステムとして捉える数理モデルを介して、大気、海洋、生物圏の相互作用をシミュレートすることが可能になってきたからだ[1]。

この第1章では微生物、次の第2章では上陸後の植物を主人公にしてカーボン（炭素）と窒素に重点をあてて地球史を整理してみよう。ガイア仮説とは程遠い荒ぶるこの惑星の中で生命たちが生きのびて繁栄するためになぜ「土」をつくりだしたのかへの助走としたい。

そもそも、生命はどのようにして誕生したのだろうか。この謎の糸口をまず見出したのがチャールズ・ダーウィン（Charles Robert Darwin、1809〜1882年）だ。1871年に「アンモニアやリン酸塩、光、熱、電気等がある小さな温かな水たまりでタンパク質のような化合物が複雑に変化することで生命が生じたのではないか」と早くも推測している[2]。ダーウィンに触発されて「アンモニア、メタン、水からなる大気に紫外線や熱が作用することで有機分子がつくられ、それがさらに結合することでタンパク質や核酸等の高分子となって生命が誕生した」との仮説を『生命の起源』（1936年）で提唱したのがソ連の生化学者、アレクサンドル・オパーリン（Aleksandr Ivanovich Oparin、1894〜1980年）ならば[3]、この仮説を80年後の1953年に実証したのが、当時、シカゴ大学の大学院生だったスタンレー・ミラー（Stanley Lloyd Miller、1930〜2007年）だった。アンモニア、メタン、水素の混合気体に火花を放電させるとグリシン、アラニン、アスパラギン酸等のアミノ酸が実際につくりだせた[2、3]。あまりにも見事な実験結果だっただけに、いまも多くの教科書には「生命誕生に必要な有機分子は原始地球の激しい降雨と落雷の中で準備された」と記載されている[3]。

たしかにアミノ酸は比較的たやすく生成できる。けれども、これは大気が還元的であることが前提だ。なぜなら、二酸化炭素が含まれる酸化的な大気であるとアミノ酸は生成されないからだ。そして、20世紀末から急速に進歩した地球惑星科学の知見からは、原始時代の地球は当時イメージされていたような「温和」なものではなく、激しい隕石衝突によってあらゆるものが溶融する超高温状態で、その大気も二酸化炭素、窒素、水が混合した酸化的な気体であったことがわかってきた[3]。

しかしそうなると、前述した仮説の前提とは相反する。それでは、生命の基となる、アミノ酸やその前駆体であるアンモニアはいったいどのようにして出現したのであろうか[3]。

生命の基礎はハーバー・ボッシュ法での窒素合成が育んだ

この謎解きのヒントは40〜38億年前に起きた激しい隕石衝突にある。火星と木星の間にある小惑星帯を起源とする小天体が原因で、大量の隕石が当時の太古の海に衝突していたのだ。隕石には金属鉄が含まれ、この鉄が酸化されれば酸素は吸収される。だから、隕石衝突後の蒸気は還元状態となる[3]。局所的であっても超高温の還元的な大気が生成されればどうなるか。化学肥料を製造するハーバー・ボッシュ法と同じメカニズムで、隕石が衝突するつど、高温の蒸気流の中で大量のアンモニアが生成される。蒸気流が上空で冷却されれば、雨として海に降り注ぐ。当時の大気には二酸化炭素が大量に含まれていたから、原始海洋にも多量の炭酸ガスが溶け込んでいる。マイナスの炭酸水素イオンとプラスのアンモニウムイオンは対となって海水中に安定して存在できる[3]。

こうして隕石衝突後の海は一時的にアンモニアに富んだ海となった。グリーンランドのイスア地域の38億年前の変成岩にはアンモニウム雲母が多く含まれる。地質的証拠も原始の海がアンモニアに富んでいたことを裏付ける[3]。

グルコース枯渇という最初の食料危機

では、この1億年後の37億年前へと時計の針を進めてみることにしよう。地球はいまの2倍の速度で回転していたから、6時間ごとに日が昇っては沈んでいた。月はいまの10倍も近くにあったから夜空には10倍も大きな月が光輝いていた。一方で、太陽はいまの70%の明るさしかなかった。けれども、いまと同じように温かった。当時の大気が一酸化炭素、二酸化炭素、メタン、水素、二酸化硫黄からなっていて、二酸化炭素やメタンの温室効果によって適温に保たれていたからだ[4]。

この頃、地球表層はほぼすべて海洋に覆われていた。マントルは熱くその造岩鉱物には水が溶け込めなかったから[3]、海水量も現在の2倍もあった。けれども、海水は、日々刻々と減り続けていた。大気中に酸素がなければオゾン層もない。太陽からはなんら遮蔽されることなく紫外線が降り注ぐ。水分子が紫外線によって分解されれば、軽い水素は宇宙空間へと離脱していく。残された酸素は海水中の鉄とたちまち結合していた[4]。

こうした太古の海の中で最初の生命が誕生した[図1]。生命とは、つまるところ、カーボン、水素、酸素、窒素等を原材料に身体をつくり、食料（エネルギー源）を外部から取り入れ、エネルギーを生み出すことで生きている存在だ。このエネルギーの生産方式を「代謝」と呼ぶが、代謝のやり方は、生命誕生以来、わずか数とおりしか開発されていない。ほとんどすべてが過去に生み出された手法の焼き直し版だ[5]。ということで、最初のバージョンから順にみていこう。

太古の海水中には多くの糖類が存在していたが、ことのほか丈夫で壊れにくく安定していたのはグルコース（ブドウ糖）だった。だから、入手しやすい食料源としてグルコースが選ばれた。そして、生命——嫌気性従属栄養微生物——がまず開発したのは、グルコースを2分子のピルビン酸へと分解することでATP2個分のエネルギーを生み出すやり方だった。このグルコースを食料源とする「発酵」が、生命の最もシンプルなエネルギー獲得の仕組みとして出発点となった。けれども、グルコースは限られた資源だ。食い尽くせば、いずれ枯渇して飢餓で絶滅することになる[5]。

食料危機を防ぐには糖分解を逆転させてやればよい。まもなく、生命は新たにこの仕組みもつくりだす。けれども、グルコースの生産には、グルコースを嫌気分解することで獲得される3倍ものエネルギーが必要だった。生産よりも消費エネルギーが多い生き方は持続可能ではない。これは問題を先送りする一時しのぎの解決策でしかなかった[5]。

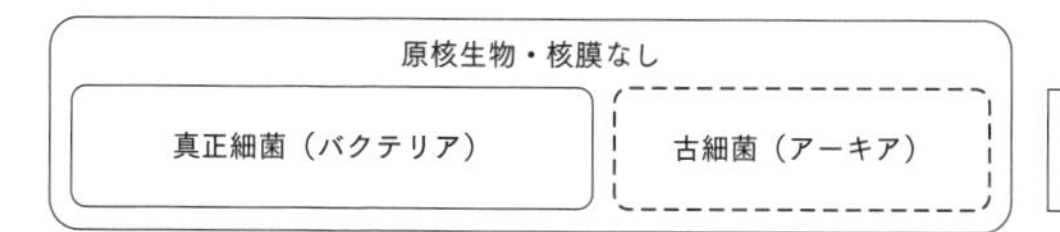

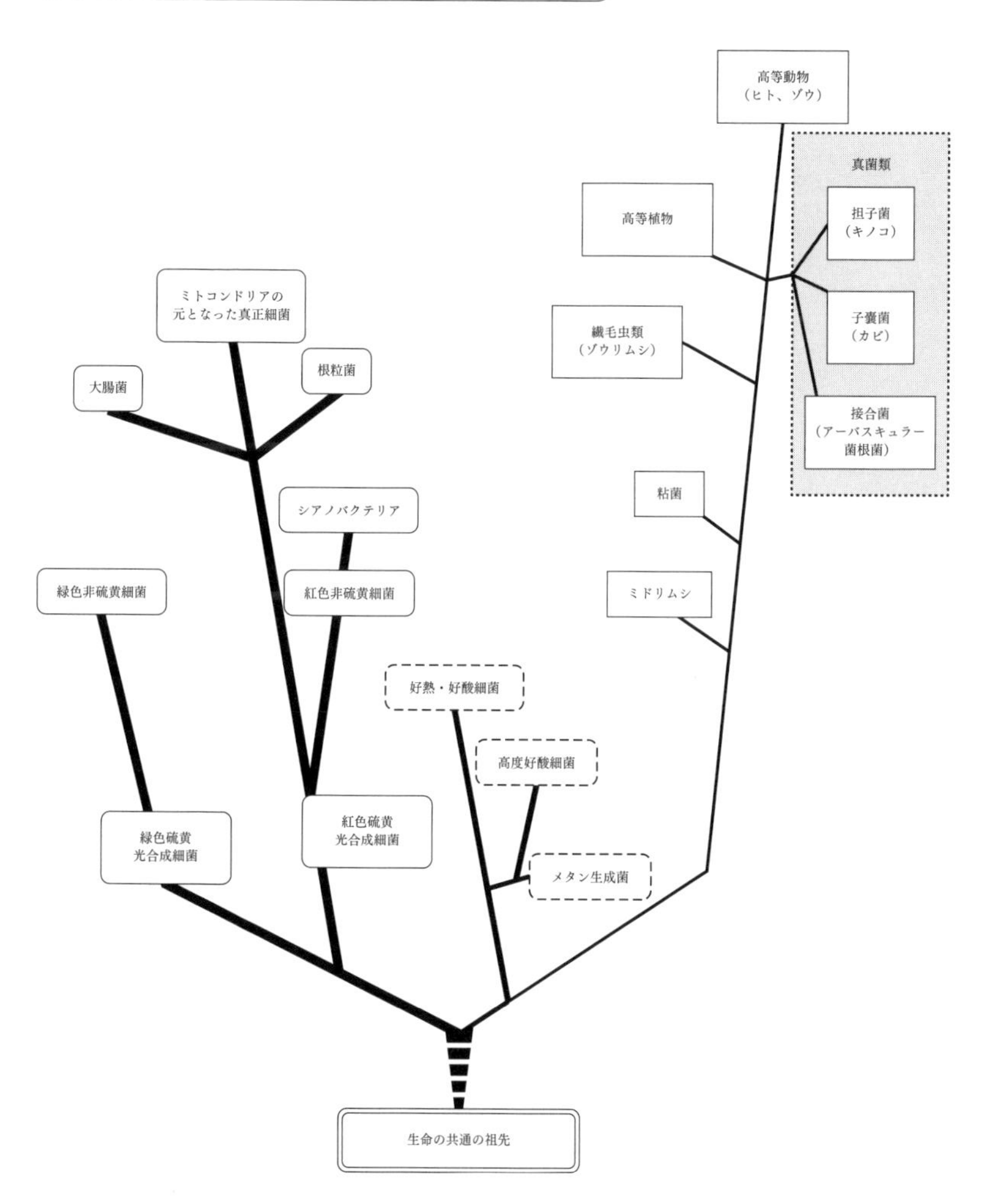

図1　系統進化からみた生命の分類
出典：各種資料を参考に筆者作成

最初の食料問題を解決した自然エネルギー

グルコースの枯渇問題は、その後、ソーラーエネルギーを用いて二酸化炭素と水素を結合させてグルコースをつくりだすシステムが開発されることで解決される。二酸化炭素を炭素源として活用することが可能となったのだ[5]。

二酸化炭素は海水中にふんだんにある[4]。けれども、問題は水素の方だった。新たに誕生した初期生命のひとつ光合成細菌は、細胞壁を通じて取り込んだ硫化水素から必要とする水素を獲得していたが[4,5]、獲得できるのは火山ガスの噴気孔や温泉などに限られていた[5]。水素も水から得ればいいと思われるかもしれないが、そうは問屋が卸さない。硫化水素から水素を分離するのに78kcalしかからないのに比べて、しっかりと結合している水分子から水素を取り出すには118kcalが必要だ[5]。光合成細菌は、色素の一種、バイオクロロフィルで低エネルギーの近赤外線をキャッチして、硫化水素を硫黄と水素に分解していたが[4]、水分解にはもっとエネルギーが多い波長の光を使えるクロロフィルが必要だった[5]。

36億年前か35億年前にクロロフィル色素をもつためシアン、すなわち、青緑色をした新たなバクテリアであるシアノバクテリアが誕生した[4]。どこにでもある豊富な海水を水素の原料源として使えるのだから、向かうところ敵なしだ。その後、シアノバクテリアは、世界中へと広まっていく[5]。

窒素の枯渇という第二の食料危機とその克服

初期生命にとってはもうひとつ解決すべき課題があった。それは、資源、とりわけ、窒素の枯渇だ。初期生命である嫌気性従属栄養微生物が誕生したときには、グルコースだけでなくアンモニアも豊富に存在していた。けれども、グルコースと同じでアンモニア資源も使い続けていけば、いずれ枯渇する[5]。

アンモニアの原料である窒素だけならば大気中にガスとして豊富にある。けれども、窒素ガスは原子同士がしっかりと共有結合している[2、4、5]。1億ボルト以上のエネルギーをもつ落雷で空気が切り裂かれるときには、この共有結合が切り放され、酸素と結合することでアンモニアや硝酸塩等の窒素化合物が生成されるが[4、5、6]、この反応は酸素がなかった初期の大気環境では起こりえなかった[5]。

酸素と違って窒素は不活性だから、窒素ガスだけしかなければ、鉄も錆びないし、ろうそくも燃えないし、アミノ酸やタンパク質もつくりだせない。畢竟、地球上に生命は存在しえない[2]。生命のベースとなるアンモニア資源の枯渇問題を解決するため、初期生命は、大気中の不活性な窒素ガスを化学的に変化させ、窒素に水素を添加して固定させる特別な酵素、ニトロゲナーゼを開発した[2、4、5]。

今日の自然界においては二つの窒素固定現象が知られる。前述した雷雨での放電によるものと微生物によるもので、いずれも空中窒素固定だ[2]。もちろん、圧倒的なのは後者だ[6]。落雷だけに頼っていたら現在のように生命が繁栄することは決してなかった[4]。ニトロゲナーゼによる窒素固定の重要さがわかろう[5]。

だから、初期に進化した嫌気性の真正細菌や古細菌（アーキア）の多くは大気中の窒素をちゃんと固定できる。古細菌とは、見かけ上は類似していても真正細菌とは異なる系統の初期生命だ。第7章で詳述するが、より進化した好気性の真核生物はそれができない[5, 6]。ニトロゲナーゼによる窒素固定は酸素がなかった時期に構築されたシステムだけに、わずかの酸素があるだけで妨げられてしまうからだ[6]。このことの重要性は第4章で団粒構造についてふれる箇所でも再述するのでどこか頭の片隅においていていただきたい。

話を太古の地球に戻すと、前述した酸素を放出するシアノバクテリアも窒素固定ができる。できるだけでなく、自ら固定した窒素の約50％を水中に放出し、他の真正細菌や古細菌とわかちあっていた。とはいえ、シアノバクテリアといえども酸素があると窒素固定ができない点ではかわりがない。だから、あるシアノバクテリアは、窒素固定をしているときには、光合成と酸素の放出を停止するし、別の種のシアノバクテリアは光合成をしない夜間にだけ窒素を固定する[4]。

カーボン、鉄と窒素との複雑な関係で増えなかった酸素

捕食者が存在しなかったから、シアノバクテリアの指数関数的な増殖は約15億年にわたって妨げられることなく続いた。水の分解によって生じる酸素も水中へと放出され続けた。けれども、酸素は大

気中に一向に蓄積されることはなかった[4]。その第一の理由は海水中に溶け込んでいた鉄にある。

酸素は原子核の周囲を回る外側の電子殻に6つの電子をもつ。しかし、安定化するためには8個必要だ。そこで、足りない2個の電子を他の原子から奪い取ろうとする[4]。酸素は反応性がとても高く、すぐに他の元素と結合したがるのはそのためだ[2]。おあつらえむきであるかのように鉄イオンの最外電子殻にはちょうど2個の電子がある。だから、鉄があればたちまち反応する[4]。

太古の海水中には大量の鉄が溶解していたが、酸素が放出されるつど、結合しては酸化鉄を形成した。いわば地球の錆付きといってよい。約35億年前から約20億年前までの長期にわたって地球の各地では縞状鉄鋼層が形成されたが、最終的にはシアノバクテリアは850億tもの鉄鉱石を生み出す。これは現在の地殻に含まれる鉄の約5%に相当する。そして、鉄と結びつくかたちで現在の大気中にある20倍もの酸素が封印されている。大気中の酸素がなかなか増えなかったのも無理もない[2、4、5]。

第二の理由も同じく鉄だ。窒素がなければ生物はタンパク質を合成できないが[6]、前述した窒素固定に欠かすことができない酵素ニトロゲナーゼにはモリブデンと鉄が必要だ[4、6]。酸化鉄として沈殿すれば、ニトロゲナーゼの製造に欠かせない鉄が除去されてしまう[4]。このことの重要性は第6章のフミン酸と海藻についてふれる箇所でも再述するのでどこか頭の片隅においていただきたい。

第三は、窒素だ。酸素がない環境においては、アンモニアイオンが安定していて、窒素はアンモニウムイオンとしてだけ存在する。酸素が存在するとアンモニウムイオンから水素イオンがはぎ取られて硝酸イオンとなる。この水素を活用することで二酸化炭素を有機物へと合成できる微生物も成長できる。この反応の産物は硝酸イオンだ。この硝酸イオンも別の微生物に使われる。けれども、結果として、生産されるのは、窒素ガスで、それは大気へと戻ってしまう。農業ではよく知られる脱窒作用だ[2]。

第四は、有機物の呼吸分解だ。有機物ができたとしても、好気呼吸で分解されてしまえば酸素はまったく蓄積されない。酸素が大気中に大量に蓄積されるには、光合成でつくりだされた有機物がそれを好気分解する微生物から隔離されること、たとえば、死んだ微生物が海底に埋もれることが必要だ[2]。

脱窒すれば窒素が増えない。窒素がなければ生命は繁殖できず、有機炭素はできない。有機炭素が海底に埋もれなければ酸素は増えない[2,6]。こうした微生物代謝によって地球史のほぼ半分は無酸素状態に保たれていたのだった[2]。

けれども、約25億年前のある日のこと。最初の酸素の泡がついに大気中へと放たれた。こうして後述する複雑な生物のための進化の幕が上がる[4]。地質学者はこの変化を「大酸化事変」と名付けた。事変といっても、当時の酸素濃度はきわめて低く、現在の1％程度で、動植物が進化するにはまだ充分ではなかったから、この時代の地球にはまだ微生物しかいなかった[2]。酸素が現在の1％以下と酸素が乏しかったことは、酸素がある環境下では分解してしまう閃ウラン鉱や硫化鉱物の黄鉄鉱がこの時代の河口付近における堆積物の主要鉱石となっていることからもわかる[5]。

発酵から酸素呼吸＝カーボン循環へのキックオフ

シアノバクテリア等の植物プランクトンの遺骸はいまも海底に沈んでいる。しかし現在の海洋では約1000m以上の深さにまで到達する有機カーボンはほとんどない。浅海や大陸棚であっても、植物プランクトンによってつくりだされた有機物のうち、海底に達するのは平均して1%未満で、しかもそのうち堆積物に埋もれるのは1%だ。実際に堆積岩の中に埋もれることで隔離されるのはつくりだされた有機物のたった0・01%以下にすぎない。分解されるとはいえ、塵も積もれば山となる。長い歳月でみれば相当な量となる[2]。結果として、酸素は増えていく。

いずれにしても、シアノバクテリアの光合成によって酸素が増えたことは生命に大きな機会をもたらした[5]。海底の熱水噴出口に生息する硫化物酸化細菌は、酸素を用いて、光エネルギーを用いずに硫化水素を分解することで水素を獲得し、それを用いて二酸化炭素から有機物をつくりだしている。光が届かない暗い深海でも生息できるが、これが可能なのもシアノバクテリアが酸素を生み出してくれたおかげだ[2]。

前述した発酵（嫌気性呼吸）では1分子のグルコースからATPが2つしかつくりだせない。これはグルコース分子にもともと蓄えられたエネルギーのたった2%だ。これに対して、酸素呼吸（好気的呼吸）ではATPが36もつくりだされる。これは、トータルエネルギーの38%に相当する。いまも自動車のエンジンの燃費効率も25%であることを考えればかなり効率よい[5]。

ちなみに、好気的呼吸は三部分からなっている。最初の部分はグルコースの分解だが、これは初期に進化した嫌気性細菌のシステムからそのまま借用したものだ。二番目の電子を生み出すクエン酸回路も光合成細菌が発明した「暗反応」を逆転させた鋳直しだし、三番目の酸素を消費する経路は酸素を発生する光合成細菌の光化学系Ｉおよび光化学系IIの電子伝達系を修正したものだ[5]。いずれにしても、現在の生命を動かしている代謝プロセス――光合成や発酵、酸素呼吸――はすべて数十億年前の微生物によって発明された[5]。

シアノバクテリアが引き起こした最初の気候危機

逆説的だが、シアノバクテリアが光合成で放出する酸素は無酸素の中で進化してきた嫌気性の真正細菌や古細菌にとっては猛毒だった。嫌気性細菌はこれに耐えられず滅亡するか、酸素が浸透しない海の深部環境に移動した[4、5]。

けれども、シアノバクテリアには酸素を生み出す以上に決定的な環境改変力があった。死を招く氷だ[4]。現在でも、水蒸気と二酸化炭素という温室効果ガスがなければ海は凍結するが、24億年前の太陽はいまよりも25％ほど暗かった。海が凍らないためには、太陽エネルギーのうち、とりわけ、赤外線が効率よく吸収される必要性があった[2]。二酸化炭素もメタンもいずれも温室効果ガスだが、メタンの方が温室効果ははるかに強力だ[4]。酸素がない嫌気的な状況下では、メタンは古細菌の呼吸の産物としてつくられる。だから、24億年前にはメタンは豊富にあった[2]。

けれども、シアノバクテリアが放出する酸素の一部は、メタンと反応してそれを二酸化炭素と水に変えた。メタンが二酸化炭素に変われば温室効果が弱まる。おまけに、シアノバクテリアは光合成で二酸化炭素を吸収し、大量の二酸化炭素を死骸のかたちで海底にも送り込む[4]。

二酸化炭素とメタンという二つの温室効果ガスが除去された結果、約24億年前に地球全体は氷河期となり、氷と雪が800mもの高さに達した。氷は海全体に広がっておそらく赤道地方も氷に覆われた[2、4]。

カリフォルニア工科大学のジョセフ・カーシュヴィング（Joseph L. Kirschvink）教授は、これを「スノーボールアース」と名付けた[2]。このヒューロニアン氷期は3億年も続いた[2、4]。これは、地球史上、初めて微生物が地球規模での元素の循環のあり方を変えて、地球の気候を変えた事例だった。そして、地球で最初の生命の大量絶滅ともいえた[2]。ガイア仮説どころか、時と場合によっては生命は自ら暴走して、環境すらも改変し、大量の死を招いてしまうのだ。

引用文献

［1］デイヴィッド・ビアリング『植物が出現し、気候を変えた』（2015）みすず書房

［2］ポール・フォーコウスキー『微生物が地球をつくった』（2015）青土社

［3］中沢弘基『生命誕生』（2014）講談社現代新書

［4］ルース・カッシンガー『藻類―生命進化と地球環境を支えてきた奇妙な生き物』（2020）築地書館

［5］ウィリアム・ショップ『失われた化石記録』（1998）講談社現代新書

［6］アンドレ・ノール『生命〜最初の30億年』（2005）紀伊國屋書店

コラム①

植物と動物の違い

植物とは動かない生き方を選択した生物

光合成をする一次生産者が植物で、その植物を食べる消費者が動物。これが生きものに関する常識的な理解だろう。けれども、詳しく見れば例外がある。

フロリダ南部に生息するウミウシ、エリシア・クロロティカは、食べた藻類の葉緑体を体内で活用し、光を浴びるだけで不食でも生きられるし、サンゴも動物だが体内に褐虫藻を共生させて光合成で生きている。イソギンチャク、シャコガイ、ホヤのなかにも同じく藻類を共生させている種がいる。光合成が植物の専売特許でなければ、逆もそうで、光合成だけでは満たせない養分を食べることで補完している植物もいる。昆虫を捕らえるハエトリソウから[1]、トカゲやネズミまで消化液で溶かすウツボカズラ、粘着性の地中の葉でミミズを食べるスミレもある。こうした肉食植物が600種類以上も知られている[2]。

単細胞の藻類も光合成と従属栄養とをミックスさせた多様な生き方をしている。ハプト藻の一種クリソクロムリナ・ヒルタは2本の鞭毛で活発に動き回りながら、細長い毛で、我が身の半分はあるバクテリアを捕獲しては食胞に運び込んで食べている。メルボルン大学の岡本典子博士が2000年に発見した単細胞の藻類、ハテナ・アレニコラは二つに分裂すると片方には葉緑素がなくなるから足りない藻を動いて捕食する。成功すれば再び光合成での暮らしに戻る。こうした事例をみれば、動かないことが植物の定義としては適切ではないことがわかるだろう[1]。

では、なぜ大半の植物が動かないのかというと、移動がエネルギー的に見合わないからだ。植物が受け取る太陽光のうち、光合成に使えるのは45%。うち、化学エネルギーとして固定されるのはたかだか

5%だ。仮に人間がその活動を光合成でまかなうとすると16㎡と畳8畳分以上もの葉がいる[3]。筑波大学の井上勲名誉教授が「植物はそもそも植物としてあるのではなく、植物的な生き方をしているものだと考えれば問題がすっきり解決する」と語るように[1]、植物とは、定住するという生き方を選択した生物だと言えよう[2]。

生まれた場所から動かず、地面に根を張って生きていこうとすれば、栄養の獲得や繁殖の仕方も動物とは別のやり方で進化する。肺がなくても呼吸ができ、口や胃がなくても栄養分を摂取でき、骨格がなくても直立し、脳がなくても決定を下せる[2]。けれども、脳や神経がないからといって知性がないわけではない。フィレンツェ大学のステファノ・マンクーゾ（Stefano Mancuso）教授によれば、植物は15もの感覚をもち、水分、湿度、化学物質濃度、磁場、重力等を感知しながら無駄なく養分を求めている。窒素やリン酸等を絶えず探知し的確に見つけ出しては、養分がある方向へと多くの根を伸ばしていく[2]。

身体を真っ二つに切断されれば、ヒトを含めて動物は一巻の終わりだが、植物は違う[2]。一部が死ぬことは全体が死ぬこととは違う[4]。草食動物に90～95%を齧られても死なない[2]。残されたわずかな小片から再生し、元の状態に完全に戻れる。これも、捕食者等の外敵に対処するためだし、動かないことを選んだからだ[2、4]。

動物細胞を分解する細菌と植物細胞を分解するカビ

動物に病気を引き起こす微生物の大半は、細菌（バクテリア）、放線菌、リケッチア、ウイルス等で遺体を分解するのも主に細菌だ。逆に、植物の病原菌の多くは、藻類菌、不完全菌類、子嚢（のう）菌類、下等な担子菌類等、いわゆる第2章で登場するカビ（真菌類）で[5]、病気を引き起こすカビが約8000種もあるのに対して、細菌は約260種にすぎない[6]。遺体である落葉や落枝を分解する木材腐朽菌もカビだ[5、6]。

大くくりすれば、動物には細菌、植物にはカビという組み合わせがあることがわかるだろう。この違いは、細胞の違いに由来する。動物細胞は細胞壁がなく、不定形で運動性がある。タンパク質に富み、分解するとアンモニアを生じるので酸性になりにくい。この動物細胞とセットになりやすい細菌も鞭毛や繊毛で運動ができ、窒素が多い栄養源を好み、アルカリ性に耐えるなど、多くの点で共通する[5]。

片や植物細胞は厚い細胞壁に包まれ、主成分はセルロースやデンプン等の炭水化物で、動物細胞に比べるとタンパク質が少なく、カーボンと窒素の比率（C／N比）が高い。このため移動性はないが、環境に対する耐性が大きい[5]。この植物細胞とセットになりやすいカビは、環境変化に弱い細菌と違って、胞子をつくることで厳しい環境を耐え忍び、状況がよくなると菌糸を伸ばして侵入していく[6]。この菌糸自体にもほとんど移動性がなく、動かない植物の体内で暮らすのに適している。炭水化物の分解力が高く、強酸性となった分解物の中でも生きられるように酸への耐性もある[5]。

易分解性の有機物を直ちに分解する細菌と難分解性の有機物をゆっくりと分解するカビは、自然界でうまく役割分担をしている[5]。

動けない植物の防衛戦略は毒と天敵昆虫の活用

身動きができない植物はそれを餌として虎視眈々と狙う動物からみれば絶好の獲物だ。けれども、植物側もただ食べられることに甘んじているわけではない[7]。葉を苦くして食欲をそそらなくしたり、消化できなくする化合物を分泌したり、有毒物質をつくりだしたりと化学的な防御策を発達させている[2、7、8]。植物が自らを守るためにつくりだした化合物は10万種以上にも及ぶ[8]。それでも、葉が食べられると、その食害に応じて、傷害部位やその周辺でホルモン、ジャスモン酸が合成される[2、7]。ジャスモン酸は全身を駆け巡り、食害に対する抵抗物質が誘導される。同時に、揮発性の物質に変化して空中に拡散[7]。ストレスを受けた植物からの「草食昆虫に襲われている」とのアラーム――生物由来揮発性有機物（Biogenic Volatile Organic Compounds: BVOC）の大量の分泌――は、周囲の植物にもリアルタイムで伝播していく[2、7]。その警告信号は数百m先まで届く[2]。

BVOCを介して、植物は、昆虫ともコミュニケーションを図っている。たとえば、ライマメはナミハダニの攻撃を受けると、その天敵、チリカブリダニを呼び寄せる物質を放つ。近年、米国では、ネクイハムシ（ウェスタン・コーン・ルートワーム）が甚大なトウモロコシ被害をもたらしているが、野生や在来のトウモロコシでは問題は起きていなかった。幼虫が根を齧ると、麻酔効果のある物質、カリオフィレンを創り出し、これがセンチュウの一種を引き寄せ、このセンチュウがネクイハムシの幼虫を食べてしまったからだ。トウモロコシに限らず、トマト等、多くの植物がこうした能力をもつ[2]。どの生物も、生き延びるため絶妙なバランスを取り合って共存している。

引用文献

［1］葛西奈津子『進化し続ける植物たち』（2008）化学同人
［2］ステファノ・マンクーゾ、アレッサンドラ・ヴィオラ『植物は「知性」を持っている』（2015）NHK出版
［3］葛西奈津子『植物が地球を変えた』（2007）東京化学同人
［4］大園亨司『生き物はどのように土にかえるのか』（2018）ベレ出版
［5］小川眞『作物と土をつなぐ共生微生物～菌根の生態学』（1987）農文協自然と科学技術シリーズ
［6］酒井隆太郎『植物の病気』（1975）講談社ブルーバックス
［7］明峯哲夫「健康な作物を育てる―植物栽培の原理」金子美登他編『有機農業の技術と考え方』（2010）コモンズ
［8］スコット・リチャード・ショー『昆虫は最強の生物である』（2016）河出書房新社

第2章

植物上陸と土ができるまで

生物多様性の鍵、植物の上陸と土壌生成

いまの地球では約3分の1が陸地だが、7億5000万年前にはわずか5％しかなく、地球全体がほぼ海といってよかった。けれども、マントルが一定温度まで冷却すれば、マントルを構成する造岩鉱物へも水が溶け込める。この冷却の敷居点を過ぎたことで陸地は一挙に30％にまで増え、地球史上初めて、現在の黄河や揚子江やミシシッピー川並みの巨大な河川が誕生した。巨大河川から大量の堆積物が海へと流入すれば、海底に大量の堆積岩ができる。その中に有機物が封じ込められれば、酸素量も増す[1]。こうして6億6000万年前に二度目の大酸化事変が起きた。単細胞に比べて複雑な多細胞生物が誕生するにはその旺盛な代謝を支えるだけの多量の酸素が必要となるが、6億5000万年前にエディアカラ生物群が誕生したのはまさに酸素が急増したからだった[2,3]。

条件が整えば生き延びるには多細胞化した方が有利だ。ハワイ大学のスティーブン・M・スタンレー（Steven M. Stanley）教授は1973年に、大型の生物に捕食されそうになった微細な藻類が結束して飲み込まれないようにしたことから、多細胞化が始まったとの仮説を唱えた。

1998年にウィスコンシン大学のマーチン・ボラス（Martin Boraas）教授がこの仮説を支持する興味深い実験をしている。クロレラ・ブルガリスを培養して、ここに単細胞の捕食者、オクロモナス・ベレシアを加えてみた。クロレラは食われてどんどん減っていったが、20回の増殖時期には捕食されないようにゆるやかに膜で連結された塊になった。ボラス教授はこの種の防御戦略が多細胞藻類、海藻の進化の最初の段階だったと想定する[3]。

生物学では環境適応能力が優れて、どの生物種よりも幅広い生活圏を獲得している種が「支配的だ」と見なす[4]。現在、地球上の総生物量の約80％を占めているのは植物だし[5]、多細胞生物では実に99％に及ぶ。この事実からすれば間違いなく地球は「緑の惑星」だ[4]。けれども、全地球史からみれば、地球が緑に覆われたのはごく最近になってからのことで、46億年のうち、41億年は、陸上のほとんどは生き物の気配はなく岩が続くだけの殺風景な場所だった。嵐のたびに洪水が起きては山から瓦礫が川床に流れ込み、赤茶けた平地では砂塵が吹き荒れ、現在の10倍以上のスピードで侵食が進む。自然破壊が猛威をふるう世界だった[1、6、7、8、9、10]。

だから、生命が陸上へ進出したことは地球史から見ても二つの理由から重要だった。まず、地球表面の変化だ[8]。陸地が緑化すれば地表のアルベード（反射率）が大きく変化して気候が安定化する。加えて、微生物や植物による岩石の風化は表層環境の維持にも一役買って、炭素の循環も複雑化させていく。植物の陸上進出は、文字どおり大地の緑化という一大環境保全事業だった[6]。

第二は生物多様性だ。海洋には約50万の生物種が生存していると言われるが、陸上のそれはその10倍を超す。大半は昆虫だが、顕花植物も種類が多い。この多様化は生命の陸上進出後に大きく進んだ[8]。海洋よりも陸上の方が物理的にも化学的にも格段に変化に富んでいるからだ。海洋環境は、水温、照度、栄養塩の濃度等、水深や地域によって多少の偏りはあるとしても全体としては比較的均一だ。これに対して、陸上は顕微鏡のスケールからしても驚くほど多様だ。土壌ひとつとっても構成する砂や粘土の粒子は小さい。だから1㎥の土壌は6000㎡もの表面積をもつ[11]。

そして、生物多様性のゆりかごとも言うべき土壌はまさに生命の陸上進出によってつくられたわけで、それ以前には存在していなかった。それでは、生命の陸上進出はいつ始まったのだろうか[8]。

最初の「土」は共生の賜物

約4億年前のシルル紀[表1]に植物が陸上へと進出し、これに続いてミミズや昆虫等の小動物も上陸。これに続いて、ヒトの祖先である脊椎動物が水辺から陸上へと這いあがっていく——これまで陸上進出のストーリーとして考えられていたのはこうしたシナリオだった[8]。というのは、酸素が急増してオゾン層が形成されるのは、4億5000万年前のことで、それ以前は、強力な紫外線のために生命の上陸は不可能だとされてきたからだ[1、10]。けれども、その後の研究から、生命の陸上進出は想定されていたよりもはるかに古いことがわかってきた*[8]。

現在、知られる最古の化石土壌は、シアノバクテリアが地表を薄い膜として覆うことでつくりだした12億年前のものだ[1、8]。2005年には、新原生代後期（6億3500万年前〜5億5100万年前）の中国貴州省の陡山沱（どうしゃんとう）塁層から地衣類の化石が発見されている[8]。この時期から、シアノバクテリアと菌類の共生体である地衣類が水辺周辺陸地を少しずつ覆いはじめていたのだ[8、10、11、14]。

岩石に含まれる鉱物を素早く溶かすには酸性の物質が必要だが[10]、地衣類はクエン酸やリンゴ酸等の有機酸を分泌することで岩石を溶かし、生存に必要なリン、カルシウム、カリウム等の養分を獲得していた[3、10]。しかし地衣類は乾燥を防ぐ防水性のクチクラ層はもっていない。そのため、晴れればカラカラに干からびて活動を停止し、雨や霧で湿れば再び膨張して光合成を再開する。この収縮と膨張のサイクルが物理的に岩を砕く。結果として、岩石は地衣類がない場合と比べて10倍も速く風化する。枯れれば遺体にはミネラルと有機物が残され[3]、分解されることで、含まれていたミネラルは生命圏の代謝サイクルへと入っていく[5]。この地衣類の遺骸と砂や粘土が混ざり合ったものが地球上に現われた最初の土壌となった[10]。

単独の微生物ではとても生き残れないような過酷な環境下においても、個性が違う微生物同士が緊

＊──植物が陸上に進出して生態系が確立されなくても動物は陸上に生息できた。4億年以上も前のオルドビス紀後期の堆積物からは植物の分布域からかなり離れた海岸線で節足動物の足跡の化石がいくつも見つかっている。節足動物は、夜行性であったことから、大気中にオゾン層が形成される以前からも夜間に活動できた。また、節足動物は硬い外骨格を備えていたために水分がない陸上で活動するうえでは有利だった。オゾン層形成をまたなければならなかったのは動物の方ではなく植物の方だった[12]。

表1　地質年代

代	紀	基底年代	本書で記載した主な事件
新生代	第四紀	258万年前～現在	人新世、リン肥料と窒素肥料多用による物質循環の混乱
	新第三紀	2303万年前～	
	古第三紀	6,600万年前	偶蹄類の出現と草原との誕生、マメ科植物の出現と根粒菌との共生
中生代	白亜紀	1億4500万年前	花の誕生
	ジュラ紀	2億136万年前	キノコの誕生
	三畳紀	2億5190万年前	
古生代	ペルム紀	2億9890万年前	ペルム紀末、地球史上最大の大量絶滅
	石炭紀	3億5890万年前	酸素の増加、大型昆虫の発生、リグニンの誕生と大量の石炭の形成
	デボン紀	4億1920万年前	最初の森林の形成、植物界のカンブリア紀
	シルル紀	4億4380万年前	オゾン層の形成、植物の上陸
	オルドビス紀	4億8540万年前	節足動物の上陸
	カンブリア紀	5億4100万年前	
新原生代	エディアカラ紀	6億3500万年前	エディアカラ動物群の出現、地衣類の上陸
	クライオジェニアン	7億2000万年前	酸素の増加、二度目の大酸化事変
	トニアン	10億年前	
中原生代	ステニアン	12億年前	
	エクタシアン	14億年前	
	カリミアン	16億年前	
古原生代	スタテリアン	18億年前	
	オロシリアン	20億年前	21億年前：最初の真核生物の誕生
	リィアキアン	23億年前	24億年前：最初の地球凍結
	シデリアン	25億年前	25億年前：最初の酸素放出、大酸化事変
新太古代		28億年前	35～20億年前：地球の酸化と縞状鉄鋼層の形成
中太古代		32億年前	36～35億年前：シアノバクテリアの誕生と光合成の開始
古太古代		36億年前	38億年前：最古の岩石、38～37億年前：生命誕生
原太古代		40億年前	40～38億年前：激しい隕石衝突と原始の海
冥王代		46億年前	地球の創世、43億年前海洋の形成

出典：日本地質学会の地質系統・年代の日本語記述ガイドラインをもとに筆者作成。
備考欄の主な事件は本文をもとに筆者が選定した

密に連携しあえば生き残れる。いまも、コンクリートや岩の上で、強い紫外線や厳しい温度変化にさらされても、シアノバクテリアと菌類の共生体である地衣類は生き延びている[11]。

地衣類の生命力の強さは2016年、ソユーズ宇宙船による宇宙空間での実験でも試された。大気圏外では太陽から高レベルの宇宙線が注がれ、1日の間に温度もマイナス120℃から120℃へと激変し、真空はほぼ一瞬で生命を乾燥させる。にもかかわらず、地衣類は生きていた[5]。宇宙線にさらされ、カラカラに干からびても地上に戻して2日も経てば光合成能力が戻った[11]。マイナス195℃の液体窒素に浸してもすぐに復活し、スウェーデンのラップランドに棲む地衣類は9000年以上も生きているから長寿でもある。その生命力は想像の域を超えている[5]。

この極限環境生物としての地衣類の能力は、まさにシアノバクテリアと菌類とが「共生」という生き方を選んだ成果だ。とはいえ、どの相手ともパートナーとなれるわけではない。共生で求められるのは、両者がともに相手が持ち合わせていない機能を有していることだ。菌類は光合成をできないが、光合成細菌やシアノバクテリアと組めばこの能力を獲得できる。逆に光合成細菌やシアノバクテリアは岩石を分解できないが、菌類とパートナーとなれば、このパワーを手にできる。どちらも単独では生きてはいけない厳しい場所でも生存できる。地衣類はいまも地表の8%をカバーするが、この面積は地球上のすべての熱帯雨林を合わせた面積をしのぐ[5]。

極限環境でも生き延びる地衣類から垣間見える共生のメリット

19世紀から「個体」とは何かについて激しい論争を呼んだのは、まさにこの地衣類だった[3]。ドイツの探検家、アレクサンダー・フォン・フンボルト（Alexander von Humboldt、１７６９～１８５９年）は「自然とは互いにつながった活動するシステムだ」と考えていたが、１８６６年にイェーナ大学のエルンスト・ヘッケル（Ernst Haeckel、１８３４～１９１９年）教授は、この思想の影響を受けて「生態学」という言葉をつくる。その3年後の１８６９年に植物学者、ベルリン大学のジーモン・シュヴェンデナー（Simon Schwendener、１８２９～１９１９年）教授は「地衣類の二種複合体説」を提唱した。これまで地衣類は単一の生物だとされてきたが、養分を提供する菌類と光合成で糖分をつくるシアノバクテリアからなる複合体だと考えた[5]。

二種複合体説によれば、数億年にわたる進化で系統樹では別の枝に属し、分類学上では離れた生物同士が合体して複合生物になっていることになる。こんな世界観はなかったし、別々の生物同士の「関係性」を記述する言葉もない[5]。そこで、１８７７年にドイツの植物学者、アルベルト・ベルンハルト・フランク（Albert Bernhard Frank、１８３９～１９００年）が、この新たな関係性の世界観を記述するために「共に」を意味する「sym」と「生物」の「bio」とを組み合わせ新たにつくったのが「共生（シンバイオシス）」という言葉だった[5、13、14]。

「最強で最も狡猾なものが長く生きられる」。トマス・ヘンリー・ハクスリー（Thomas Henry Huxley、

1825～1895年）が描く弱肉強食とは一線を画す生命観で、進化はもはや競争と闘争だけでは語れなくなった[5]。地衣類はまさにパラダイム転換を投げかけた。

しかも、共生は稀なことではない。地衣類は誕生して以来、9～12回にわたって独立して進化し、今日では既知の菌類の5種に1種は地衣類を形成している。しかも、この関係性は、ガチガチで固定的なものではなく、菌類や藻類はごく些細なきっかけで共生する。2014年にハーバード大学のアンドリュー・マレー（Andrew W. Murray）教授とミシシッピー大学のエリック・ホム（Erik F. Y. Hom）准教授とは、驚くべき発見をする。菌類と藻類とを一緒にしておくと、わずか数日で共生関係が取り結ばれ、柔らかい緑のボールのような塊が形成されたのだ[5]。

地衣類の生き方は柔軟性に富み、新たな場所で相性のいい藻類と出会えば新たな関係が取り結ばれていく。アルバータ大学のトビー・スピリビル（Toby Spiribille）准教授は、こうしたことから、地衣類は固定した関係性の産物ではなく、「システム」として理解されるべきだと主張する。ブリティッシュコロンビア大学の地衣類の研究者、トレヴァー・ゴワード（Trevor Goward）は、地衣類を「バクテリア、菌類、藻類からなる非線形システムが創発的性質を形成するプロセス」と定義する。序章での東京農大の宮浦教授の創発特性の説明を思い出していただきたい。創発現象であるために、その全体はその部分の和よりも大きい[5]。

一つのユニットとして振舞う異種の生物の集合体のことを「全体」を意味するギリシア語の「holos」に由来して「ホロビオント（holobiont）」と呼ぶ。第Ⅲ部の第8章でさらに掘り下げるが、まさに、地衣類はホロビオントなのである[5]。

植物の先祖の上陸は塩害を避けるため？

地衣類が土づくりに精を出したおかげで、植物の陸上進出の下地がつくられたのだが[3、8]、オルドビス紀（約4億8830万年前から約4億4370万年前）からは、蘚苔類（せんたい）、いわゆるコケの仲間によって、陸上は本格的に緑で覆われはじめる[8]。コケも養分を循環させることで、その後に、植物が本格進出するための環境条件を整えた[10]。

すべての陸上植物は、緑藻類の一グループ、淡水性のシャジクモを共通の祖先とするが、植物が上陸したのは、約4億6500万年前のことだった[2、3、5]。

陸上では水のフィルターがかかることなくふんだんに陽の光を浴びられるし、二酸化炭素も水中よりも多い。光合成ができる生物にとっては魅力的だ[5]。そこで、オゾン層形成とともに河川を経て植物は陸上へ進出したというのが通説だが、オゾン層は上陸を可能とする条件でしかない。海は母体の羊水のように豊かで安全で栄養に満ちた場所だ[1]。植物はなぜ陸上環境にあえてリスクを冒してまで上がったのだろうか[5]。

東工大の丸山茂徳特命教授と東京大学の磯﨑行雄名誉教授は、前述した大陸面積の急増とともに海水の塩分濃度が急増したことに着目する。大陸の岩石に含まれる長石が風化して粘土化すれば成分であるナトリウムが海水へと溶け出す。塩分濃度が増えれば浸透圧も上昇する。これを避けるには、淡水が混じる河口近くの汽水域に行けばよい。安全地帯を求めて、まず河口へと移動し、その後、淡水の河川、あるいは陸上へと避難した。これが、生物進化の一大転換期の真相ではないかと推測する[1]。

コケ類の先祖は微細藻類だが、藻類が陸上に進出するには、まず淡水で生き残ることが必要だ。約7億3000万年前に特定の藻類が淡水に適応できるこの進化を遂げる。海水ではミネラルが豊富で、過剰に摂取したミネラルを排除する電気化学ポンプが必要だが、淡水は逆だ。ミネラルを取り込むポンプを開発したのだ。さらに6億年前のマリノアン氷河期と5億8000万年前のガスキアス氷河期を経て、藻類は、シャジクモへと分岐した。そして、約5億年前にはシャジクモ類が湿地生活に完全に適応して最初のコケ類となっていく[3]。

菌根菌との共生――根は植物の上陸の数千万年後に生まれた

丸山特命教授らの魅力的な仮説の真偽はさておき、植物上陸の本当の理由については専門家の間でも意見の統一は図られてはいない[5]。ただ、ひとつだけ同意されているのは、藻類は菌類と新たな関係性を築くことで陸へと上がったということだ。

この説は1975年にカナダのバイオシステム研究所のクリス・ピロジンスキー（K. A. Pirozynski）とデイヴィッド・マロック（David Mallock）が提唱し、当時としてはラジカルな仮説ではあったが、マサチューセッツ大学アマースト校のリン・マーギュリス（Lynn Margulis、1938～2011年）教授が賛同した*[5]。

新たな関係というのは、植物が自前の根を進化させるまでの数千万年間、まさに菌類が植物の根の役目を果たしてきたからだ。すなわち、菌根菌だ［5］。根が出来た後もこの関係性は続いている。現在の植物種の90％は菌根菌と共生している。通常ならば植物は菌類が侵入すれば排除しようとするけれども、菌根菌とは化学的に対話をして、その固有のタンパク質を感知して侵入を許可している［3］。

前出のアルベルト・ベルンクハルト・フランクは、プロイセン王国の農業・領地・林業省でトリュフ栽培の研究をしていたことから、１８８５年に樹木の根に菌が共生したものを表現するため、ギリシア語で菌を意味する「mykes」と根を意味する「rhiza」を組み合わせて「ミコリザ」という言葉も造語する［5、14、15］。フランクは植物と菌根菌とが共生関係にあって植物の成長を助けていると考え［5、14］、マツの苗を用いてエレガントな実験を行なってみた。近くの松林で採取してきた土壌で育てた苗は予想どおり健康的な苗木に成長したが、滅菌した土壌では苗の育ちが悪かった。けれども、フランクのこの考え方も、シュヴェンデナーの地衣類の複合体説と同じく猛烈な批判を浴びた［5］。根の内部に菌類が生息していることは古くから知られていたが**、その役割がわからず、多くの研究者たちはそれを病害ではないかと考えてきたからだ［13］。

ＶＡ菌根菌、その後、アーバスキュラー菌根菌と呼ばれるようになる「菌根菌」が植物の生育を改善することを最初に見出したのは、旧制五高（現在の熊本大学）の植物学の教師、浅井東一（１８９０〜１９５２年、後に熊本大学理学部教授）だ［14］。１９４４年に浅井は菌根形成によってマメ科植物でも根粒の形成が改善され、生育が著しく改善されることを最初に見出したが、太平洋戦争中に発表されたことからこの先駆的なドイツ語の論文は国際的に知られることはなく、長い間埋もれていた［13、14］。

１９５７年には、イギリスのローザムステッド研究所のバーバラ・モッセ（Barbara Mosse）によって、菌根菌によってリンゴの生育が良くなることが報告されたが、なぜ、そうなるのかの理由が科学的に明らかにされるにはさら20年がかかった。リンの同位体を用いて、イリノイ大学のジェームズ・ガーデマン（James Wessell Gerdemann、1921〜2008年）教授がリン酸の吸収を菌根菌の菌糸が助けていることを実証したのは1975年のことだ[13]。

菌根菌は真菌類に属する。真菌類には、大きく分けて接合菌門（クモノスカビ、ケカビ等）、ツボカビ門、子嚢菌門（酵母等）、担子菌門（キノコ）の四門があるが[16]、アーバスキュラー菌根菌は、この真菌類のなかでも起源が古い原始的な形を残している[14]。以前は接合菌にちかいと考えられてきたが、リボソームRNAを用いた分子系統分析から別の門であることもわかってきた[16]。その胞子の化石は4億6000万年前のオルドビス紀の地層から発見されていて[8]、アーバスキュラー菌根菌が進化したのは4〜5億年前のこととされている[13]。

3億9000億年前のデボン紀前期でも、まだ土壌は十分に形成されていないし、コケ植物ではまだ根が発達せず「仮根」があるだけだが、それでも、アーバスキュラー菌根菌と共生してリンが提

---

*――この仮説は、地衣類の二種複合説にほかならない。第7章で紹介する、細胞共生説を提唱するマーギュリス教授が自説を証明するために地衣類を持ち出したのは自然な流れだった[3]

**――たとえば、J・ジャンセが胞子状の形態を嚢状体（ベシクル）と呼び、その後1905年にI・ギャローは樹枝状体が見られることから、これをフランス語の樹木を意味するアーブから「アーバスキュル」と呼んだ[13]。ベシクルとアーバスキュルが形成されることから、それぞれの器官の頭文字をとって、かつては、VA菌根菌と呼ばれていた。とはいえ、嚢状体が形成されない種類もいることから、いまはアーバスキュラー菌根菌と呼ばれる[13、16]。

供されていた[13]。根も葉もない最古の植物、アグラオフィトンの「化石」の仮根にもアーバスキュラー菌根の樹枝状態に似たものが見出せる[13、14、15、16]。3億7000万年前のシダ植物の根の化石にも現存のものと同型の菌根が残されている。アーバスキュラー菌根菌は陸上植物の出現直後から共生し[14]、植物の上陸を助けてきたのだ[13、16]。

上陸後の苦労——水の吸い上げから気孔の誕生まで

陸上というフロンティアに植物が進出するにあたって、根以外にも大きな課題となったのは、乾燥への対応だった[8]。水中では水も栄養分も体表面から吸収できるが、陸上ではいずれも地中から摂取し、さらにこれを身体全体にゆきわたらせなければならない。根からの輸送路の開発が必要だし[7、8]、強い日差しの下でも干からびないように蝋状の物質、クチクラ層で表面からの蒸発も防がなければならない[6、8]。同時に二酸化炭素を取り込むための通気口も欠かせない[1]。

現在の蘚苔類は陸上生活によく適応していて葉や茎はクチクラ層に覆われているし、葉には「気孔」もあって水の蒸発量も調節しているが[3、8]、初期はそうではなかった。いまの蘚苔類で最も原始的なものはゼニゴケで[6]、オルドビス紀中期以降は、ゼニゴケに類似した胞子の化石も産出するが[1、7、8]、ゼニゴケはきわめて原始的で気孔さえもっていない[7]。

姿勢の維持も課題だった。水中ではただ浮いてさえいればよいが、陸上では多くの光を浴びて光合成をするには重力に逆らって立たなければならない[8]。いまも水分供給を断たれた切り花は萎れる[7]。この支持強度と配管のために陸上植物がつくりだしたのは、植物の血液にあたる水分の通路である管を束ね、体内の水圧を利用して身体を支える「水力学的な骨格構造」だった[7,8]。そのために大きな役割を果たしたのが維管束で、いま陸上世界を席巻しているのは、それをもった維管束植物だ[7]。シダは栄養分と水を運搬する根と維管束をもつが[5]、当時のコケ類は維管束系がまだ進化していないため[3]、維管束植物には分類されない。だから、植物が陸上での生活に適応できたのは、この維管束の進化に負うところが大きい[16]。

最古の維管束植物はシルル紀（約4億4370万年前〜約4億1600万年前）中期の地層から発見されたクックソニアだ[8,12]。

マンチェスター大学の植物学者、ウィリアム・ラング（William Henry Lang、1874〜1960年）教授が、4億1700万年前のバラバラの断片化石を発見して組み立てたのだが、長年苦楽を共にしたオーストラリアの植物学者、イザベル・クックソン（Isabel Cookson、1893〜1973年）博士にちなんで、これを「クックソニア」と命名した[2]。

シルル紀は陸上の動植物が豊富に見つかる最初の時代だと言えるが、その風景はいまとはかなり違っていた。海岸線は緑藻類、蘚苔類にびっしりと覆われていたが、内陸部は依然として吹きさらしの不毛な乾燥地帯だった[12]。ゼニゴケの高さは最高でも10㎝に満たず[9]、クックソニアも6㎝程度だった[8]。そのかわりに2階建ての建物よりも高い巨大生物、菌類のプロトタキシーテスが繁栄し、少なくとも4000万年にわたり陸上で最大の生命体として君臨した[5]。

植物界のカンブリアの大爆発——森林の出現

陸上の景観が大きく変わるのはデボン紀（4億1900万年前～3億5900万年前）からだ[1]。6000万年以上にわたる歳月がかかったとはいえ[12]、この間に植物の空前の爆発的な進化と多様化が起こる。動物ではカンブリア紀（5億900万年前～4億7500万年前）に空前の進化がみられることから「カンブリアの大爆発」と呼ばれるが、それになぞらえ、この時代を「植物界のカンブリアの大爆発」と呼ぶ人もいる[2]。

脊椎動物中心の生命史観からみれば、デボン紀はイクチオステガ等の両生類の時代となる。脊椎動物の祖先であるハイギョが初めて水からでて陸上をよろよろと歩きはじめたのだがデボン紀だからだ。けれども、それ以外の時代と同じく、デボン紀においても海中であれ陸上であれ、節足動物の方が種でも数でも脊椎動物よりもはるかに多かった。片や植物に視点を移せば、根、樹皮、葉、タネが初めて出現し、森林も誕生した。だから、植物学者ならばデボン紀を陸上植物の時代だと語るだろう[12]。

イギリスのスコットランドのライニー村からは、4億700万年前から3億9600万年前の化石が産する[12]。1914年に化石が発見されるとたちまち注目を浴びたのは、当時の植物体の組織を見事に保存した植物化石が産出したからだ[8]。「ライニー植物群」と呼ばれる貴重な化石群から[16]、当時の生態系がアグラオフィトンやリニア等の背の低い植物からなっていたことがわかる[8]。シルル紀のクックソニアと同じく、デボン紀前期の植物群も半水生で根を張ることもなく、その丈もせいぜい50～65㎝しかなかった[8、13]。大規模な根系がなかったため、水分が豊富な低地環境でなければ繁殖できなかった。デボン紀前期のペルティカは、2・7m以上まで育ったが、クックソニアの特徴を受け継いで、葉もなければ根も深くまではらず、茎の表面で光合成を行ない、その茎の先端には胞子嚢を付け、その胞子を風で飛ばしていた[12]。

けれども、光をめぐる競争が頑丈で背が高い植物を出現させるための原動力となっていく[10]。その後、根が進化し、水辺から離れても深いところから水を吸い上げ、身体全体にゆきわたらせることが可能となる[8]。デボン紀の中期には維管束組織が発達し、10mちかい高さのヤシの木に似たジャングル、最初の森林が出現することになる[10]。

ニューヨーク州東部のギルボアは、当時は海岸線で、その化石森から、この時期の植物の特徴を知ることができる。地表を覆う丈が低い植物や低木、4・5～8mの葉と樹皮をもつ樹木に似た植物から複雑な植生が構成されていた[12]。この木もヤシのような太い幹をもっていたとはいえ、シダにちかいもので[10]、根系は浅く水辺の湿地でしか生育できなかったし、葉もまばらで、落ち葉も少なかった[12]。

葉の誕生と二酸化炭素が急減した謎

だから、植物を大きく発展させたもうひとつの要因は葉の進化だ。植物は気候に大きく影響しているが、これは突き詰めるとひとつの器官、「葉」にゆきつく。マイナス56℃という凍てつくシベリアの大地から40℃を超す灼熱の砂漠まで、葉は地表の約75％を覆って、集光アンテナのように働いている[2]。

前述したとおり、植物は緑藻から進化したがシャジクモには葉がなかった[2]。クックソニアは円柱状の茎が二股に分かれ、先端に枝付き燭台のように胞子嚢があるが[7,8]、茎を覆う小さな鱗状の葉しかなく[7]、枝分かれした茎にはやはり葉が付いていなかった[3]。葉よりも先に茎が出現したのだ[7]。光合成は裸の枝で行なわれ続け、この状態がずっと続いた[2]。

不思議なのは、中国の雲南省南東部の約3億9０００万年前の地層から、エオフィロフィトン・ベルムというきちんと葉を付けた維管束植物の化石が出土していることだ。葉をつける遺伝子があっても進化はしない。葉が出現して広まるまで実に４０００万年もの歳月がかかっている。なぜ、これほどまでに時間がかかったのであろうか*[2]。

動物のカンブリア紀の大爆発では「酸素」が制約条件となっていたが、葉の発展にも環境上の「壁」があったのではないかと前出のビアリング教授は推測する[2]。

気孔の役割は二酸化炭素を取り入れるだけではない。蒸散によって葉を涼しく冷却している。葉があって気孔が増えるほど冷却能力は高まるが、水の蒸散も多くなるから、葉は両刃の剣でもある。初期の植物は、失われる水分を補完するほど水を吸える根がなかったから、葉を発達させることは自殺行為にほかならなかった。そして、初期の植物のスリムな茎であれば太陽に当たる面積も小さく、少ない気孔からの蒸散でも身体を冷やせた[2]。

葉があっても気孔が少なければ水の蒸散を抑えられる。二酸化炭素濃度が気孔の数に影響することは、シェフィールド大学のイアン・ウッドワード（Ian F. Woodward）名誉教授が1987年に提唱したが、2001年の研究から、植物には、最適な気孔の数を判断して、その数だけを葉に備える力があることがわかった。その遺伝子的な基礎も判明している。二酸化炭素が多くあると気孔の形成をコントロールする遺伝子のスイッチがオンとなり、気孔づくりを止めさせるのだ。つまり、二酸化炭素が豊富にあれば、植物は光合成を進めるため水をストックしようとする[2]。

初期の陸上植物には気孔が1㎟当たり5個しかないが、現在の葉には数百ある。そして、初期のアルカエオプテリスの葉にも祖先の6倍もあった。そして、葉がもつ植物が広がる頃には気孔の数は10倍に増えていた[2]。

だとすると、ビアリング教授が言う環境上の制約は葉の場合「二酸化炭素」なのではないだろうか。化石土壌を調べると当時の二酸化炭素濃度がわかる。ちょうどクックソニアが陸上を占拠しはじめた4億年前は現在よりも二酸化炭素は15倍も多かった。けれども、デボン紀にはその濃度は低下し、3億1000万年前にアルカエオプテリスが葉を茂らせて最初の森を広げたところには10分の1にまで減った。過去5億年でこれほどの減少は前例がない。高濃度の二酸化炭素が障壁となってあえて葉をもつことを妨げていたのだが、その濃度が低下することによって進化の扉が開いたことになる[2]。

＊――葉は、トクサ類、シダ類、種子植物と三グループで別々に進化した。そして、小さなトゲのようなでっぱりが茎に付いた「小葉」と平たく枝分かれした脈をもつ「大葉」があり、小葉は、シダ類のヒカゲノカズラ、イワヒバ等に見られ、大葉は、シダ、裸子植物、被子植物で広く見られる[2]。

タネと土壌が引き起こした寒冷化で脊椎動物の大半が絶滅

それでは、なぜ二酸化炭素濃度は低下したのだろうか。どうやら、植物自身がその答えらしい。植物はさまざまなやり方で長期的な炭素循環を乱す[2]。

正真正銘の葉をもつ最古の化石は、いまは絶滅したアルカエオプテリスだ[2]。デボン紀後期の3億6000万年前に熱帯で出現したアルカエオプテリスは最初の樹木と呼べる。20〜30mもの巨木にまで進化し、森林という景観が地球上に初めて形成された[1,8,9,12]。葉が大きくなれば背が高くなり光をめぐる競争がさらに始まる。目を見張るような森林が世界中に広がっていた[2]。

デボン紀には種子も登場した。その結果、森林は沿岸部からその分布域を広げさらに内陸物の乾燥した環境にも進出していく[9,12]。つまり、デボン紀からの植物界の大きな変化は背丈が高い樹木の出現。そして、胞子の弱点を克服し、発芽をより確実にする種子の出現だった[2]。

アルカエオプテリスは、植物史上初めて地中深くまで届く根を発達させた[9,12]。化石土壌に残された根は地中1mも伸びている。これだけ深い根があれば、土壌から水を吸い上げられる。根、茎、葉という植物界の三種の神器の進化が同時に起きたのは偶然ではない[2]。

この巨大な大森林の根にもアーバスキュラー菌根菌は共生していたが[13]、根や菌根菌は成長に必要な養分を得るために有機酸を分泌するから、岩石の化学的な風化を速める[2,9]。根が土壌をつかむことで土壌流出は抑えられるが、これはミネラルが溶ける時間を長くする。地上にたまる落葉が酸性環境をつくりだし、これも鉱物の分解を促す。現在でも菌根菌や植物によって岩石の溶解が5倍も速くなることが知られている[2]。したがって、デボン紀を動物学者ならば両生類、植物学者ならば陸上植物の時代と呼ぶと書いたが、細菌学者や菌類学者ならば、デボン紀のことを、土壌微生物が急増した時代だとするだろう。微生物によって土壌が肥沃になることで森林は発達できたからだ[12]。

植物が生育するには、養分の吸収能力を高める菌根菌の役割が重要なことはもちろんだが、腐植した有機物や菌根を食べ土壌中に穴を掘って空気を送り込み、養分を移動させる小型の節足動物の役割も欠かせない。前節で紹介したライニー村では、最古の菌根菌だけでなく、最古のトビムシ、リニエラの化石も発見されている[12]。トビムシは、腐食した植物を食べることで栄養分の循環を促し、移動することで水はけを良くして土壌の物理性を改善する。

トビムシがデボン紀の土壌形成で果たした役割は大きい。そして、最初の昆虫が誕生したのもデボン紀だった。葉が生い茂り、初めて地表を覆う落ち葉の厚い堆積層が形成されるなかで昆虫は誕生・進化した。腐植にはトビムシ、イシノミ、シミが群がり、こうした最初の昆虫集団の摂食活動によって土壌は肥沃となっていった[12]。

けれども、これは皮肉な結末を生んだ。現在、メキシコ湾には米国中西部で大量に使用された化学肥料が流れ込むことで、広大な海域で富栄養化と酸素が欠乏したデッドゾーンが生じている。いま、化学肥料がしているのと同じように、アルカエオプテリスが繁殖するために取り出したリン等の栄養塩は、河川と海洋へと流れ込み、藻類と植物プランクトンを大繁殖させ、海を酸欠状態にしていく。それが海洋生物の息の根を止めた[9]。

樹木が引き起こした環境破壊は富栄養化にとどまらなかった[9]。不毛な大陸が森林へと変わる緑化。深い根をもつ森林による岩石の風化[2、9]によってカーボンが土壌にも隔離される一方で、二酸化炭素を取り込んで大発生した海洋プランクトンの遺体が海に埋められていく[9]。

ニューヨーク州立大学ビンガムトン校の古生物学者、ウィリアム・スタイン(Wiliam Stein)准教授は、こうして地球を温かく保っていた二酸化炭素の減少が引き起こされたと述べる[9]。

この結果、急激な寒冷化が起き[2、9、12]、最終的に氷河時代をもたらした。南極で生まれた氷河は大陸へと広がり[2]、ペンシルベニア大学のローレン・サラン(Lauren Sallan)准教授によれば、デボン紀末の3億5900万年前には[9]熱帯地方まで氷河に覆われた[2、9、12]。海水面は低下して、サンゴ礁に生息する生命は大量に絶滅した[12]。このデボン紀末の大絶滅は、恐竜をはじめとするほとんどの生き物を死滅させた白亜紀末の大絶滅よりも悲惨で、脊椎動物の96%が絶滅した[9]。

樹木は生命に恩恵をもたらす存在と見なされているが、シンシナティ大学の地質学者、トマス・アルジオ(Thomas Algeo)教授によれば、樹木、根、土壌、種子がこの大絶滅の原因だった*[9]。前章では「浅はかな人智を排せば、ガイア仮説のように地球の調和は自ずから保たれるのだろうか」と問いかけたが、この植物たちの暴走を見るかぎり、どうも違うようにも思える。

リグニンの発明と酸素の増加と昆虫の巨大化

約3億6000万年から3億年前の石炭紀には陸上生態系は初めて現在の地球と良く似た姿となっ

た[8]。3億5000万年前には北米大陸や北欧は赤道近くの熱帯に位置し、レピドデンドロン等、湿地帯では40mものシダの森が繁茂していたが[10]、巨木とはいえ、シダの茎には重い葉を支えるだけの強度がなく、風が吹けば倒れた[2、10]。背が高くなれば光をめぐる競争にも勝てるが[10]、重みで倒れてしまっては元も子もない[2]。こうして湿地を中心に繁栄していたシダ植物は衰え、約3億年前からのペルム紀には、より乾燥に強い「タネ」をもつ裸子植物、グロッソプテリスがゴンドワナ大陸で登場して繁栄していく[10]。

この転換のポイントのひとつとなったのが石炭紀初期に[5]、重い荷重を支えるために、芳香族化合物（ベンゼン環をもつ物質の総称）を複雑に結合させたリグニンがつくりだされたことだった。リグニンをつくるにはセルロースよりも多くのエネルギーが必要だが、強度は高まる[10]。これで幹は補強されるようになった[7]。

現在のヒカゲノカズラ類は背が低い灌木だが、石炭紀には巨木化し、最もよく知られたヒカゲノカズラ類の鱗木（りんぼく）は40mもあった。その下には20m以上のトクサ類、蘆木（ろぼく）があった。現在のトクサ類は小さく目立たない存在だが[2、9]、当時の動植物はみな巨大だった[2]。

フランスの古生物学者、シャルル・ブロンニャール（Charles Edmée Brongniart、1859〜1899年）は、

＊――2021年3月に東北大学の海保邦夫名誉教授は後期デボン紀に起きた大量絶滅が、炭化水素の「コロネン」が多く含まれていることから大規模火山の噴火で起きたとしている。コロネンは有機物の燃焼でできるが、森林火災を上回る1200℃以上の高温が必要で、高温のマグマか、天体の衝突によるもので、まとまった量のコロネンは大量絶滅が起きた年代の地層でしか見つかっていない。

フランス中部のコマントリーで何百という3億年前の石炭紀の昆虫化石を発見する。最も有名なものは1894年に発表された古代の肉食トンボ、羽を広げると63㎝もあるメガネウラだった。スコットランドでは2005年にウミサソリの移動跡が見つかったがその体長は1・5mもあった。両生類も巨大で数mもあった。この巨大な生態系は約3億年前からのペルム紀の間は5000万年と長期にわたってずっと続いた。けれども、ペルム紀以降は忽然と姿を消し、二度と出現していない[2]。

なぜ、この時期にだけ巨大昆虫が出現したのだろうか。1911年、フランスの技術者、先史学者のエドゥアール・アーレ（Édovard Harlé、1850〜1922年）氏は巨大昆虫が飛び回れたのは、現在よりも石炭紀の大気圧が高かったからだとの仮説を提唱した。たしかに空気の密度が濃ければ、浮かびあがることはたやすい。ヘリコプターが4㎞以上の高さでは飛べないのも空気が薄すぎるからだ。このアイデアは独創的だったが、支持する証拠はなかった。地質学の第一人者、イギリスのチャールズ・ライエル（Charles Lyell、1797〜1875年）卿が「当時の大気圧もいまとほぼ同じだった」と主張したことから、巨大昆虫の大気圧仮説は片隅に追いやられた[2]。

現在の大気の99％以上を占めているのは窒素と酸素だ。このうち、窒素は不活性で地球史のごく初期に一定濃度に達して、それ以来ほとんど濃度を変えていない[2]。だから、大気圧が変わるとすれば酸素の可能性しかない[14]。1965年、ロイド・バークナー（Lloyd V. Berkner）博士とローリストン・マーシャル（Lauriston C. Marshall）博士は、石炭紀には植物の盛んな光合成で酸素が増加したとの説を提唱する[2]。

1980年代後半、堆積岩に含まれる黄鉄鉱や有機物がどのように変化したのかを決定する方法をイエール大学のロバート・バーナー（Robert Berner、1935〜2015年）教授は開発する。岩石に含まれている有機物量や硫黄量のデータは石油会社が世界を探索していたからすでにある。このデータをもとに、過去5億4000万年前からの大気中の酸素量の変遷をシミュレートしてみたところ、3億年前に35％まで達し、2億年前には15％にまで低下したことがわかった[2]。理由は、光合成によって二酸化炭素が大気中から除かれ、有機物として埋没することで地中に封印されても分解されないため、結果として、大量の酸素が放出されて酸素濃度を押し上げたためだった[9]。

酸素濃度が35％も押し上げられれば、いまよりも大気圧は3分の1も高く、大型昆虫でも楽に飛べた[2]。昆虫は酸素の拡散によって呼吸しているから、身体の断面積は限定されているが[8]、酸素濃度が高ければ、気管を通じて酸素がゆきわたらないため大きくなれないという生理的制約もなくなる[2、8]。理論上は航空力学的な制約や生理的な制約が取り払われる。けれども、こうした条件を整えれば本当に生物は巨大化するのだろうか。テキサス大学のロバート・ダッドリー（Robert Dudley）教授は大気中の酸素濃度を石炭紀のように高くし、ショウジョウバエがどう反応するかの実験をしてみた。すると、わずか5世代でハエは14％も大型化したのだった[2]。

キノコで変わった地球環境と分解の化学

石炭紀には植物の種類と個体数が著しく増加し、光合成が世界規模で活発化した。一方で、微生物側の対応の遅れによってリグニンが分解されなかったことから、大量の樹木が分解されずに埋没し大量の炭素が固定され、地球史上最大の石炭蓄積時代を引き起こした[5、9、10、13]。

時代を一気に現代に戻そう。今日、人類は毎年、約100億Gtの炭素を排出しているが、これに対して、菌類による木材の分解が地球上の最大の炭素放出源で年間約850億tにも及ぶ[5]。リグニンが分解できないという前出の問題を解決したのは、約2億5000万年前にシイタケやマイタケ等の白色腐朽菌が開発した酵素ペルオキシターゼだった[5、10]。

ペルオキシターゼによって、まさに地球上の炭素循環は変わった[5]。白色腐朽菌は、真正細菌や他のキノコよりも競争に弱く、酸性や窒素欠乏といった条件下でしか生きられないが、倒木等を分解できることから不動の地位を確立した。そして、このキノコの進化が石炭紀を終焉させた[10]。そこで、リグニンとその分解について説明しておこう。

セルロースはグルコースがつながった地球上で最も多量に存在する鎖状の高分子だが、二番目に多量に存在する成分はリグニンだ[5]。植物の細胞壁ではセルロースを補強するため、その間を埋めるようにリグニンがはめ込まれている。このことで機械的に強固となっている。このプロセスを「木化」という。このプロセスが進むほど腐りにくくなる。このリグニンが結合して「木化」したセルロースのことを「リグノセルロース」と呼ぶ[17]。

リグニンはフェニルプロパノイドと呼ばれる成分が不定形に酸化重合した複雑な樹枝状の構造をもつ。たいていの酵素は特定の形の分子と結合するが、リグニンではあまりに化学構造が不規則なためにこの方法が使えない。だから、リグニンは、地球上に存在する生物由来の物質のなかでも最も分解されにくく、いまも、リグニンを分解できる生物は[5、17]、担子菌類のキノコに限られる[10、13、14]。

動物の遺体を実験的に放置しておくと、平均して75%がニワトリやネズミ等の腐肉を食する脊椎動物によって消費されていくが、落葉の分解では土壌動物はせいぜい10%以下しか貢献していない。これはリグニンが食料として魅力がないためだ[17]。リグニンは分解してもほとんどエネルギー源にはならず窒素も少ない。樹木はリグニンによって、まずくすることで、虫に食べられないように害虫への防御力を高めているとも言える[10]。木材がリグニンからできあがっているのもただ物理的な強度を保つためだけではなく、分解しにくい性質をもつように進化したためとも言える[14]。

引用文献

[1] 丸山茂徳・磯崎行雄『生命と地球の歴史』(1998) 岩波新書
[2] デイヴィッド・ビアリング『植物が出現し、気候を変えた』(2015) みすず書房
[3] ルース・カッシンガー『藻類―生命進化と地球環境を支えてきた奇妙な生き物』(2020) 築地書館
[4] ステファノ・マンクーゾ、アレッサンドラ・ヴィオラ『植物は「知性」を持っている』(2015) NHK出版
[5] マーリン・シェルドレイク『菌類が世界を救う』(2022) 河出書房新社
[6] 川上紳一『生命と地球の共進化』(2000) NHKブックス
[7] リチャード・フォーティ『生命40億年全史』(2003) 草思社
[8] マイケル・ベントン『生命の歴史』(2013) 丸善出版
[9] ピーター・ブラネン『第6の大絶滅は起こるのか―生物大絶滅の科学と人類の未来』(2019) 築地書館
[10] 藤井一至『大地の五億年』(2022) ヤマケイ文庫
[11] ニコラス・マネー『生物界をつくった微生物』(2015) 築地書館
[12] スコット・リチャード・ショー『昆虫は最強の生物である』(2016) 河出書房新社
[13] 齋藤雅典『菌根の世界』(2020) 築地書館

［14］小川眞『作物と土をつなぐ共生微生物～菌根の生態学』（1987）農文協自然と科学技術シリーズ
［15］エアハルト・ヘニッヒ『生きている土壌―腐植と熟土の生成と働き』（2009）日本有機農業研究会
［16］葛西奈津子『進化し続ける植物たち』（2008）東京化学同人
［17］大園亨司『生き物はどのように土にかえるのか』（2018）ベレ出版

コラム② 動植物の進化と利用元素の変化

タイヤを重ねる植物と接着剤でくっつく動物

1940年に東京帝国大学の前川文夫（1908～1984年）教授は、細胞の表面の差に着目して「細胞の生活相」という大胆な仮説を提案した。前川教授は単細胞生命には、「鞭毛型生活」、「アメーバー型生活」、しっかりとした細胞壁をもつ「包膜型生活」があり、鞭毛型細胞からは多細胞生物が生まれなかったが、アメーバー型細胞が多細胞化して動物が、包膜型細胞が多細胞化して植物が生じたと考えた[1]。

数十の鞭毛細胞が集まったボルボックスは最も初期の多単細胞生物だが、水をかく鞭毛細胞は常に外界に接していなければならないから、数千、数万もの複雑な細胞をもつ多細胞生物にはなれない。一方、アメーバー型細胞は細胞をつなぐ接着物質があれば多細胞化できる。これがコラーゲンで、最も下等な多細胞生物、海綿はすでにコラーゲンをもつ[1]。

コラム①で述べたように植物は動かない生き方を選択した。植物細胞はタンパク質を主成分とする細胞質、タンパク質と脂質からなる薄い細胞膜、その外側を覆うセルロースを主成分とする細胞壁からなっている。動物細胞には細胞壁がないが、この違いは光合成能力のあるなしが決めている。植物の細胞壁をつくるセルロース、ペクチン、リグニン等はいずれも光合成の産物である糖からつくられる。二酸化炭素と水があればいくらでも原材料を供給できる。一方、動物が摂取した炭水化物は捕食や逃走のための移動エネルギー源として費やされてしまう[2]。

植物は細胞壁という頑丈なゴムタイヤを積み重ねて塔をつくったようなものと言える。もっともこのタイヤには水が入っていていろいろな成分も溶けている[1、2]。このため高い浸透圧が生じて細胞壁を内側から押し上げているから、弾力性もある。けれども、パンクで空気が抜ければタイヤがしぼむように、植物も水が吸えず内圧が低下すれば萎れる[2]。

動物も動物もケイ酸型からカルシウム型へ進化

生命は、体型を保って身を守るため、動物では外骨格（貝殻）や内骨格（脊髄や海綿の骨針等）、植物では細胞壁と「硬組織」を進化させてきた。この組織をつくる材料としてはケイ素、カルシウム、リンが使われている[2]。

最も単純な単細胞動物では、有殻アメーバーや有孔虫には、硬組織をつくるのにケイ酸質を分泌するタイプ（ケイ酸型）とカルシウムを分泌するタイプ（カルシウム型）があるが、放散虫はもっぱらケイ酸で被殻をつくる。多細胞生物では最も初期の海綿動物には、カルシウム型とケイ酸型とがあるが、より進化したクラゲやサンゴ等の腔腸動物からはケイ酸型が姿を消す。サンゴは炭酸カルシウムを分泌して石灰質の骨格をつくり、棘皮動物ではヒトデやウニのように体表面に石灰質のトゲをもつ。一方、腔腸動物でもクラゲは骨格を欠いて裸のままだ[2]。

ミミズやゴカイ等の環形動物も石灰分泌腺からカルシウムを分泌し、節足動物もエビやカニの体の表面の外骨格はカルシウムに富む。軟体動物も多くが外套膜から分泌された石灰質の貝殻で体を保護している。これに対して、脊椎動物は内骨格がよく発達している。魚類ではサメやエイ等の軟骨魚類以外は硬骨魚類と呼ばれるが、すべてがアパタイト型（リン酸カルシウム型）となっている[2]。

ケイ酸よりもカルシウムの方が調節が容易だ。だから、動物は進化の過程でケイ酸よりもカルシウムを選ぶようになったとされる。第5章で記載するリン酸資源として採掘されている生物起源のリン鉱石はこうした骨の堆積物が変化したものだ[2]。

植物の場合、石灰（カルシウム）を集積するものとして、紅藻類のサンゴモ科の石灰藻がいる。熱帯においてサンゴ礁を形成するうえで重要な生物だが、石灰質組織のカルシウム含有量は30％で、海水のカルシウム濃度400ppmの1000倍ちかくも濃縮している[2]。

ケイ酸を集積する藻類は、ケイ藻が有名だが、それ以外は種類が少ない。そして、生物進化上は新しく、約1億8000万年前のジュラ紀に出現したと推定されている。生物の進化史からみれば比較的最近だ。白亜紀には多量のケイ藻が現われ、約5000万年前の第三紀中頃には各地で爆発的に増殖し、現在でも繁栄を続けている。水圏の藻類でケイ藻の占める割合は群を抜いて高く、約半分をケイ藻が占めていることもある。それには溶存している微量なケイ酸を10万倍も濃縮できるケイ藻の特殊な能力も関係している。その遺体がダイナマイトに使われる珪藻土だ[2]。

植物の上陸とリグニンの登場

4億年前に生命は陸上への進出を始める。水中生活と決別するには、乾燥で干からびないための手当と身体を支えるための対策が必要だ。大変なことではあったが、魅力もあった。動物にとっては必要な酸素、植物にとっては二酸化炭素が手に入れやすい。そこで、動物も植物も水分が失われない対策を行なうとともに、動物は酸素を取り込む肺、植物は二酸化炭素を取り込む気孔を進化させる。

動物では多くの「門」が上陸する以前から存在していたのに対して、植物では20億年もの間、藻類のグループがあっただけだった。植物が著しい多様化を遂げるのは、陸に上がってから。それも、第2章でも記述したとおり、維管束組織を発達させてからだ。そして、リグニンの合成にはホウ素が不可欠だ。だから、植物では必須元素とされている。けれども、リグニンをつくらない動物ではホウ素は必須元素ではないし、植物では必須といってもそれは、維管束組織をもつシダ以上に進化したものに限られる。だから、ホウ素は長い植物史では比較的最近に必須となった元素と言える[2]。

引用文献

［1］大場秀章『誰がために花は咲く』（1991）光文社
［2］高橋英一『ケイ酸植物と石灰植物』（1987）農文協
自然と科学技術シリーズ

第Ⅱ部

土からみた動植物の健康

第3章

健康であれば作物も家畜も病気にならない

アグリテクは病害虫問題の救世主となりうるか？

松明（たいまつ）をかざして害虫を誘い出し、焼き捨てる「虫送り」は大蔵永常（1768〜1860（未詳）年）の除蝗録（じょこうろく）に記載されているし、1670年には、現在の福岡県で蔵富吉右衛門（1593〜1679年）が鯨油を水田に流し田面に落ちたウンカを窒息させて退治することを試みている[1]。1931年（昭和6年）と1934年（昭和9年）の東北での冷害といもち病は[1、2]、1936年（昭和11年）の二・二六事件の底流となった[1]。

100万人が死亡して、150万人が海外に移住した1845年のアイルランドでのジャガイモ疫病を例に出すまでもなく、作物の病気は過去から人々を苦しめてきた[1]。それだけに、スイスのパウル・ヘルマン・ミュラー（Paul Hermann Müller、1899〜1965年）博士が1938年に開発した

DDTを皮切りに、イギリスのBHC（1941〜1942年）、ドイツのパラチオン（1944年）、米国のドリン剤（1948年）やカーバメイト剤（1934年）と第二次大戦前後に続々と登場した化学合成農薬は、戦後の食料難に悩む日本にとっては、まさに「生と死の妙薬」だった。使用量は年々増え、1969年には早くも単位面積当たりの使用量が世界一となった[1]。

化学農薬を用いなければ、害虫防除は不可能で、家庭菜園はともかく大規模生産での有機農業は実現不可能だとされている[3]。化学肥料や農薬を大量に用いる工業型農業モデルは過去のものであるとしても、ゲノム編集技術を用いたRNA農薬等の新たなアグリテクによる問題解決が追求されているのはそのためだ[3、4、5]。

けれども、化学肥料や農薬の生産には化石燃料が必要だ。原油価格も高騰し、ウクライナ危機もあって食料危機の深刻化が懸念されている[3]。

一方で、2022年11年から翌年1月まで3回シリーズで放送されたNHKスペシャルの「超・進化論」では微生物と植物と昆虫との緊密な関係の最先端の科学を紹介し、話題を呼んだ。そこで、本章では、病害虫と作物、さらにはヒトを含めた動物と健康との関係について掘り下げてみよう。

自然農法や有機農業の先駆者が気づいた病害虫被害がでない謎

自然農法の先駆者の一人、世界救世教（MOA）の開祖、岡田茂吉（1882〜1955年）は、肥料を施したために土壌が本来もつ力が発揮できず、土の弱体化でイネ自身の体力も低下したことが前述した昭和初期の冷害の原因だと考えた。1948年創刊の機関誌『地上天国』に「無肥料栽培」と題する論文を発表したことを皮切りに、人為を過信した近代農業に対して「肥料迷信打破運動」を展開し、自然農法による農業革命を訴え続けた。1950年には、米国の有機農業の先駆者、J・I・ロデール（Jerome Irving Rodale、1898～1971年）と互いに協力しようと書簡のやりとりをし、1953年には「いと浅き科学をもちいて、いと深き土の神秘を探る愚かしさ」と主張。同年には「自然農法普及会」を設立する。普及会の指導者、露木裕喜夫氏（1911～1977年）は、自然の摂理にしたがって、自然の力を発揮させることを目標として、自然の仕組みを知るために観察を重視し、性急に技巧に走ることを戒めた[6]。

世田谷区にあった約300坪の自宅で1936年から家庭菜園を始めたことが、農法誕生の直接的なきっかけだ。けれども、それだけでなく、岡田が幼少の頃から病弱で、青年期には肺結核にかかって医者からは不治の宣言を受け、健康こそが人の真の姿であって、幸福の最大の要件だと身に染みて感じていたことも関係している[6]。菜園を管理する担当者は、農業講習会で近代農業技術を学んだ。そこで化学肥料を用いたところ害虫が大発生した。岡田は医者から見放された肺結核を徹底した菜食の実践を通じて独力で治癒した体験があるだけに、西洋から直輸入された肉偏重の栄養学や近代医学に疑念を抱いていた。この状況を目にして、西洋医学での栄養の考え方と農業における肥料使用には共通した誤りがあるのではないかと考え、1939年には肥料の使用を止めてみると、野菜の味がよくなり虫も付かない。1942年には庭に10坪ほどの水田をつくる。1944年に箱根に転居してからも菜園を続け、約10年の実践から無肥料に確信をもった*[6]。

日本は1980年にも深刻な冷害に見舞われる。イネの作況指数は全国では74だったが、岩手県は60、青森南部地方は0、すなわち、収穫がゼロだった。当時、岩手大学にいた東海大学の片野學（1948～2014年）名誉教授はこの凶作のなかで自然農法と出会う。生育調査のために訪れた岩手県紫波町の自然農法家、佐藤宏氏の水田は被害がなかった。いもち病にかからなければ、慣行栽培では発生しているウンカの被害もでない。ここから、片野名誉教授は、弱ったイネが病気にかかり虫が付くと考えた[8]。

岡田や片野名誉教授の見解は、海外の有機農業の先駆者たちの見解とも合致する。イギリスのノースボーン男爵（Lord Northbourne、1896～1982年）はこう疑問を呈する。「過去よりもはるかに多くの技術が用いられているにもかかわらず、なぜ病害虫がますます蔓延し、農薬散布がもっと必要となるのだろうか」。ドイツのエーレンフリート・プファイファー（Ehrenfried Pfeiffer、1899～1961年）は「生物学的なバランスが崩れると害虫や病気が発生する。自然は弱いものを排除する。だから、害虫は、バランスが崩れているとの自然からの警告なのだ」と語る[4]。

同じドイツの有機農家で土壌学者でもあるエアハルト・ヘニッヒ（Erhard Hennig、1906～1998年）も、健康とは調和がとれている状態であって、その調和が破れたときに不健康となると考えた。

＊——岡田茂吉と並ぶ自然農法の提唱者に福岡正信（1913～2008年）がいる。福岡が自然農法に着手したのは1937年である。岡田は直感で自然農法が大切なことはわかっていたが、具体的なノウハウがまったくなかった。そこで、初期には救世教の関係者は福岡のところに弟子入りをして教えを受けていたという[7]。

ヘニッヒによれば、病気を癒すこととはこの乱れを治すことにほかならない[8]。

フランスの畜産農家兼研究者、アンドレ・ヴォアザン（Andre Voisin、1903〜1964年）も「動物や人間は大地の生化学的なコピーだ」と捉え、「病気を治したければ、まず土壌を健康にしなければならない」と語る[8]。

ヴォアザンは1950年代に実践のなかから「合理的放牧理論」を考え出した人物だ。草を食べる牛本来の生き方に沿った移動式飼育法は、米国の映画『キッス・ザ・グラウンド』（2020年）や『君の根は』（2021年）、あるいは、米国の農家ゲイブ・ブラウンの『土を育てる―自然をよみがえらせる土壌革命』（2022、NHK出版）が翻訳出版されたこともあって、日本でも「リジェネラティブ農業」の柱の要素として注目されつつある。「リジェネラティブ」とは、ダメージを土壌に与えないだけでなく、より健康的にすることで、環境の修復につなげることを目指すもので、いまトレンドとなりつつある概念だ。

けれども、1964年と半世紀以上も前に移動式放牧の重要性に着眼し、指導を依頼し、かつヴォアザンを自国に招聘した人物がいた。キューバの首相フィデル・カストロ（Fidel Castro、1926〜2016年）だ。惜しむらくは、ヴォアザンは渡玖後まもなく心臓発作で急逝した。けれども、フィデルはヴォアザンの哲学と農法は「人間の健康と幸せを体現するものだ」とし、翌1965年を「農業の年」と命名。101歳で他界するまで玲夫人もフランスからキューバに通い続けた。だから、ヴォアザン夫妻の墓は首都ハバナにある[9]。

ヴォアザンは著作『草地の生産力』（1957年）や『土壌と植物、人間と動物の運命』（1959年）

で、土壌の調和の乱れから病気が生まれるとし、癌も細胞の物質代謝の障害であるとした。ヴォアザンによれば、ヒトや動物の細胞が健全に機能するには、土壌から供給される微量ミネラル（微量元素）や酵素が欠かせない。誤った施肥、とりわけ、化学肥料のような可溶性窒素を過剰に与えることで、微量ミネラル、たとえば、タンパク質の合成に不可欠な亜鉛が不足して、不自然な構造のタンパク質ができてしまう。結果として、細胞内の物質代謝が乱れ、こうした細胞は細菌やウイルスに侵されやすくなる、と述べている[8]。

亜鉛が不足するとアミノ酸、アスパラギンが増え、虫害の発生につながることはその後の研究からもわかっているが、ウイルス感染までも肥料と関連するとはにわかには信じがたいと思われるかもしれない。けれども、コラム③で書いたようにラングドック科学大学のコンスタンティン・ヴァゴー（Constantin Vago、1921〜2012年）名誉教授は、ほぼ同時期の1956年に、栄養バランスと農薬という二つの要因によって体内の物質代謝が乱れると、昆虫がウイルスに急感染することを発見している。それも、あらかじめウイルスを接種しなかったり、ウイルスから厳密に隔離したりした状態においてもだ。この結果から、名誉教授は、植物界と動物界との双方の病気に共通する普遍的な生物学的な法則があるのではないかと考える[10]。

化学肥料と農薬で逆に病害虫が増す謎

ヴァゴー名誉教授の研究は、昆虫のウイルス病についての従来の考え方に再考を迫るものだが、植物についても同じだ。農薬防除がなされるようになってから糸状菌による病害だけでなくウイルス病も広まったとの研究が1969年にフランスで報告されている。糸状菌やウイルス病だけでなく、害虫も農薬散布とともになぜか増えはじめる。ダニが害虫となったのは農薬が使われるようになった戦後のことだし、リンゴキジラミも農薬が使われる前は害虫ではなかった。蛾やアブラムシ、センチュウも同様で、糸状菌、細菌、ウイルス病はセットで発生している[6]。

農薬は害虫を減らすために散布されるのだが、散布すればするほどむしろ増すことが多くの研究からわかってきている。たとえば、2018年に米国のコーンベルトでなされた比較研究によれば、遺伝子組み換え作物や農薬を多用する慣行農業の方が、使わない農業よりも害虫が10倍も多いことが判明した。逆の事例として、ニュージーランド出身のアグロエコロジーの研究者、ニコル・マスターズ(Nicole Masters)博士は、ある果樹園で、農薬散布を止めると、まず初年度にコナカイガラムシの数が減り、翌年には完全にいなくなったことを指摘する[11]。こうした研究が示唆するのは、害虫は原因ではなく慣行農業の結果で、皮肉なことに農薬が害虫を増やしていたということだ[11、12]。

農薬散布がむしろ害虫を増やすとはにわかには信じがたいが、フランス国立農学研究所(INRA)のフランシス・シャブスー(Francis Chaboussou、1908~1985年)博士は、これまで紹介してきた先駆者たち見解を理論的に裏付け、作物体内での養分代謝が乱れているときに病害虫被害を受けるとの「栄養好転説(Trophobiosis Theory)」を提唱[4、10]した。*「Trophobiosis」とは、「トロフィコス(栄養)」と「ビオシス(生命)」という二つのギリシャ語に由来する言葉で、「害虫は健康な植物では飢える…」。毒(農薬)は使えば使うほど、病害虫が増える」と述べた[3、4、11]。もちろん、主流の植物病理学はこうした現象を認めない。人々から酷評されるなか、博士は仮説を述べた著作を出版した直後の1985年に心臓疾患で急逝した[10]。

けれども、オックスフォード大学で2020年に開催された「Oxford Real Farming Conference」で、エディンバラ大学のデイジー・マルティネス（Daisy Martinez）博士らは、シャブスーの仮説を裏付け、農薬散布が害虫を有利にするとの研究結果を報告した[3、11]。

作物はもとより健康なのであって、農薬散布で、植物生理が乱され、病害虫が求める栄養分が増えることで被害を受けるのだと見なせば、従来の説では合点がいかない不都合な真実のすべてに辻褄が合う説明ができる[10]。そこでまず、三つの謎を紹介し、栄養好転説からその謎解きをしてみよう。

無毒性でも病害防除効果があるボルドー液と硫黄の謎

フランスのメドック地方では、何世紀にもわたって、農民たちが泥棒対策としてブドウの木に硫酸銅と石灰との混合液をふりかけてきた[10]。1882年、ボルドー大学のピエール＝アレクシス・ミヤルデ（Pierre Millarder、1838～1902年）教授は、混合液を散布されたブドウだけがべと病の被害を受けないことに気づく。混合液は、リンゴやトマト、バラの病気にも効いたし、レタスでもべと病は抑制された。いまも世界で広く使用されている最初の農薬、ボルドー液が防除資材として認められ

＊――原著の出版は1985年で、「新たなる農学の革命（une révolution agronomique）」との副題が付いている。

た瞬間だった[1、10]。

1897年(明治30年)にフランスから日本に導入されたボルドー液は、糸状菌が起こすうどんこ病に悩まされていた山梨県のブドウの危機も見事に救う。帯広畜産大学の酒井隆太郎(1921〜2019年)教授は北海道でのイネでの事例もあげる。1934年(昭和9年)には、いもち病に対する効果的な殺菌剤がまだなかったため、空知支庁管内の30カ町村の農家が協力し、6万haの水田で、予防として銅剤を使った。偶然この年は北海道は冷害に悩まされたが、この地区は豊作だった[1]。銅の威力がどれほどのものかがわかろう。

けれども、なぜ銅に効果があるのかは実はよくわかっていない。多くの病理学者は、銅が殺菌剤として作用するためだとしてきたが、当時の旧式な散布器具では葉の表面を濡らすのが精一杯だ。けれども、べと病の菌糸は葉の裏面から侵入するから論理的に阻止できないはずだ。にもかかわらず、ボルドー液にはなぜか効果がある[10]。

硫黄も同じだ。古くから、うどんこ病の防除に活用されてきたが、硫黄にも殺菌力はないし、還元された硫化水素にも糸状菌類の胞子への殺菌効果がないことが実験で証明されている。けれども、ジャガイモの青枯れ病も硫黄を散布するとなぜか効果的に抑制できる[10]。

無毒性でも防除効果のあるフィトアレキシンの謎

コラム①でも書いたように、カビであれ、細菌であれ、ウイルスであれ、病原菌が侵入すれば植物側も抵抗する。侵入された組織の一部が壊死することで、病原菌の蔓延を防止する。この「過敏感反応（ネクローゼ）」は、抵抗性品種ほど早い[1]。

名古屋大学農学部の冨山宏平（1917～1998年）名誉教授が、ジャガイモに疫病菌を接種してみたところ、抵抗性がない品種では、数日間も反応が起こらず、侵入した菌糸は伸び続け、細胞壁を破って隣の細胞へと侵入。病気が広範囲に蔓延したが、抵抗性品種では、早くも40分で感染を受けた細胞の半分が過敏感死した。細胞が死んだ後もその中で菌糸は伸び続けたが、細胞壁を突き破って外に出ることができずコイル状に閉じ込められた[1]。防衛戦略の威力がどれほどのものかがわかろう。

同時に、ある細胞がカビの感染を受けるとその近くにある健全な細胞ほど、タンパク質、糖、フェノールの含量が増え、フェノール酸化酵素の活性が高くなり、リシチン等が生産される。こうした物質には、カビの生育を抑える力がある。そこで、ドイツのカール・オットー・ミュラー（Karl Otto Mueller、1897～1978年）博士は、これをフィトアレキシン（Phytoalexin）と呼んだ[1]。感染組織では強力な抗菌作用のあるフェノールやタンニンなどがつくられることで抵抗力を高めているというわけだ[10]。

けれども、この定説にも疑問を投げかける研究がある。その一例として、シャブスーは、前出の冨山名誉教授の「フェノール類の毒性は特に強くない」との指摘をあげる。菌糸が侵入するとたしかにジャガイモの表皮細胞は「過敏性壊死」を起こす。けれども、それ以降も10時間以上も菌糸は生きていて、死んだのはその後だった。これは菌糸が有害物質によってではなく、栄養欠乏で死んだことを意味する。1972年にハンガリーの植物防疫研究所のゾルタン・キラリー（Zoltán Király、1925～

2021年）教授は、フィトアレキシンの生成が伴う過敏性壊死は、抵抗性とは関係なく、結果だと述べている[10]。

天敵の死滅だけでは説明できない農薬散布で害虫が増える謎

イネの害虫といえば、なんといってもウンカだろう。中国大陸から風に乗って飛来して、イネの茎葉の汁を吸って坪枯れを引き起こす。農薬を散布してもなかなか被害を防げない一方で、前記したように無農薬でも被害がでない自然農法水田もある[6]。

なぜなのか。その理由を1985年に西日本の各地でトビイロウンカの被害が多発したときに、愛媛大学の日鷹一雅元准教授らは天敵の生態からすでに解明している[6]。

結論からいうと、天敵の一種、ウンカシヘンチュウが寄生することで増殖を未然に防いだからだ。ウンカが「害虫」となるのは被害がでるまで増殖するからで、1株に1匹いた程度では何ら影響がない「無害な虫」でしかない。ポイントは、水田にウンカがいないことではなく、無農薬にしておくことで被害を及ばさない程度のウンカがあらかじめいたことだ。餌がなければ天敵も生きられない[6]。

ウンカ類の天敵は200種以上もいるとされるが、概して害虫よりも農薬に弱く、繁殖力が劣る。一方、害虫の方は散布回数が増えるほど、薬剤抵抗性も強まる。農薬で天敵が絶滅した空白地帯に侵入すると抑制が効かず大発生する[6]。仕組みがおわかりいただけただろうか。捕食性の天敵が農薬で根絶され害虫の増殖に歯止めが効かなくなることが被害発生の原因なのだ[10]。

けれども、この定説に対してもさらに疑問を投げかける研究結果をシャブスーは示す。たしかに農薬は有害だ。禁止されただけあってDDTは、植物に対しても奇形化、組織の壊死等の毒性を示す。けれども、低濃度では障害はなく、時には植物の成長を刺激することがある。昆虫も同じで、DDTを散布することで、逆に増殖してしまうケースもある。昆虫学者、カリフォルニア大学バークレー校のカール・バートン・ハファカー（Carl Barton Huffaker、1914〜1995年）名誉教授は、早くも1950年に、DDTをナシに散布する実験を行ない、無処理区よりも多くの天敵が存在していたことから、「天敵が死ぬために害虫が増すという論理では説明がつかない」と疑問を呈している[10]。

栄養好転説——植物も飽食でメタボ状態

それでは「栄養好転説」による謎解きをはじめよう。シャブスーは、農薬を使わないより使った方がむしろ害虫が増える事実を目にする。なぜなのか。疑問に思ったシャブスーはそれ以降、実験と文献レビューの双方を通じて、その謎を解明することに人生を捧げた[11]。

シャブスーによれば、どの植物も病害虫にやられるわけではない。健康な植物は病害虫には侵されない。害虫が必要とする養分、すなわち、アミノ酸が体内にあるものだけが被害を受ける[4、13]。詳しく説明しよう。

植物の体内では二つの合成系が働いている。光合成でつくりだしたブドウ糖を結合させてセルロースやデンプン等の多糖類を合成するシステムと、タンパク質を合成するシステムだ。成長期には細胞壁の主成分であるセルロースの合成が優先されるが、生殖期には種実等に蓄積されるデンプンの合成が盛んとなる[14]。生殖期には花芽に十分な養分を供給するために、タンパク質の合成は低下して、いままで蓄積してきたタンパク質の分解すら起こる。多年生であれ、一年生植物であれ、病害虫被害が起きるのは、この花芽形成の時期と一致することが多い[10]。

そこでフランス国立工芸院（Conservatoire national des arts et métiers= CNAM）の植物学者、ジャン・デュフォルヌア（Jean Dufrénoy、１８９４〜１９７２年）教授は、早くも１９３６年に「可溶性化合物の蓄積は病害虫の栄養にとって好ましく、同時にそれは病害虫に対する植物の抵抗性を低下させる」と述べている。シャブスーが「栄養好転説」の根拠とするひとつはこのデュフォルヌア教授の見解だ[10]。

昆虫はタンパク質分解酵素をもたないから、植物体内のタンパク質を食料源にはできず水溶性のアミノ酸を求める。また、炭水化物もデンプンではなく水溶性の糖質の方を好む[8、10]。シャブスーの研究を長年支持してきたエディンバラ大学の生化学者、ウルリッヒ・ローニング（Ulrich Loening）博士は、「ほとんどの病害虫は、細胞液に含まれる遊離アミノ酸や還元糖に依存して生育している」と指摘し[4]「だから、害虫が好んで取り付く作物の体内には水溶性の養分、糖類やアミノ酸がかなりたまっている」と述べる[8]。一方で『健康な作物』では、物質代謝が順調に進んで、こうした成分はデンプンやタンパク質へと合成されるから[8、11]、アミノ酸濃度も低レベルに保たれている」とシャブスーの見解を要約する[11]。

取り付いた害虫からすれば、健康な作物は「美味しくない」どころか食べることができないのだ。だから、健康な作物のうえでは害虫は「餓え死にする」とシャブスーは言う[8]。

インドの研究者、タミルナドゥ農業大学のジャラジ（S. Jayaraj）が1966年と1967年に、トウゴマの抵抗性品種の遺伝的特性とヒメヨコバイの増殖との関係を調べてみたところ、被害を受けやすい品種は、抵抗性品種に対して、全窒素含有量が113・5％多く、遊離アミノ酸が12倍も多かった。ジャラジはここから「トウゴマの抵抗性品種はヒメヨコバイにとって栄養的な価値が低いことで害虫を遠ざけている」と結論づけている[10]。

昆虫はわかった。では病気を引き起こす糸状菌についてはどうだろうか。いもち病の病原菌、カビは生きていくために必要な炭素化合物を自分ではつくれない。他から栄養を得て生きる「従属栄養生物」だ。だから、植物体内に侵入して栄養を吸収するため、10㎛程度の細長く枝分かれした菌糸をもち、表皮細胞に穴を穿って侵入する[1]。

したがって、バリアーとなる表皮細胞が頑丈であるほど病害虫への抵抗性は増す。後述する葉面散布にもその意味がある。栃木県益子町の自然農法家、高橋丈夫（1951〜2012年）氏は、木酢液をベースにリンゴ酢と海藻エキスを加えて自分なりに工夫して葉面散布剤をつくり、弱った作物には葉面散布をすることで無農薬栽培を達成した[15]。たとえば、イネは土壌からケイ素を吸収し、葉や茎の表面に蓄積し、シリカ（SiO_2）として沈着させること、すなわち、ケイ質化によって害虫や病原への耐性を高めている。ケイ質化が大きいほどいもち病への抵抗性が強まるのもそのためだ。けれども、いくらケイ素があっても窒素肥料をやりすぎると病害への抵抗力が低下する。そこで、窒素分の過剰で発生したいもち病は「肥いもち」と呼ばれてきた[1]。

いもち病菌の餌となるのも各種アミノ酸で、窒素肥料を施すとグルタミン酸とアスパラギン酸が増す。インド中央作物研究所のスリダール・ランガナタン（Sridhar Ranganathan）は1975年に、いもち病菌が増えるのはこのためだとしている[10]。

ブドウのべと病も、可溶性の窒素化合物が多いと感染率が高まるし、うどんこ病も窒素肥料をやると多発する[10]。

銅と硫黄は窒素を減らすことで病害を防ぐ

病害がでるかどうかは、作物体内での物質代謝[8]、タンパク質の合成と分解とのバランスが鍵となる[10]。窒素のほとんどがタンパク質に合成されていれば被害を受けにくく、逆に分解が進んでいるときに抵抗性は弱まる[4、10]。「栄養好転説」の概要がおわかりいただけただろうか。では、前に投げかけたボルドー液や硫黄の謎解きから始めよう。謎を解く鍵はブラジルの微生物学者、サンタマリア連邦大学のアナ・プリマヴェシ（Ana Maria Primavesi、1920〜2020年）教授がイネから教えてくれている。

プリマヴェシ教授によれば、窒素と銅との間には微妙なバランスが存在する。健全なイネの窒素／銅比率は35・0だが、銅が不足して比率が54・7となったイネでは、いもち病が発病する。逆にバランスさえ良ければ、たとえ、土壌、水、タネが病菌の胞子にさらされていて、なおかつ、いもち病への抵抗性が低い品種でも発病しない。土壌中にマンガンが18ppm、銅が2ppm含まれてさえいれば、イネは健康に生育することから、教授は窒素過剰が銅の欠乏を引き起こし、結果として、いもち病が起きるのだと1972年に主張した[10]。

イネだけではない。コムギでも銅を散布するとタンパク質が増え、ブドウでもボルドー液を散布すると全窒素と可溶性窒素の量は減る。マンガンや銅があると酵素が働き、炭水化物の利用効率を高めて、タンパク質合成が促進されるからだ[10]。

硫黄の謎も窒素と硫黄とのバランスからわかる。パリャコフ(Poljakov I.M.)は、硫黄が不足すると病害虫への抵抗性が低下することをキャベツで確かめている。硫黄もタンパク質合成と密接に関係し、硫黄が欠乏するとタンパク質合成が抑制され、タンパク質の分解が進み、大量の遊離アミノ酸、グルタミンやアルギニンや硝酸態窒素(NH$_3$－N)が増す。加えて、糖質も蓄積する[10]。

こうした研究から、銅や硫黄は殺菌剤とされてきたが、実際には植物代謝を介して、間接的に治癒剤として働いていたことがみえてくる[10]。

早くも、1937年にデュフルヌア教授は、タバコ栽培でカリ成分が不足するとウイルス病の症状が現われると指摘しているが。同じ理屈で、カリ肥料を施用したり、葉面散布するだけで害虫被害がかなり防げ、いもち病や白葉枯病菌が原因の白葉枯病の抑制にもカリが関係する謎が解ける。カリも40以上の酵素を活性化し、タンパク質合成で重要な役割を果たしているため、カリが欠乏するとタンパク質が減少し、多糖類アルギン酸、可溶性の窒素、バリン、アスパラギン酸、グルタミン酸等が増えるからだ[10]。

プリマヴェシ教授は、健全なイネのカリの含有量は0・89%でカリ／カルシウム比率が7・5だが、いもち病に罹患したイネでは0・74%で比率が2・9だと報告する。京都大学の赤井重恭(1910～

1999年）教授もカリを与えた区ではごま葉枯れ病の害が最小だったと1962年に報告している[10]。

イネの品種によってカリ肥料の効果が異なる謎もこの解釈ならば辻褄が合う。白葉枯病菌の抵抗性品種IR－8ではカリを与えると抵抗性が高まるが、被害を受けやすい品種TNIでは変化しない。そして、IR－8に比べてTNIではアミノ酸含有量が多いのだ[10]。

細胞壁が厚い健全な作物は病気にかからない

二番目の毒性がないフィトアレキシンで病気が防げるという謎も炭水化物とタンパク質のバランスから理解できる。植物は病原菌に対して二段構えで抵抗している。体内への侵入を阻止する「侵入抵抗性」と防衛線を突破された後での蔓延を防ぐ「拡大抵抗性」だ[1]。

まず、侵入抵抗性から見ていこう。植物の表面はワックスを含むクチクラ層で覆われ、水を弾く脂分でコーティングされている[16、17]。このクチクラ層が葉の内部からの水分蒸散と外部からの病害虫侵入を防いでいる。カビは葉面に胞子が付着し、そこから菌糸を伸ばし組織内に侵入していくが、それには水分が必要だ[16]。クチクラ層が厚ければ水をはじきやすいし、侵入できない[1、16]。

クチクラ層や細胞壁がしっかりしていると、葉の表面は光沢で輝き、見るからに健康そうに見える。見かけだけでなく、葉の厚みも増し、日中も垂れにくく、多くの光を受け止め光合成も盛んとなる[17]。

害虫が餌とするのは液胞内の溶液だが、細胞壁が頑丈で厚ければ吸うことができない。菌糸も同じで、細胞壁が厚く硬ければ菌糸は液胞に届かず、害虫と同様に飢餓状態に陥る。細胞分裂できず子孫を宿せないまま消滅していく[17]。

けれども、長雨が続いて光合成ができなければ、ワックス量が減る[16、18]。葉も薄くなって色艶が悪くなり葉も垂れてくる[17]。抵抗性も減る。日照不足の時に病害虫が発生しやすいのはそのためだ[6、16]。

日照不足は前節でふれた窒素の状態とも関連する。光合成が盛んであれば、化学窒素肥料を多めに施肥しても、硝酸塩はタンパク質合成へとまわされ、生育につながる[8、17]。けれども、天候が悪ければ処理しきれず蓄積する[8]。

過剰な窒素分はブドウ糖代謝にも影響する。窒素分が少なければ成長抑制ホルモンであるエチレンの作用が強まり、身体がコンパクトでがっしりするが、窒素が多いとタンパク質合成系の方が盛んとなり、セルロースの合成が滞る分、細胞壁の発達が抑制され、全体として軟弱化する。結果として病害虫への抵抗性が低下する[14]。

防衛線を突破された場合には、細胞内の原形質に含まれるフェノール類の量が鍵となる。タマネギでは、細胞組織にカテコールやプロトカテク酸等のフェノール類がたくさん含まれ、黄色や赤味を帯びた着色品種の方が抵抗性が強く、インゲンやエンドウでもフェノール類を多く含み、黒や紫色の莢をもつ品種の方が病害に強い[1]。

もちろん、フェノール類もフィトアレキシン類と同じで、病原菌に対する毒性はないが、シャブスーによれば、細胞の液胞内では、フェノール化合物が生産されるか、可溶性の炭水化物やアミノ酸がつくられるかの相反する二つの反応が起きている。前者のフェノール化合物の生産反応が盛んとなれば、その分、餌となるが後者が減るから病害虫は増殖できない。つまり、フェノール化合物ができているときに抵抗性が高まるのは、病害虫の食料が減ることによる抑制効果のためなのだ[10]。

フロリダ大学の1963年の研究でも、センチュウが寄生している植物の根のアミノ酸とアミドの含有量は健康な根と比べて17～316％も増えている[10]。

農薬散布は植物の生理を歪め病害虫の餌を増やす

植物が食べられる状態になってしまうことが病害虫被害の真因だとの論理で[8、17]、農薬がむしろ病害虫を増やすという第三のパラドックスの謎を考えてみよう。除草剤2、4－Dによってニカメイガの被害がむしろ激化することが最初に報告されたのは、京都大学の石井象二郎（1915～2004年）名誉教授と高知大学農学部の平野千里名誉教授の1963年の研究によってだった。イネの窒素含量が25％も増えて、ニカメイガの増殖が盛んになったことがその理由とされている。ワルシャワ大学のロバート・コヴァルスキー（Robert Kowalski）教授は1983年に、冬コムギでの慣行農業と有機農業の畑でのアブラムシを比較調査し、農薬を散布した畑では多かったが、有機農業の畑では少なかったことから、遊離アミノ酸が関係すると強調している[10]。

それでは、なぜ、農薬を散布するとアミノ酸が増えるのだろうか。まず、多くの農薬は成分そのものに窒素を含んでいる[10]。加えて、塩素も含まれ、その塩素がタンパク質の合成を抑制し、分解を促進する[10、11]。結果として、植物の代謝が乱され、炭水化物やタンパク質の合成が阻害され、病害虫の栄養分となる単糖類や遊離アミノ酸を増やす[10]。つまり農薬そのものが原因なのだ。

農薬を散布すれば、アブラムシは殺せる。けれども散布は、糸状菌の餌を増やすことで、カビ感染を引き起こす[11]。農薬は皮肉なことに解決したい問題を悪化させる[13]。ブドウではジチオカーバメート剤を散布するとうどんこ病が増すが、ムギ類でもDDTを散布するとさび病の被害が悪化する[10]。散布すればするほど農薬が効かずに病害虫が多発するのは、農薬に対する耐性ができるだけでなく、タンパク質やデンプン他の多糖類の合成がきちんと進まず、アミノ酸やグルコースのように、病害虫にとっておあつらえ向きの魅力的な食料源が増えるからなのだ[4、10、11、12]。昆虫だけでなく、糸状菌、バクテリア、ウイルスについても同じメカニズムが見出せる。この現象はすでに医学や獣医学の分野では「医原性疾患」と呼ばれている[10]。シャブスーは、医者が引き起こす医原性と同じように、農家が引き起こす農原性の問題があると見なす[4]。

前述したエディンバラ大学の研究は「農薬によって作物組織には病害虫の餌となるアミノ酸が蓄積され、同じことが化学窒素肥料の施肥でもいえる」と結論づける。作物の生理作用に対する化学肥料や農薬の影響は複雑なことから、「さらなる研究が必要だ」としながら[5]、シャブスーが指摘した農薬のパラドックスを再評価した[3]。

そこで、次には、農薬と化学肥料のミネラルへの影響をみてみよう。

農薬と化学肥料はミネラルを減らし植物を不健康にする

カリや銅については前述したが、カルシウムやマグネシウムのような他のミネラルがどのような働きをしているのかをまず確認しておこう。カルシウムは土壌の酸性を抑え、土壌微生物の活性化に大きく影響する。そして、カルシウムとケイ素のバランスは粘土コロイドの安定化にも関係する[10]。けれども、それだけではない。ブラジルのシーア（Shear C.B.）は、早くも1975年に、カルシウム欠乏による30もの病名をあげている。というのは、カルシウムは多くの酵素の作用にも影響し、タンパク質の合成で欠かせず、その欠乏はタンパク質の生成量を低下させるからだ[10]。マグネシウムも葉緑素の構成要素だが、炭水化物の合成・分解のサイクルにも関係し、DNAとアデノシン2リン酸との結合もマグネシウムなしでは反応しえない。「細胞発電機はマグネシウムなしでは動かない」と言われる理由もそこにある[10]。

加えて、植物の健康には、乾物重量の1%以下しかない微量元素も重要だ。銅、鉄、亜鉛、モリブデンは酵素そのものの構成元素だし、マンガン、塩素、ホウ素等は酵素を活性化する。そして、ホウ素や銅等の微量元素はカルシウムの作用を強める。また、タンパク質の合成には、炭水化物の供給が欠かせないが、ホウ素は炭水化物とも関係する。そして、デディエ・ベルトラン（Didier Bertrand）博士の1979年の研究によれば、ホウ素は、マグネシウム、マンガン、モリブデンとセットとなって初めて活性化する。したがって、カルシウムやマグネシウムだけでなく、これと微量元素との関係性も重要になってくる[10]。

さらに、何度もふれた窒素も微量元素に影響する。たとえば、ホウ素にはカルシウムを可溶性、つまり、生理的な活性をもつ状態で維持する働きがあるが、フランス国立農学研究所のクロード・ユゲー（Claire Huguet）博士によれば、100kg／haの窒素を施肥すると無施肥のチェリーの葉に24ppm含まれていたホウ素が、14ppmに減少するという。ホウ素と窒素との間には抑制しあう関係がある[10]。

銅も窒素施肥によって減少することが知られている。牛乳100mℓ中の銅の含有量について研究したデータを見てみると、無施肥の飼料を餌にした牛の牛乳には47μgあったのに、肥料栽培した餌を食べた牛の牛乳には14μgしか含まれていなかった。銅が不足する飼料を与えられた家畜は、低血糖症を起し、受胎力が低下していた[10]。

それでは、なぜ、化学肥料を施肥すると微量元素は減少してしまうのだろうか。まず、厩肥や堆肥とは違って化学肥料には微量要素がそもそも含まれていない。加えて、土壌を酸性化するため、マンガン、鉄、亜鉛等の可給度が低下し、吸収されなくなってしまう[10]。

そして、農薬によっても微量元素は欠乏する。ほとんどの化学合成農薬は窒素を含むが陽イオンであることから、第6章でふれるミネラルを保持する錯体中のカルシウム、マグネシウム、亜鉛、銅等の陽イオンを置換する[4、10]。加えて、第Ⅲ部で詳述するが、ミネラル提供で重要な役割を果たす土壌微生物も影響を受ける[10]。農薬には他にも問題がある。岡山大学の木村和義教授によれば、まず農薬そのものがクチクラ層に障害を起こし、病害虫の侵入も容易にする。農薬には、油性物質が含まれ、同時に均一に薬剤を付着させるために表面張力を低くするための展着剤も使われている。雨によって植物体内のミネラル等の物質が流亡する現象を「リーチング」と呼ぶが、油剤はリーチング量を30倍にも増やす。また、葉や果実の表面に残された薬剤や展着剤はクチクラ層に影響し、防水性を減らし、その後のリーチングも増やす[16]。

病害虫は誤った養分を与えられた作物を突き止める警官

高知県の篤農家、田村雄一氏によれば、病害虫は常に様子をうかがっている。たとえば、液胞は養分が豊富であると芳香をもつが、細胞壁が健全で厚ければ匂わない。無臭であれば害虫も来ないが、細胞壁が薄ければ、匂いを嗅ぎつけて遠くからでも害虫は集まってくる[17]。腐敗によって生じるインドールやスカトールは糞便の臭いのもとであるが、これも害虫を引き寄せる[8]。木村秋則氏の影響を受けて、有機農業から自然農法へ転換した高橋丈夫氏も、虫に食われなくなったが、その理由を、農場を2度訪れた米国の昆虫学者、フロリダ大学大学院のフィリップ・キャラハン（Philip S. Callahan、1923〜2017年）教授の仮説から説明する[15]。

健全な作物は昼間は9・85㎛、夜間は10・06㎛の波長の赤外線を出しているが、たとえば、長雨が続いたりして、アンモニア態の窒素が蓄積されると、アンモニア分子がキャベツそのものの匂いとともに15〜30㎛の波長の赤外線を放出する。害虫は触覚にある赤外線レーダーでその波長を感知する。つまり、だから、多くの害虫に発見されるが、健康であれば昆虫のレーダーには映し出されない[15]。被害がでも見えない。田村氏も「餌が食べられない状態にあれば、近寄らないし素通りしてしまう。被害がでるのは餌が見える状態になるからだ」と指摘する[17]。つまり、前出のエアハルト・ヘニッヒが言うように、誤った施肥を受けた植物が不健康となって、そこに病原菌や害虫が押しかけているのだ[8]。肥料をやりすぎていないかを害虫は見張っているのであって、決して害を与える悪者ではないと田村氏は言う[17]。

ヘニッヒは「害虫の真の役割は、誤った養分を与えられた作物の状態を突き止める警官である[8、17]。こうした昆虫は自然の清掃チームなのである」と述べる[8]。

同じキャベツでも健康状態が良く色艶が良ければアオムシは芯の部分まで食べようとはしないし、少し齧られても、虫の糞はキャベツのよい肥料になる。そして、キャベツが葉を巻きはじめると、ワックス成分でコーティングされるため、アオムシには食われなくなる。逆に農薬を使った畑にはモンシロチョウが一匹も飛んでいないし、農薬を使ったキャベツではこうした現象はまったく見られない。ここから、高橋氏は、畑に発生する害虫は、作物にとって悪い部分、人間が食べてはいけない部分を残さないように掃除する役割をしていると見なす。植物にとっても残してはいけない遺伝子を食べる番人であって、そうすることで植物の進化を守っている益虫である。だから、農薬を使うことは地球がせっかく用意してくれた益虫たちを殺していることになると主張する[15]。

本章の冒頭で登場した露木裕喜夫氏は、夜、イネについた露には味の違いがあることに気づく。無農薬水田のイネでは甘いが、施肥されたイネでは苦く、いもち病等は苦い露のイネ以外には見られない。逆に露が甘いイネにいもち病のカビを塗り付けてみても発病しない。キャベツにも化学肥料や鶏糞を施肥する実験を行なうと、養分バランスが崩れた葉だけ害虫に食われた。ここから、味は健康のバロメーターで、高橋氏やシャブスーと同じく「虫や病気は、不健康な作物を探してやって来る。これらは自然の掃除人夫なのである」と述べる[19]。

作物が病害虫に侵されやすいのは病害虫の餌がある状態になっているからだ[4]。だから、悪天候が続くときでも、植物がデンプンをどれだけつくれるかが病害虫対策の鍵を握る[17]。植物の代謝機能が不調で、病害虫の餌が蓄積しているのだから、農薬で防除するよりも、緩効性の堆肥を施したり葉面散布を行なうことで、タンパク質の合成を進めることが真の解決策であるはずだ[8、10、17]。

尿を水で薄めて、葉菜類、とりわけ、ホウレンソウに散布すると生育が促進されることから、葉面散布は江戸時代から民間技術として継承されてきたが、微生物・酵素農法の創始者、島本覚也（1899～1974年）氏も、昭和20年代に酵素が入った液を散布すると生育が良くなることに気づく。そこで、農家の協力も得て散布実験を行ない、窒素過多で軟弱となった農作物を強健とする農法を開発する。果樹類では着果率が向上し糖度が高くなって甘味が増し、穀類では登熟が良くなった[18]。

この意味も記述してきたことから理解できる。酵素を作用させて、炭水化物をブドウ糖や果糖のように細胞組織に浸透しやすい糖類へと分解して葉面散布すれば、簡単に吸収され、悪天候下でも植物は順調な生育を続けることができるからだ[18]。

ミネラルバランスの崩れと微量要素の欠乏によって、植物が不健康となり、病害虫への抵抗力が低下している。だとすれば、フランス国立農学研究所の植物生理学室のイヴ・コワク（Yves Coïc、1911～1992年）室長が強調するように、土壌微生物の活性化によってミネラルの吸収を改善させたり、パリャコフが指摘するように、タンパク質がきちんと合成される生理状態にして抵抗性を高めることが真の解決策であるはずだ[10]。

復活した半世紀前の理論とこれまで無視され続けてきたわけ

大量に窒素を施肥すれば病害虫が増えることは多くの農民たちも経験ずみだった。緑の革命が良い例で、肥料が多いほど病害虫に弱くなり、防除のために多くの農薬が必要になった[4]。量だけでなく病害虫と見なされる種も農業の近代化に伴って増えたこともよく知られている[13]。そして、この農薬が問題をより悪化させるだけであることも農民たちは認識していた[3,5]。

「害虫が健康な植物を避けることは、観察力のある有機農民の多くは知っていることだ。けれども、なぜそうなるのかは知らなかった。シャブスーは啓示を与えてくれた」[4]

ブラジルの元環境大臣、有機農業運動の先駆者、ホセ・ルッツェンベルガー（Jose Lutzenberger、1926〜2002年）はこう書く。たしかに、シャブスーの理論は、農民たちが実践のなかで検証してきた観察事実や[13]、アグロエコロジーや有機農業等、土壌の健康や作物の多様性を重視すればなぜうまくいくのかを科学的な裏付けから説明する[3,4]。なればこそ、ルッツェンベルガー元大臣は「シャブスーの研究は、リービッヒ以来、農芸化学における最も重要な発見だと言える」と評価する[4]。そして、こう嘆く。「にもかかわらず、シャブスーの名を聞いたことがない人は多いし、1985年に出版された有機農業の古典、シャブスーの遺作を読んだことがない人はさらに多いはずだ」[12]。「農業に携わるほとんどの人から、有機農家からさえも、まだ知られていない」[4]。

アグロエコロジーや有機農業の世界各地での実証事例も数知れず、その科学的な説得力があるにもかかわらず、シャブスーの見解が主流とはならずに[3]、ほとんど無視されてきたのはなぜなのか[11]。

２０２１年のエコロジストの記事によれば、そのわけは、アグリビジネスの利益に反するためだ[3]。第Ｉ部で記載したように、健全な作物では、菌根菌を介して、ミネラル等の栄養分を獲得できている。生化学的にも健康だから、病害虫に対する抵抗力も強い[5]。仮に害虫が存在していたとしても、植物側が健康ならば、被害はさしてでない[3]。農薬を繰り返し散布することで植物が弱体化することの方が問題だ[4]。だから、シャブスーは「期待とは真逆の結果をもたらす毒物で病害虫を全滅させようとしてはならない。『戦い』という思想を克服せよ」と述べている。バイエルやデュポン等は、シャブスーのこの見解とは真逆で害虫や雑草を敵として見なし、それを駆除する化学資材を販売することで収益を上げている[3、4]。シャブスーの主張を正しいと認め、農薬が解決策ではなく問題であることがあからさまになれば、根本的な打撃を受ける[3]。「緑の革命」の前提そのものが瓦解する[4]。「これは革命であって、一般的に使われている農薬に致命的な打撃を与える」とルッツェンベルガー元大臣が端的に表現すれば[4]、ブラジルのリオグランデ・ド・スル州にあるＮＧＯ、エコロジー・センター（Centro Ecológico/Ipê）の農学者、ラウルシオ・メイレレス（Laércio Mierelles）氏も、「これは農薬産業の心臓部にふれます」と大企業の政治的な課題を指摘する[3]。

けれども、前出のローニング博士は、アグリビジネス業界以外にも、シャブスーの思想が注目されてこなかった理由があるとして、こう語る。

「誰もが手っ取り早い技術的な解決策を好むことから、世間にも敵意があるのではないかと思うのです。『すべての病気にこの一錠』がキャッチフレーズです。ですから、とても威力のある農薬や除草剤を手に入れることができれば、それを好むしそれを使う。一方で、いまの暮らし方を変えることを求める解決策では、農業革命は、技術だけでなく生き方の革命にもなるのですから」[3]

農薬業界はもちろん、少なくとも西側世界では、社会全体も、この新たな農業革命を望んでいない。この革命は現状の快適さを楽しんでいる人にとっては恐ろしいことなのだ[3]。

アグロエコロジーの転換を支え小規模家族農業への道を開く

エコロジー・センターのある地域は、主にイタリアからの移民が居住し、当初は自給自足型の農業をしていたが、その後、商業用にブドウを導入。野菜や果物の生産も増え、化学肥料や農薬が多用された結果、環境や健康への影響も懸念されるようになった。土壌は侵食され、地力は低下し、トマトやタマネギ、リンゴ、モモ、ブドウでは、地元の気候にあわない品種が導入されたため、病害虫の多発に悩まされていた[4]。センターの農学者、マリア・ホセ・グアゼッリ (Maria José Guazzelli) 氏も1980年代から、シャブスーの研究を理解してきた一人だが、こう語る。

「植物を健康にすることで病害虫を効果的に防除できれば、食料はとてもたやすく生産できます」[3]

シャブスーの理論を具体化するため、慣行農法の果樹園に厩肥や緑肥を導入することで、無化学肥料からまず取り組んでみたが、結果として、ほとんどの病害虫被害が解決できた[4]。植物の代謝、すなわち、植物の健康状態を改善するには、土地に適した作物を選び、その土地にあったタネを集め、雑草を生やし緑肥として利用すればよい。栄養条件が良くなり、植物が健康となれば、病害虫にやられることはめったになくなった[13]。

センターが協働する農家にとっては、シャブスーの理論を理解して応用することは貴重な経験となった。ただ無農薬を実現するだけにとどまらず、地域農業全体の健康度を高め抵抗力を改善させるときに、それはとりわけ重要だった。たとえば、ローカルな生物指標として、雑草は土壌の情況を知るうえで役立つ[表1]。具体例をあげれば、メヒシバが多いことは土壌の団粒構造が悪いことを意味している。そういう土地で育つ植物は、根を張るために多くのエネルギーを要し、養分不足になりがちだ。同じように、病害虫も植物が直面する養分不足を知る手掛かりとなる[表2][13]。

マリア氏とラエレシオ氏は、シャブスーの栄養好転説を活用して、小規模農家が持続可能な農業へと転換することをサポートしている[3]。蓄積された知のほとんどは、確実な科学的知見に基づくと同時に、農家の参加型実験によってもたらされたものだ[13]。

「栄養好転説では、農家は手頃な値段での投入資材を手づくりできます。農家には手が届かない化学資材を使う必要もなくなります」とマリア氏は言う[3]。

バイオ肥料のつくり方はオープンで、地元の資材でつくれるので、農家は自力で植物を健康にできる[13]。植物が健康になれば、それを食べる家畜も人も健康になるのである[10]。

旱魃や豪雨等の寒暖の異常等の環境ストレスのあるときには、病害虫の発生も増えるため、シャブスーの理論は非常に役立つ。困難な状況には必ず自然が反応することを理解できれば、アンバランスな状態を改善する方法を模索できる[13]。不健康な作物に病害虫被害が生じやすく、健康に育ってい

表1　指標となる植物

雑草の種類	雑草が示す土壌の状況
アマランサス	有機物や窒素が利用可能な土壌
イヌビエ	通気性が悪く有害な栄養素が含まれる土壌
カタバミ	粘土質土壌、低pH、カルシウムやモリブデンの欠乏
ギョウギシバ	強く締め固められたか踏み荒らされた土
ショウジョウソウモドキ	窒素と銅がアンバランスでモリブデンが不足
スゲ	カルシウムが極端に少ない痩せた土壌
スベリヒユ	有機物のある団粒構造がしっかり発達した土壌
セイヨウノダイコン	ホウ素とマンガンが不足した土壌
ハマスゲ	酸性で緻密で水はけが悪い。マグネシウムが欠乏している可能性もある
ヒメイラクサ	窒素が過剰で銅が欠乏した土壌
メヒシバ	放棄された畑に出現。土壌は朽ちている
ワラビ	有害なアルミニウムが過剰に存在する土壌

出典：A-recuperação-dos-pastos-pelo-manejo-ecológico-Revista-Quem-É-Quem-1979-n11およびAdaptado de Ana Primavesi, in Agricultura Sustentável, Nobel; São Paulo -1992

表2　指標となる病害虫

作物	例となる病害虫	欠乏
トマト	尻腐れ果	カルシウム
マメ類	コナジラミ、豆黄色モザイクウイルス	カルシウム
カリフラワー	灰色カビ病	ホウ素
トウモロコシ	ツマジロクサヨトウ	ホウ素
トウモロコシ	モロコシマダラメイガ	亜鉛

出典：Primavesi A., 1989, Manejo Ecologico do Solo. Nobel, São Paulo, Brazil.

れば被害は起こらない。だから、作物を健康に育てることを基本に据えることが肝心だ[6]。

化学肥料で栽培すると硝酸塩の含有量が高くなるため、作物や野菜は必死で水分を取り入れて成長速度を高める。いわゆる徒長だ。見かけは大きくなるが、その組織は水分を多く含みふやけたもので、不健康なのだ[8]。農薬散布と同じで、良かれと思ってやったことが、作物を保護するどころか、植物の抵抗力弱め病害虫の発生を促している[3、4]。第Ⅰ部とは異なり、浅はかな人智を排せば、農作物の健康は自ずから保たれる。どうも、これが本章の結論のように思える。けれども、無肥料で健全な質は担保できるとしても、量を確保することも可能なのだろうか。

引用文献

［1］酒井隆太郎『植物の病気』（1975）講談社ブルーバックス

［2］片野學『雑草が大地を救い食べ物を育てる』（2010）芽生え社

［3］Tara Pinheiro Gibsone, The Ecologist: A Forgotten Classic Of Agroecological Science, 1December 2021.
https://www.gaiafoundation.org/the-ecologist-a-forgotten-classic-of-agroecological-science/

［4］John Paull Fenner, Trophobiosis Theory: A Pest Starves on a Healthy Plant, Journal of Bio-Dynamics Tasmania # 88 2007.
https://orgprints.org/id/eprint/12894/1/12894.pdf

［5］Charlotte Chivers, When medicine feeds the problem: Are pesticides feeding crop pests?, SPRINT, Monday, 11 January 2021.
https://sprint-h2020.eu/index.php/blog/item/3-blog-2-when-medicine-feeds-the-problem-are-pesticides-feeding-crop-pests

［6］（財）自然農法国際研究開発センター技術研究部編『無肥料・無農薬のMOA自然農法』（1987）農文協民間農法シリーズ

［7］2023年2月2日、福岡正信の秘書を務めていた矢島美枝子氏のオンライン学習会で筆者聞き取りおよび同氏からの私信

［8］エアハルト・ヘニッヒ『生きている土壌―腐植と熟土の生成と働き』（2009）日本有機農業研究会

［9］アンドレ・ヴォアザン、ウィキペディア

https://en.wikipedia.org/wiki/Andr%C3%A9_Voisin
[10] フランシス・シャブスー『作物の健康』（２００３）八坂書房
[11] Nicole Masters, Toxic War on Insects is Costly and Ineffective, Ecofarming 2020 Healthy Soil Summit speaker
https://www.ecofarmingdaily.com/toxic-war-on-insects-is-costly-and-ineffective/
[12] "É possível alimentar a sociedade a partir de uma agricultura que se baseia em princípios agroecológicos", 25 May 2022.
https://midianinja.org/news/e-possivel-alimentar-a-sociedade-a-partir-de-uma-agricultura-que-se-baseia-em-principios-agroecologicos/
[13] Maria José Guazzelli, Laércio Meirelles, Ricardo Barreto, André Gonçalves, Cristiano Motter and Luís Carlos Rupp, The theory of trophobiosis in pest and disease control, LEISA Magazine 23, 4 December 2007.
https://edepot.wur.nl/56981
[14] 明峯哲夫「健康な作物を育てる―植物栽培の原理」金子美登他編『有機農業の技術と考え方』（２０１０）コモンズ
[15] 高橋丈夫『農業の常識は、自然界の非常識―雑草で畑を生命育む森にする』（２０１２）三五館
[16] 木村和義『作物にとって雨とは何か～濡れの生態学』（１９８７）農文協自然と科学技術シリーズ
[17] 田村雄一『自然により近づく農空間づくり』（２０１９）築地書館
[18] 島本邦彦『島本微生物農法』（１９８７）農文協民間農法シリーズ
[19] 露木裕喜夫『自然に聴く―生命を守る根元的智慧』（１９８２）露木裕喜夫遺稿集刊行会

コラム③ ウイルスの謎

ウイルスは発見されてからまだ百年ほどしかたっていない。１８９２年、ロシアの細菌学者、ワルシャワ大学のドミトリー・ヨシフォヴィチ・イワノフスキー（Dmitri Iosifovich Ivanovsky、１８６４～

1920年）教授は、葉に黄色と緑のモザイク症状を引き起こしているタバコの葉をすりつぶし、その汁液を素焼きの濾過機を通して無菌状態とした。それでも、濾液をすりつけると同じ症状が起きた。細菌の大きさが1㎛であるのに対して、ウイルスは0・1㎛と1オーダー小さく、濾過器を通り抜けてしまう。オランダの植物学者、デルフト工科大学のマルティヌス・ウィレム・ベイエリンク（Martinus Willem Beijerinck、1851〜1931年）教授は、菌ではない未知の物体がモザイク症状の原因だと考え、1898年にこの物体をラテン語で毒を意味するウイルス（Virus）と名付けた[1]。

タバコモザイクウイルスに侵されると、葉緑素の崩壊や篩管部の壊死によって、モザイク症状が生じる。ただ、侵されるといっても、ウイルスには糸状菌のように細胞壁を貫いて自力で侵入する力はない。だから、表皮にできた傷口や昆虫による傷口を介して伝播・侵入するとされている[1]。イネ萎縮病ウイルスを媒介するツマグロヨコバイやイネ紋葉枯病を媒介するヒメトビウンカへの化学的防除対策がなされてきたのはそのためだ[1、2]。けれども、葉の色の変化や異常な葉の形といったウイルスによる病状は、元素欠乏によるものとよく似ていて判別することが難しい。このことから、シャブスーは、微量元素の欠乏がウイルスの病気を起こすのではないかと考えた[2]。

第3章では、植物体内での物質代謝、タンパク質の合成と分解とのバランスが抵抗力を高めるうえで重要なことを詳述したが、同じことはそれを食料源とする害虫の側からも見出せる。前出のコンスタンティン・ヴァゴー名誉教授がウイルスの研究に着手したのは、フランスのガール、アルデシュ、ロゼールの三県にまたがる狭い地域で、1950年頃からカイコの多角体ウイルス病の被害が激しくなっていたことがきっかけだった。

この地域の北側には農薬、フッ化ナトリウムを生産する工場があって、工場からの風向きがあたる場所ほど被害が激しい。クワに農薬が飛散することが病因なのではないか。名誉教授が別の地域産のクワで飼育してみると、20％もあった発症率が一気に

2%に減った。葉に付着した農薬が原因だとすれば洗浄してみたらどうか。十分に洗浄した葉を与えたところたしかに発病率は20%から13%に下がった。それでも、まだ高い。それは、洗い落とされる前から葉に浸透していたフッ化ナトリウムがクワの生理状態を悪化させていたに違いない。そう考えた名誉教授はカイコの食べ物と健康との関連へとさらに研究を進めた。ウイルスの感染をしっかりと防いだうえで、クワ科の高木、オセージ・オレンジの葉を与えてみた。普通カイコは、4回ほど脱皮して第五齢で蛹となる。けれども、本来とは違う食料を供せられたカイコは第三齢になるまでに多角体ウイルス病が多発し、最終的にほぼ全個体が死亡した。一方、本来の食べ物であるクワを食べたカイコの死亡率は20%以下だった。

さらに食べ物の質と発病との関連性がはっきりと出たのはフッ化ナトリウムを混ぜた餌を食べさせられたカイコたちだった。無農薬組の発症率が8%であるのに対して、農薬組は実験開始後の13日目からウイルス病にかかりはじめ、発症率は85%に及んだ[2]。

サセックス大学のデイヴ・グールソン（Dave Goulson）教授は、農薬や除草剤はミツバチの腸内細菌叢を変え、病気への耐性に影響を及ぼす。直接、浴びたときには致死性がないほどの微量のネオニコチノイドであっても免疫系が破壊され、じわじわと体内でウイルスが急増して宿主が死んでしまう。これがミツバチ減少の原因だと警告する[3]。これは、半世紀前のヴァゴー名誉教授の研究と重なる。

農業現場での実践に基づく伝統農法にもウイルス病を防いできた知恵が見出せる。

中国の農民は、夜間に冷え込み紫外線が強い山岳地方で栽培されたジャガイモを種イモとして使うことで、ウイルスの発病を抑えている。このことに着目した植物生理学者、フランスのソルボンヌ大学のピエール・シュアール（Pierre Chouard、1903～1983年）教授は、1972年にこれを「作物を見抜く農法」と呼び評価した。

インドでも、有機農法の父とされるイギリスの農学者で『農業聖典』（1947年）の著者、アルバート・ハワード（Albert Howard、1873〜1947年）卿が「農民たちが育てる農産物はどんな病害虫にもかかっていない」と伝統農法を評価している。ハワード卿の指摘で重要なことは、かからないとされる病気にウイルス病も含まれていることだ。タバコ栽培について、卿は「良い種子を採り、正しく苗を育て、適切に定植してよく管理すれば、ウイルス病はほぼ完全に消滅する」と書く。そして、感染した植物を調べ、ウイルスについても「体内のタンパク質の常態になんらかの異常があって、その働きが正常ではないことをうかがわせる。タンパク質代謝がうまくいっていないのだ」との深い洞察を述べている。そして、低湿なところほど病害虫が発生することから「排水不良と土壌の通気不足は病気の発生を招く」とした。これも、根が窒息状態となってタンパク質の合成が進まなくなるためだと考えれば、第3章で説明したシャブスーの栄養好転説と重なる。

化学肥料や農薬の使用が植物の代謝に悪影響を与えることを考えれば、ウイルス病の抑制には、農薬防除よりも、宿主側に手を打つことの方が有効だと言える。土壌養分やその土壌で育つ作物の健康、それを食べる家畜や人間の健康のことも考えて、みかけよりも栄養価から食材を評価することの大切さをウイルス病は教えてくれる[2]。

引用文献

［1］酒井隆太郎『植物の病気』（1975）講談社ブルーバックス

［2］フランシス・シャブスー『作物の健康』（2003）八坂書房

［3］デイブ・グルーソン『サイレント・アース〜昆虫たちの沈黙の春』（2022）NHK出版

第4章

無化学肥料でも農業はできる？

窒素肥料を施肥しなければコメもコムギも低収量

第7章でまた詳しく述べることになるが、自然生態系では窒素は循環していて無駄がない。けれども、毎年収穫物が収穫される農業生態系では、栄養分、とりわけ、窒素が不足する。これが定説だ[1、2]。このことを水田を例に考えてみよう。灌漑用水や雨水から少しは養分は供給されるとはいえ、コメとして確実に取り除かれる。肥料として追加しなければ、どれほど肥えた水田もいずれは痩せて収量が落ちていくはずだ[1]。

筑波大学の西尾道徳元教授は『有機栽培の基礎知識』（1997、農文協）において、慣行水田の平均収量を500kg／10aとして、無施肥水田での窒素収支を試算している。灌漑水から加わる1・5kg、藁や根等として水田に戻される2・2kg、土壌細菌によって生物的に固定される窒素が1・0kgとすれば、毎年インプットされる量は合計で4・7kgとなる。一方、イネには藁や根を含めて10・7kgの窒素が吸収され、うち、玄米として5kgが持ち出される。差し引きはマイナスだ。だから、20年目には収量が250kg/10aになると結論づけた[1、3]。現実は西尾元教授の予想値よりもさらに厳しいかもしれない。1999年に岩手大学の佐川了教授らが実施した無肥料での長期試験では、この半分以下の100kg/10aの収量となっている[1]。肥料がいかに大切であるかがわかる。

事情は西洋の畑でも変わらない。過去千年ちかいコムギの収量記録が残されているイギリスを参考にすると、中世初期にはせいぜい500~600kg/haしか得られず[4]、15~16世紀にヨーロッパでマメ科作物の輪作や厩肥を組み合わせた耕畜連携の技術が確立して[2]、これが1tに増えたのは16世紀になってからだ。コムギの収量は次第に上昇し、イギリスでは1900年にはようやく2t/haを上回るまでになったが、フランスでは1・3tだったし、米国のグレートプレーンズでも1t以下だった。そのうえ、輪作をすると同じ土地では穀物の作付けができない[4]。肥料の大切さがあらためてわかるではないか。

米国のウィッティア大学のロバート・B・マークス(Robert B. Marks)名誉教授は『現代世界の起源(The Origins of the Modern World)』の中で、18~19世紀にかけて世界で人口が爆発した一部は、グアノという肥料が発見されたことに起因すると指摘する[5]。

西洋の発展を支えたラテンアメリカのグアノとチリ硝石

グアノとは海鳥の糞だ。ペルーの沖合では、アレクサンダー・フォン・フンボルトが南極から北上する寒流（フンボルト海流）を発見した。この海流は海水中のリン濃度が通常の5～10倍も高い涌昇流を発生させている。このリンを栄養源として植物プランクトンが発生し、それを餌とするカタクチイワシやニシンが繁殖している。魚を求めて、カツオドリ、カモメ、ペリカン等の海鳥も何百万羽も集まって、海岸近くの岩礁に栄巣している。海鳥が1日に出す糞は50g／羽ほどだが塵も積もれば山となる。リマの年間降雨量はわずか30㎜しかないために乾燥して堆積していく[6]。

紀元前後から7世紀にかけてインカに先立つモチェ文化の人々は、この海鳥の糞を定期的に沖合の島から採掘しては、ジャガイモやトウモロコシを栽培していた[6]。13世紀にインカ帝国を築いたケチュア族も帝国の領域ごとにグアノを採掘する島々を割り当て、全農民にくまなく肥料が渡るように活用していた[6]。インカの王たちは黄金と並ぶ神の贈り物として重んじ、許可なくグアノを採取して鳥の繁殖を妨げれば死刑、海鳥を殺しても重罪が科せられるほどであった[6,7]。これが、インカが繁栄し1000万人もの人口を養えた理由だった[6]。なお、グアノという言葉は、肥料を意味するケチュア語の「ファヌ」に由来する[5]。これがスペイン語で「ファノ」と呼ばれ、英語の「グアノ」の語源となった[5,6]。

グアノの価値を見出したのは、フンボルトだった[7]。インカを征服したスペイン人たちは、グアノよりも黄金の方に関心を寄せていたが、フンボルトは、グアノを使うことで作物の実りが豊かになることに着目した[6]。1802年、フンボルトがサンプルをフランスとドイツに送って分析してみると、窒素とリンが多く含まれていることが判明する[6,7]。グアノは、海鳥の糞がサンゴ礁を形成するカルシウムと反応したリン酸と硝酸アンモニウムの混合物だが[6,8]、窒素質グアノ（窒素11～16％、リン酸8～12％、カリ2～3％）と、堆積後の風化作用によって溶解性の成分が溶け出し、溶脱が進んだリン酸質グアノ（窒素4～6％、リン酸20～25％）とがある[6]。

グアノの価値はフンボルトによって紹介された以降も、しばらくはその価値は見過ごされてきたが[6]、1841年に初めてヨーロッパに輸出される[8]。その効果は絶大で1849年からは「グアノ・ラッシュ」が起こり、世界規模で盛んに取引されるようになっていく[6,7]。イギリスは、中国から何千人もの採掘労働者をペルーとチリに送り込み、自国の土壌を豊かにするために使った[5,7]。

1850年代のペルーはグアノ採掘で繁栄し、首都リマの通りはパリ一流のファッションで着飾った貴婦人たちが闊歩するほどだった[9]。この巨大な利権をめぐって戦争も起きた。ペルー沖のチンチャ諸島はグアノを船積みする拠点だったため、スペインは島の領有を目論み、ペルー、チリ、エクアドル、ボリビアの四カ国同盟との紛争が起きた。戦争は1864年から1866年まで続き、スペインの敗北で終わった[5,7]。

1851～1872年にかけて採掘・輸出されたグアノの量は合計で約1000万t以上（リン換算で約100万t）に及んだ[6,8]。グアノの主な採掘地であったチンチャ諸島には30m以上もの堆積物があったが、ある島では標高が33m以上も低下したほどだった[6]。当然のことながら、こうした大規模な採掘は長続きはしない[5,7]。さすがに資源も底をつき、1870年代には枯渇しはじめる[9]。

最盛期の1850年代後半にはイギリスへは年間約30万tが輸入されていたが、1880年代末には2万tにまで低下する[7]。持続可能な資源利用をしてきたインカとは対照的で[6]、グアノは19世紀末までにほぼ採り尽くされた[5, 7]。

余談だが、採掘量が減りはじめたことから、資源枯渇にようやく気づいたペルー政府は、採掘量に制限をかけ、20カ所を超える島々に警備兵を駐留させ、海鳥を保護し、島周囲の海域での漁業も規制することで餌となる魚も確保する等と取り組んだが後の祭りだった。資源の枯渇に気づくのがあまりにも遅すぎた[5, 8]。餌となる魚もすでに乱獲されて鳥の個体数そのものが激減していたことから、その試みは成功していない[10]。高品質のグアノは1875年にはほぼ枯渇した[6]。

グアノに代わる新たな肥料資源として登場したのが、鉱物資源である硝石だった[6, 11]。1809年にペルーのタラパカ地方で硝石の大規模な鉱床が発見されていたのだ。この地域に鉱床ができた成因としては、フンボルト海流による豊富な海藻が分解して積もった、グアノが風で運ばれて堆積した等の諸説があるが、1810年から採掘が始まる。1813年には約3500tでしかなかった生産量が1830年代からは年間6万3000tと増え、グアノの供給量が低下したこともあいまって[6]、1950年代にはさらに拡大。需要は増す一方だった。硝石も利権をめぐってチリとボリビアとの間で1879〜1883年に「太平洋戦争」を引き起こした。戦争はチリの勝利に終わり、この「チリ硝石」が世界の硝石供給の8割をまかなうようになったが、19世紀末になるとやはり枯渇が懸念されていた[11]。

天然窒素肥料の枯渇とハーバー・ボッシュ法の登場

1898年、イギリス学術協会の会長であるウィリアム・クルックス（William Crookes、1832～1919年）卿は「イギリスをはじめすべての文明国を救うためアンモニウムの代替えを見つける」との演説を行なった。グアノやチリ硝石の供給が永遠ではないことは明らかだった。農業用の窒素を確保できなければ1930年代には人類は飢えることになることを卿は懸念していた[6、11、12]。「我々が最も注目すべきは無限にある空中の窒素である。この窒素を肥料にすることは我々科学者の双肩にかかる重大かつ緊急の事態である」[6]

卿の演説と提案に触発され、これに応えるかのように1905年にはドイツで石灰窒素がつくられ、ノルウェーでは電弧法によって硝酸カルシウムがつくられた[6、11]。けれども、いずれも莫大な電力が必要なことがネックで、米国でこれらの方法に着手したのは、ナイアガラ瀑布周辺で水力発電が使える電力工業だった[11]。肥料製造に莫大なエネルギーがあれば肥料は製造できてもなければつくれない[11]。厄介なこの難題の打開に1909年に成功したのは、フリッツ・ハーバー（Fritz Haber、1868～1934年）だった。500℃、300～1000の高気圧の臨界状態にしてやれば窒素ガスと水素ガスとは反応してアンモニアは合成できるからだ[1、2、4、11、12]。ハーバーは科学者で商品化には関心がなかったが、化学工業会社BASF社の化学技術者、カール・ボッシュ（Carl Bosch、1874～1940年）にとってはこの発明は天啓だった。上司を説き伏せて[12]、1913年に最初のアンモニア合成工場が建設される[6、11]。ドイツには石炭が豊富にあるから、反応に使う水素ガスとエネルギー源は石炭から得られる[12]。

こうして1950年代には370万tしかなかったアンモニアの製造量は2020年には1億4500万tと40倍にも増えた[4]。現代の食料はこの大量の化学肥料によってまさに支えられている[13、14]。近代以前の農業においては、窒素は有機物の再利用とマメ科作物との輪作という二つのやり方で提供されていたが、現在、この方法からもたらされる窒素は約半分にすぎず、残りの半分はハーバー・ボッシュ法によって供給されている[4]。

1965〜2017年にかけてヨーロッパのコムギ収量は1ha当たり平均で1・2tから3・5tと3倍に増え、オランダでは4・4tから9・1tと倍増した。アジアでも1tから3・3t、中国にいたっては1tから5・5tと5倍以上となった。世界の人口はこの期間で2・3倍となったが、コムギの収量は3倍ちかく7億7500万tにも増えた。1900〜2020年にかけて約4倍に増えた世界人口は、まさに穀物の収量増のおかげで養われたと言える[4]。こうした数値から、エネルギーの専門家であるカナダのマニトバ大学のバーツラフ・シュミル（Vaclav Smil）特別栄誉教授は、化学窒素肥料を使用しなければ、30〜40億人しか養えないと推計する[4、15]。『そのとき、日本は何人養える』（2022、家の光協会）の著者、篠原信博士は、これを日本にあてはめ、3000万人も難しいかもしれないと懸念する[15]。またしても、肥料の大切さがわかるではないか。

窒素固定ができないマメ科以外の植物も元気に育つ謎

とはいえ、人工的な窒素固定は、過去数億年の間に確立された生物地球科学的な循環に反していた[12]。ハーバー・ボッシュ法で、アンモニアを製造するにはリン肥料の生産に比べて重量当たり6倍以上と大量のエネルギーが必要で[16]、それだけで世界のエネルギー消費量の１～２％を占める[15]。ＦＡＯの統計によれば、製造に伴う二酸化炭素の排出量は世界で年間約５６００万ｔとされるし[17]、製造された肥料の運搬や施肥でも石油が消費される[1、14、17]。

副作用はまだある。化学肥料として、施肥された窒素成分のうち、植物に取り込まれるのはわずか10～40％にすぎない。植物が根から吸えるのは硝酸態窒素だが、一気に取り込んでアミノ酸へと同化できない。なぜならタンパク質に変換するのにも大量の代謝エネルギーが必要だからだ。硝酸塩として葉に残留する窒素が化学肥料で栽培された野菜に伴う苦味となる[3、18、19、20]。利用されない残りは大気中へ散逸したり、飲料水や地下水汚染、富栄養化を引き起こしたりする[3、14、18]。おまけに、残留した窒素からは亜酸化窒素（N_2O）が生成される。亜酸化窒素は二酸化炭素の２９６倍もの温室効果をもつうえ[1、21]、オゾン層を破壊する。紫外線によって分解されるが、その分解産物、一酸化窒素（ＮＯ）もオゾン層を破壊する[1]。

作物を育てるには窒素肥料が欠かせない。誰もが、そう思い込んでいる。コラム④に理由を書いたが、たしかに植物には窒素が欠かせない。葉緑素に含まれるクロロフィルもタンパク質複合体の一部で、窒素が原料だ[16]。おまけにどの教科書にも、植物が窒素を取り込む方法は硝酸塩かアンモニウムのいずれかで、まず硝酸塩が最も好まれ、次がアンモニウムだと書かれている[16、20]。これも確かだ。第1章でふれたように大気の78%は窒素ガスだが、2つの窒素原子が共有結合で三重結合しているために、植物はそのままでは使えない。化学肥料が必要とされるのもそのためだ[16、18]。

なんとも、頭が痛くなる話だが、朗報はある。オーストラリアの有機農家、ニールス・オルセン(Niels Olsen)氏は、過去20年、窒素肥料もリン酸肥料も一切使用していない。それでいて、農場は年々生産性が向上している。土壌を分析して窒素を測定してみても、硝酸態窒素が出てこない。にもかかわらず、作物は健康だ。これは、教科書に書かれていることとは違って硝酸塩やアンモニウムのかたちで窒素を吸収することを植物が望んではいないからではないだろうか[20]。

マメ科植物だけが、窒素固定ができる唯一の植物だというのも不思議な話だ。もし、そうだとしたら、それ以外の植物は生き残れず、この地球上に存在できないはずだ。けれども、事実は違う。いざ野に出てみるがよい。植物群落には、マメ科に限らず、あらゆる科が見出せ、いずれも元気に育っている。当然のことながら、どの植物も施肥はされていない。それでは、マメ科以外の植物はどこから窒素を獲得しているのだろうか[16]。

無化学肥料でも集約農業はできる謎

フィンランドのノーベル賞受賞者、ヘルシンキ大学のアルトウリ・ヴィルターネン(Artturi Virtanen、

1895～1973年）教授は、リンダウで開かれた国際会議での講演の締めくくりでこう語った。
「微生物による生物的な空中窒素固定は、炭酸同化作用と並び、この地球上での全生命体にとって基本的な意義がある」[22]

教授は研究者であると同時に農家でもある。自分の農場での20年にわたる経験から、無化学肥料でも生物的窒素固定だけで集約農業が十分に営めると主張する[22]。無化学肥料であれば収量は半減し、無農薬では35％は減収するというのが農学や作物学の常識だから意外に思える[3]。

大学で農学を学んだ人ほど「無肥料・無農薬では栽培できるはずがない」との固定観念が強い。だから、研究者もほとんどいないし研究の蓄積もあまりない。弘前大学の杉山修一名誉教授自身も半信半疑だったが、2003年7月に「奇跡のリンゴ」で有名な木村秋則氏のリンゴ園を見学し、「無肥料・無農薬栽培」が可能であることを知る。それ以降も自然栽培を実践している稲作農家や野菜農家を見学し、なかには慣行栽培に匹敵する収量をあげている篤農家がいる事実に出会う[2]。

有機農業であっても植物堆肥や畜産厩肥を投入することで農地から持ち出される養分を補完している意味では、化学肥料で施肥する慣行農業と同じだ。これならば物質収支的にも辻褄が合う。けれども、木村秋則氏のリンゴ園や宮城県涌谷町（わくやちょう）の黒澤重雄氏の水田では、30年以上も一切投入せずに栽培を続けているにもかかわらず、栄養分が枯渇していない[2]。

これまでの農学の常識では説明できないことが起きている。杉山名誉教授や研究室の細谷啓太博士が2010年に東北と北陸の13戸の自然農法農家の水稲収量を調査してみると、前述した西尾元教授の予想とは異なり、2戸は400kg以上の収量を安定してあげていた[2]。その一人が黒澤氏で、その収量は480kg／10aと近隣の慣行栽培に匹敵している[1]。

古くから「稲は地力でとり麦は肥料でとる」と言われてきたように、畑作で窒素が無施肥だと慣行施肥の約50％程度の収量しか得られないのに対して、水田では無窒素施肥でも、慣行の約80％の収量が得られる[14、17]。無施肥・無農薬の自然栽培水田の収量について、最も詳細に解析されている研究は、京都大学と近畿大学のグループが滋賀県栗東市で行なったものだが[1]、京都府立大学農学部の奥村俊勝教授の研究によれば、この水田では、1951年から刈株以外の作物残渣や雑草もすべて外部に持ち出されている。栽培開始当初は、200kg／10aの低収量で推移していたが、徐々に増加し、その後は400kg／10aの収量が安定的に得られている[1、17]。加えて、土壌中の全窒素量も減少していない[6]。

東海大学の片野學名誉教授の研究でも、始めて3年目の自然農法水田でも慣行の75％の収量があり、20年目では差がなかった[3]。

水稲以外の例もある。埼玉県の自然栽培農家でも地上部の作物残渣をすべて持ち出しながら慣行栽培と同等のトマトの出荷量を実現している。こうした実例を見ていけば、自然栽培＝低収量という図式は必ずしも当てはまらず、自然栽培でも高収量が可能なことがわかる[1]。

高炭素・低窒素が窒素固定菌の稼働条件

それでは収穫物として外部に持ち出される量かそれ以上の窒素が供給されて、肥沃度が維持されるメカニズムの謎解きを始めよう[14、17]。

生物的窒素固定で最も有名なものは、マメ科植物の根にリゾビウム属のバクテリアが共生して根粒をつくる事例だが[18、22、23、24]、ジアゾトロフ（diazotropes）と呼ばれている自由生活型窒素固定菌や古細菌もその能力をもつ[16]。リゾビウム以外にも窒素固定ができる真正細菌や古細菌は何千種類もいて、あらゆる植物で窒素固定がなされていることがわかってきている[21]。

リオデジャネイロ連邦大学の土壌学者、ヨハンナ・ドウブライナー（Johanna Döbereiner、1924～2000年）教授はイネ科植物を研究して、その根毛に窒素固定微生物を発見した。イネ科のトウモロコシが窒素固定をすることも判明している[22]。

ロシアの土壌学者たちも、肥料がなかった当時、なぜウクライナでは長年にわたって土地が痩せることもなくムギが高収量で収穫でき続け、減収しなかったのかを20世紀の末に研究し、土壌1gには8000万個もの微生物が棲息しており、うち80%が窒素固定菌のアゾトバクターだったことを見出している。前出のエアハルト・ヘニッヒによれば、マメ科植物が年間に300～400kg／haの窒素を固定できるのと比べれば少ないが、それ以外の窒素固定微生物も20～50kg／ha以上は固定できるという[22]。

無肥料栽培を継続するほど収量が増えることも経験的に知られてきたが、杉山名誉教授が北海道の自然栽培畑作農家を調べてみると、栽培年数が長いほど土壌中のカーボンや無機態窒素が増え、窒素固定菌群も増えていることがわかった。木村秋則氏の土壌でも慣行の5・2%に比べ9・7%と倍ちかくいて、弘前大学の試験圃場でも無肥料を始めて6年目で隣接慣行栽培区よりも増えた[2]。

土壌中には、こうして大気中から菌によって固定された大量の窒素が蓄積している[22]。前出の高橋丈夫氏は、「慣行農業でも有機農業でも肥料を用いる栽培法では、植物と共生する菌根菌によってもたらされるリンや根粒菌やミミズの腸や糞内に棲息する窒素固定菌等の活動で生み出される栄養分を無視した肥料設計で肥料を投与するため、必要とされる以上の肥料が投入され続けている」と指摘し[25]、こう続ける。

「生産者が根本的なメカニズムを理解せずに肥料を過剰に投入しているため、それが原因で作物の病害虫が発生し、その対策に農薬が使用されている。農薬を克服するために病害虫はさらに進化し、その対策にまた新たな農薬が開発され、それでも間にあわず、人類への影響は未知なままで、病害虫への耐性ある品種を種苗業者が遺伝子工学等を利用して開発している」[25]。それではなぜ、窒素肥料が必要だとずっと考えられてきたのだろうか。

その理由として、オーストラリアの土壌学者、クリスティン・ジョーンズ（Christine Jones）博士が引用するのが、フィンランドで行なわれた有機農業のひとつの研究だ。

有機農業への転換を応援するため20種類ほどの有機肥料の効果の違いを比較した研究だが、堆肥によってC／N比が違う。そこで、窒素量を均等にするために全区画に窒素が施肥されたのだが、栽培された作物は、いずれも驚くほどきれいな白い根をしていて土粒子がまったく付着していない。博士はこれに着目する[16]。

前述したとおり、窒素を固定するには不活性な窒素原子の間の三重結合を断ち切る必要がある。ジアゾトロフがこのために使う酵素がニトロゲナーゼだ[16]。とはいえ、高温・高圧のハーバー・ボッシュ法でも大量のエネルギーが必要なのに、ニトロゲナーゼはこれを常温・常圧で行なっている[2]。だから、たとえば、マメ科植物の根粒でなされている窒素固定では、ハーバー・ボッシュ法の4倍のエネルギーがいる[1,2]。当然のことながら、窒素固定用のエネルギー源として、多くの炭素源が必要となるわけで[2]、常時、窒素固定を行なうことは得策ではない。周辺に窒素があれば、ニトロゲナーゼの反応は停止するように制御されている[1,2]。マメ科作物に約5kg/haとごく少量の窒素を施肥しただけで、リゾビウムが直ちに窒素固定作業を停止するのはそのためだ。同じことが、自由生活型窒素固定菌の社会でも起こる。バクテリアたちは「なんだ、窒素はすでに利用可能ではないか」とただそれだけの理由から固定活動を止めていく[16]。

そう。タネを明かせば、これがずっと窒素肥料が必要とされてきた謎の答えだ。前述した白い根は、窒素固定をする真正細菌や古細菌が活動していない状況の証(あかし)にほかならない。これまでの窒素の動態に関する研究は、窒素肥料が施肥されていて、窒素固定菌が活動していない条件下で実施されてきたものだったのだ。そこで、ジョーンズ博士は「これまでの研究の99・9%は破棄していい。もう一度、白紙に戻して、実際の土壌では何が起きているのかを解明する必要がある」と主張する[16]。

窒素肥料が必要だとずっと考えられてきたのには別の理由もある。生物にとっては、炭素も窒素もともに欠かせない元素だが、必要な比率(C/N比)は生物によって大きく異なる。動物が10以下で、土壌微生物も10前後であるのに対して、植物は20～100と圧倒的に炭素の割合が多い。そこで、C/N比が高い有機物が食料源として土壌に入ってくると、土壌中にある窒素を吸収することで微生物は増殖しようとする。このため、土壌中の窒素が一時的に不足する状態が生じる。この現象を「窒素飢餓」と呼ぶ。有機農業においてもC／N比が高い有機物ではなく、C／N比が10以下で化学肥料と同じく速効性のある鶏糞、米ぬか、油粕等を使うか、C／N比が高い有機物は直接すき込まずに、C／N比が20以下の完熟堆肥になってから投入することが奨励されてきたのはそのためだ[2]。

けれども、杉山名誉教授によれば、窒素飢餓が起きるのは、多くの施肥がなされた結果、その土壌では、窒素を吸収して高い代謝活性を保つ微生物群集が優位になっているからにほかならない[2]。

下北半島の尻屋崎には馬を放牧することで維持されてきた半自然草地と新たに造成され化学肥料で管理されている人工草地がある。杉山名誉教授が人工草地にC／N比が50以上の藁を投入してみるとたちまち窒素飢餓と類似した現象が生じて土壌中の無機態窒素は減少した。けれども、窒素への要求度が低い微生物が優占する半自然草地では、窒素飢餓は起きず、むしろ、無機態窒素は増えた。そこで、窒素を多く含む畜産由来の未熟堆肥を投入してみると低窒素環境に適応した微生物はいなくなってしまった[2]。

窒素固定菌を活用して、窒素供給力をアップする鍵は、高炭素・低窒素が前提条件であることがわかるだろう[2、12]。無施肥の窒素欠乏条件を維持し続けることで、窒素固定を行なう細菌は自然に増していく[2]。

窒素固定菌のニトロゲナーゼは土壌団粒内部の微好気性環境でしか稼働しない

窒素肥料が欠かせないと誰もが思い込んできた理由はまだある。それは、作物側からすれば無機態窒素を吸う以外には選択肢がない環境において研究がなされてきたということだ。

ジアゾトロフが三重結合を切断して、植物が利用できるかたちの窒素に変換できるのは、微好気性固定部位（micro aerobic fixation sites）と呼ばれる特殊な場所だけだ。微好気性とは、少しは酸素があっても多くはない。つまり、絶対嫌気性ではなく、さりとて、好気性でもない、酸素分圧が低いという意味だ[20]。

第1章で記述したとおり、生物的窒素固定に関与する酵素のニトロゲナーゼは、無酸素環境で生まれた真正細菌や古細菌にだけ存在し、酸素に触れると構造が変化する[1]。そのため、周辺に酸素があると、ニトロゲナーゼは不活性化する[1、20]。

この特殊な固定の場所がどこにあるかというと、植物の根鞘（riser sheath）や団粒構造の中にある。とりわけ、イネ科植物は根鞘をつくることが得意で、この内側には、何兆もの微生物が棲息しているし[20]、マメ科植物も根粒内で酸素を取り除き、微好気性状態をつくりだす仕組みを介して根粒菌の窒素固定を可能としている[2]。土壌団粒の内部空間も酸素分圧が低くなり、微好気性環境となっている。だから、何兆もの真正細菌と古細菌が棲息している[16]。

とかく、人は、酸素が乏しい嫌気性の状態を腐敗しているとして、すべてが悪だと考えがちだ。けれども、それは真実ではない。考えてみてほしい。ヒトの腸も牛の腸も、そして、ミミズの腸内も嫌気性だ。嫌気性状態下では非常に多くの重要な生物学的なプロセスが進む。そのひとつがいま話題としている窒素固定だ。酸素は数多くの生物学的プロセスを阻害する。酸素が存在していれば、ニトロゲナーゼが機能しないから、真正細菌や古細菌は窒素固定をできない。これは、土壌には好気性の場と嫌気性の場の双方が、必要なのであってどちらか一方だけしかない状態は望ましくないことを意味する。そして、現実の団粒構造が整った土壌では好気性と嫌気性が混在している[20]。

健全な土壌では、糸状菌の菌糸が根に付着する土壌粒子を結合させて、細かい根が団粒内部にまで入り込んでいる[20]。これにもちゃんとわけがある。繰り返しになるが、ニトロゲナーゼを生産したり、窒素の三重結合の切断するには、かなりのエネルギーが必要だ[16]。窒素を固定できるのは真正細菌と古細菌だけで、糸状菌はできないが[19、20]、糸状菌は、植物が光合成で得たエネルギーを窒素固定菌へとせっせと輸送している。菌糸を介してエネルギーが供給されているからこそ、団粒内部での窒素固定の化学反応も可能となっている。そして、糸状菌の菌糸上にはバイオフィルムが形成され、窒素固定菌からすれば恵まれた棲息環境となっている[16]。

エネルギーを得た窒素固定菌はまずアンモニアとして窒素を固定。これは、迅速にアミノ酸のかたちへと転換される。このアミノ酸を糸状菌は有機態の窒素として植物の根に戻す。アミノ酸として輸送するわけは、それがエネルギー効率が最も良いからだ。アミノ酸として植物体内に入れば、植物はそれをたやすくタンパク質へと組み立てられる。作物が根から吸収できるのは無機態窒素だけだというのが従来の考え方だ。その見解からすれば、土壌分析をして無機態窒素がろくに検出されなければ、その土地の生産力は低いことになる。けれども、現実にはそうした土地でもその地域で最高の収量と最高のタンパク質含有量をもつ作物が育つことがある。それは、その作物は有機態の窒素を使っているからだ[16]。

これまで植物は硝酸やアンモニア態窒素（NH_4－N）等の無機態窒素を主に吸収すると考えられてきたが、エンドファイト（植物内生菌）等の共生菌とのネットワークが形成されれば、有機態窒素であるアミノ酸類を利用できることがわかってきた[26]。

たとえば、森林生態系では、アンモニア態窒素、硝酸態窒素、アミノ態窒素のうち、植物が自力で利用できるのは、アンモニア態窒素と硝酸態窒素だけだ[27]。けれども、スウェーデン農業科学大学のエリッヒ・インスレスバッハー（Erich Inselsbacher）博士らが２０１２年に発表した研究によれば、現実の森林生態系で利用されている80％はアミノ態窒素だ[26、27、28]。アミノ酸は分子量が大きいため、根から直接的に吸収される量はごくわずかだとされてきたが、エンドファイトの働きがあればアミノ態窒素が活用でき、植物が利用すると考えられてきた硝酸態窒素やアンモニア態窒素の方が、それぞれ10％と少ないことが解明されたのだ[26]。

微生物と一緒に生息しているのが、植物の本来の姿だ[27、28]。そこで、茨城大学の成澤才彦教授は「植物を単独の生物として捉えるのではなく、植物とエンドファイトがひとつの共生系として立ちふるまっていると理解すれば『植物の窒素吸収は化学肥料を基盤とした無機態窒素によってのみ生じる』という考えは改めなければならない」と語る[26]。

窒素だけではない。リン、硫黄、カリウム、カルシウム、マグネシウム、鉄、銅、コバルト、亜鉛、モリブデン、マンガン、ホウ素等、微量元素を含めて、植物が必要とする養分の85〜90%は微生物が仲介することで獲得され[16、18、20]、植物の根からの滲出液との交換で菌糸によって輸送されている[18]。実に見事なチームワークではないか。

地表に有機物があって、それを土壌動物が砕いて細かく分解していく。それをまた別の生物が捕食する。こうしたデトリタスの食物網の経路に沿って土壌中にも分解された窒素が放出されていく。こういった窒素循環モデルは、いまだに多くの出版物に掲載されている。もちろん、窒素の一部は間違いなくこの経路を介して土壌中へと放出されている。アメーバー等の原生生物が細菌を食べ、その過程で窒素を放出しはする。けれども、これはあくまでも推定に基づく理論的なものにすぎず、土壌中の窒素の目抜き通りではない[19]。

窒素固定菌や菌根菌の働きを止めるのは施肥・農薬散布・耕起

アルバート・ハワード卿は前出の『農業聖典』の中で「自然界は菌根菌の中に、クローバー等、マメ科植物に共生する根粒菌よりももっと重要な、そして、広範囲に利用できる機能を与えていると思われる」と書き[22]、「人類の安寧と健康は菌根の関係性に依存している[略]。肥沃な土壌と樹木との結婚を可能にする関係性を化学肥料の広範な使用が断ち切る」と懸念した[29]。

1937年、スウェーデンのアルデン・ハッチ（Alden Bruce Hatch）は窒素肥料にマツの根がどう反応するのかという実験を行なっている。施肥されると根はよく伸びたものの細根がなかった。窒素肥料の量を減らしてみると細根は出るが菌根はできなかった。一方、土壌養分の少ない土壌では菌根の出来がよかった。この結果は、その後、多くの研究者によって確かめられているが、こうした研究は、窒素が多すぎると主根が徒長して側根がでないために菌根ができないこと。適度に窒素があると菌の側からのサポートがいらないために、菌根が形成されないことを示している。逆も真実で、１９４２年のエリク・ビョルクマン（Erik Björkman）の研究では、窒素が少ないと菌根ができやすくなっていることが示されている[24]。

微生物を介した有機態窒素の固定とその輸送効率は実にいいのだが[30]、有機態窒素は、菌根菌によって輸送されないかぎりは移動できない[16]。逆に、菌根菌が窒素源として主に利用するのは、アンモニア態窒素かアミノ態窒素であって、硝酸態窒素や亜硝酸態窒素（NO_2－N）は毒性が強いため、それがあると菌糸の変形や成長が阻害されるので、ほとんど使えない。つまり、窒素酸化物は、菌根菌にとって有害なのだ[24]。

スイスの農業・栄養・環境に関する研究機関が行なった２０１９年の有機農業と慣行農業における菌根菌の比較研究では、有機農業の畑地では菌類が多く、かつ、高度につながって「中核種」となっていたが、慣行農業では見られなかった[29]。

アゾトバクターは好気性であることから*、微細な根毛内や多くの細菌や小動物が分解した食物残渣の中で棲息している。絶えずつくられる根毛や分解しやすい糖類、有機酸等をエネルギー源として空中窒素を固定しているが、緑肥、厩肥等の未熟で分解しにくい物質は使えない。土壌中にしっかりとした根系と腐植があるときだけ活動も盛んとなり増殖できる。だから、深く耕すと有機物が分解してアゾトバクターの餌となる養分がなくなってしまうし、化学肥料があってもアゾトバクターの活動は停止する。現在のような腐植が乏しい土壌ではアゾトバクターの活動が見られないのはそのためだ[22]。窒素肥料を使えば使うほど、窒素が固定ができなくなり、窒素が失われていくパラドックスに関する研究証拠は多くあるのだが、その背景にはこんなカラクリもある[16]。

土壌微生物が窒素固定をするためのエネルギー源も元を辿れば、植物が光合成によってカーボンのかたちで固定したエネルギー源だ。であるとすれば、森林であれ、カバークロップであれ、地表が植生に覆われているかどうかが鍵となる。米国の土壌微生物学者、ウェンディ・タヘリ（Wendy Taheri）博士も、プレーリーの草原土壌と慣行の耕起・施肥された畑でアーバスキュラー菌根菌の胞子量を比較し、前者の方が８００％も多いことを見出し、こう述べる。

「菌根菌のネットワークを再構築することが鍵です。ですが、ひとたび耕せばそれは終わりです。ただ1回の耕起で振り出しに戻ります。慣行農業では、施肥する量が多いほど収量も増えると教えていますが、植物と微生物とがどのように相互作用しているのかを学べば、施肥すればするほど見返りが少なくなることがわかります。大量の施肥は、植物に養分を提供すべく進化してきた微生物の活動そ

＊――アセトバクターはアゾトバクターと同じく窒素を固定する好気性の真正細菌だが、ニトロゲナーゼの窒素固定反応は酸素があると阻害されるため、細菌の表面で酸素を消費し、細菌内部は酸素がない状態としている。ニトロゲナーゼは酸素がない細胞の内部で窒素固定を行なっている[33]。

のものを抑制します」[31]

菌のネットワークについては第8章で詳述するが、植物の多様性が豊かなほど菌根菌も増す。この自然の摂理を農業に応用するとすれば、カバークロップで地表を被覆したり、不耕起や低耕起で栽培したりすることが無肥料栽培を可能とすることになる。マッチポンプ。化学肥料によって窒素固定菌の窒素固定の働きを抑制し、農薬散布によって窒素固定菌を死滅させ、耕起によって有機態窒素を運搬する菌根菌の菌糸を切り裂いているのだから、施肥が必要となるのも当然といえよう。

水田でも無化学肥料で慣行に匹敵する収量をあげられる

化学肥料が施肥され、耕起された畑地では窒素固定が起こりにくい。これが事実であるとするならば、常時湛水されて微好気状態で耕起がなされず、なおかつ、無施肥によって窒素飢餓状態におかれた自然農法の水田では、窒素固定のための条件が取り揃っていることになる[1、2]。

実際に先に紹介した黒澤氏の水田では前年に投入された稲藁をエネルギー源とした生物的窒素固定が盛んに起きていて[1]、細谷啓太博士の試算によれば、それは、4・69kg／10aと西尾元教授の窒素収支モデルの2・3倍もあった[1、2]。この固定量は玄米の収穫によって取り去られる4・65kg／10aとほぼ同量だ。現実の水田では、雨水や灌漑水からの供給もあることを考えれば、窒素がまったく減っていない事実とも辻褄が合う[1]。

稲藁を水田に戻すことは、有機態窒素の土壌への還元以上の効果があることがわかるだろう。細谷博士が調べてみると、高収量の自然栽培水田ではたしかに稲藁の分解力が高い。けれども、他の水田に比べて土壌微生物の量が多いのかというとそうではない。このことから、細谷博士は、窒素固定は微生物の量ではなく、特定の微生物種がいるためだと推測している[1]。

窒素固定というと一番よく知られる微生物種は植物と共生する根粒菌や光合成細菌だ。高校の教材にもそう記載されている[13]。水田でも、アルファプロテオバクテリア綱やベータプロテオバクテリア綱の根圏菌やシアノバクテリア門の光合成細菌が多く検出されてきたことから、これらが窒素固定の主役だとされてきた[17]。

ところが、従来の分離培養法では培養が難しい微生物が見落とされてしまうし、ごく微量なサンプルに含まれるわずかなDNAから特定の遺伝子を複製・増殖させるポリメラーゼ連鎖反応法（PCR法）でもDNA分子のうち、グアニンとシトシンが占める割合が60％以上高いとPCRが増幅されにくい弱点がある。このため、近年では、メタゲノムやメタトランスクリプトーム解析が利用されている[14、17]。そこで、最先端の解析方法を用いた東京大学大学院生命科学研究科の増田曜子助教らの研究から得られた知見について紹介してみよう。

増田助教らが、新潟県長岡市にある農業総合研究所内の連作水田で、メタトランスクリプトーム解析をしてみると、これまでほとんど話題にのぼらなかったデルタプロテオバクテリア綱の鉄還元菌、アネロミキソバクター（Anaeromyxobacter）とジオバクター（Geobacter）属の細菌の窒素固定遺伝子が検出された[13、14、17]。グアニンとシトシンが占める割合が、アネロミキソバクター属細菌では、70％もあったことから、従来のPCR法では見落とされていたのだ[17]。

アネロミキソバクターは、酸化鉄(Ⅲ)を電子受容体として窒素固定を行なう。エネルギー源はカーボンで、根からの分泌物や藁があれば、酸化鉄の濃度が高いほど窒素固定量も増す[13、14、17]。ジオバクターも同じで、藁を分解して生じる酢酸を餌に窒素を固定している[14]。新潟県十日町市の農家の水田に純鉄粉を500kg/10a施用してみたところ[13、14]、収量は無施用区よりも10%増えた[14、17]。その窒素は同位体から、鉄還元菌が固定した大気中の窒素由来であることも判明する[17]。もちろん、窒素固定はエネルギーを必要とする反応だから、これまで指摘してきたのと同じく、アネロミキソバクターもアンモニアが微量でもあると窒素固定をたちまち止めてしまう[14、17]。けれども、何もしないまま無肥料にすれば慣行よりも収量が低下するが、窒素肥料の代わりに鉄を施用すれば、慣行と同レベルの収量が得られることもみえてきた[13、17]。

土壌微生物と手を携えた脱窒素農業へ

主にヨーロッパで発展してきた有機農業は、外部から有機資材を投入することでその生産性を高めてきた[12]。それでも近代農業が始まる以前の1940年のコムギの収量は2・5t/haと現在の半分以下と低かったことは書いてきたとおりだ。昔の農業に戻るのは歴史の逆行だとして、有機農業が批判されるのも生産性が低いためだ[2]。窒素肥料の大量使用に伴う温暖化や地下水汚染といった多くの問題を解決し、同時に人類の食料需要を満たすには、慣行の生産力を維持しつつ、脱窒素も達成できる新たな農法が求められていると言えるだろう[2、13]。

米国の畑作地帯では、前述した自然の摂理――カバークロップと不耕起――に寄り沿うかたちで、この新たな農法のひとつがすでに実現している。ヘアリーベッチで雑草を抑制し、耕さずにトウモロコシやダイズを栽培する農法だ[2]。トラクターの前部に取り付けたローラーを転がして、カバークロップを踏みつぶしながら、同時に不耕起でタネを播種していく。踏みつぶされたカバークロップは枯れれば肥料となり、マルチとしても機能するから除草剤もいらない[32]。それでいて、トウモロコシならば、慣行の9・6t／haを上回る10・8t／haの収量が無化学肥料でも実現できている。慣行栽培では土壌中のカーボンは毎年0・5〜1・0％減っていくのに対して、カバークロップと不耕起をセットにしたこの農法では、年当たり0・2〜0・4％増えていくから、脱炭素にも意味がある[2]。

自然栽培や自然農法も外部資材を投入しないことで生態系の機能を高め、生産性向上につなげる意味で、投入型の有機農業とは違うアプローチといえる[1]。杉山名誉教授や細谷博士が、木村秋則氏が提唱する「自然栽培」に期待を寄せるのはそのためだ[1、2]。

自然栽培では低窒素条件で栽培されるから、農産物に含まれる硝酸態窒素の含量も低く食味は良い。肥料や農薬代がかからず、「奇跡のりんご」の認知度もあって買い取り価格も一般栽培の2〜3倍と高い。自然栽培のアイデアは、リンゴ以外の果樹品目にも応用され、野菜、水稲とほとんどの作物種に及ぶ[1]、JAはくい（羽咋市）の監修で『自然栽培の手引き　野菜・米・果樹づくり』（2022、創森社）も出版されている。

とりわけ、水稲は栽培される作目が多様な畑作や果樹作に比べて一種類だけだから作業の管理工程もどの地域でも類似し比較的栽培技術のハードルが低いことから、生産現場での技術の共有がしやすく、急速に技術確立が進んでいる。にもかかわらず、無農薬・無化学肥料の理念ばかりが強調され、水田や生産者間でなぜ大きな収量差が生じるのかの技術的な検証や客観的な研究はこれまで進んでこなかった[1]。

安定した農業経営を行なうには、収量が重要な指標となるが、どれだけの収量が見込めるのかの具体的な指針もなく、関心を抱く生産者には「十分な収穫量が得られないのではないか」との不安を招いてきたし、疑念をいだく一般生産者や学識者の反感を煽る結果にもなってきた。これも、ひとえに、序章で谷口元有機農業学会長が指摘したように、外部から養分が投入されていないのになぜ高い生産性が維持されているのかのメカニズムが謎のままだったことにある[1]。

とはいえ、本章で記述してきたようにその理由もかなり解明されつつある。たとえば、増田助教らの研究が示すように、これまで見落とされてきた「鉄還元菌」が窒素固定のメインプレイヤーであって、しかも、水田に限られず、河川の底泥、熱帯雨林、砂漠、極地とさまざまな環境で普遍的な現象であることが見えてきている[13、17]。

化学肥料は大気中の窒素を固定する生来の土壌機能の代用品にすぎない。もちろん、かなり長期にわたって大量の窒素肥料が使われてきている場合には、高橋丈夫氏が述べるように窒素固定菌群は少なくなっている。それが、回復するのには3年くらい時間がかかる。だから、クリスティン・ジョーンズ博士は、転換期の減収のリスクを避けるうえでも[16]、時間をかけた薬物依存からの治療を薦める。けれども、機能を回復できれば、化学窒素依存症の中毒から抜け出すこともそれほど難しくはない[16、18、20]。これは、高橋氏の体験と符合する。誇りをもって有機農業を営んできた氏は、2003

年に木村秋則氏から「有機農業は化学肥料以下の農法だ」と聞かされショックを受ける。そこで、翌年から野菜を無肥料・無農薬栽培に切り替えるが、2、3年はほとんどの作物が育たない。しかし、それ以降は順調となり、転換5年目以降は、ナスやピーマンも有機農業をしていた時よりもはるかに収量も多くなり、かつ、一般的に連作障害が起きるとされるナスでも連作障害がなく、病害虫も減り続けた[25]。

この経験から高橋氏は、次のように指摘する。

窒素肥料を投入された土壌では窒素固定菌はほとんどみられないが、窒素肥料を投入しなければ窒素固定菌が増殖する。菌根菌も植物の根から放出された養分を受け取って、それを分解してつくりあげた酵素や栄養分を直物の根に送り返す。リン等の吸収を助ける好循環が生まれる。人工的な栄養が少ない環境下におかれた作物は自分自身で養分を求めて根の活動が活発になり健全に育っていく。基本的に多量の窒素肥料の投入は多くの弊害を伴う。これとは反対に無肥料での農業を進めていけば、消費型ではなく生産型、つまり、自然循環の中での栽培に進んでいく[25]。

1980年代の初めの頃は、高橋氏は、養鶏での経験を畑づくりに生かし、鶏糞の乾燥方法や発酵方法を学び試験を繰り返し、ハイレベルな肥料づくりに邁進した。鶏糞とほぼ同量のヨシやススキ、広葉樹の落ち葉を利用した堆肥が必要であることも理解し、ミネラルバランスも重要なことから、食品会社から使用済みのだし昆布を手に入れ、大量の炭と貝化石を混ぜて発酵させることで、灰色カビ病にもやられないトマトづくりに成功した。そして、鶏糞は1年以上発酵させ、窒素をほとんどゼロにしてから田畑に利用してきた。とはいえ、どうしても窒素がないと収量が上がらない作物もある。

そこで、魚粉等の窒素を多く含むものを軽く発酵させて利用してきた[25]。

けれども、自然農法に転換してから、有機農業よりも成果が上がったことから、こう語るのである。

「たとえ、窒素をなくした有機肥料でも、畑に入れることで自然環境に変化をもたらしていたことを改めて思い知らされる事実だ。どれほど素晴らしい肥料を作ったとしても、それは人間の側の良かれとの思い込みの部分が少なくないことを改めて反省するばかりである。自然のリズムを壊さない土壌作りが、『土』そして、植物の力を引き出すことがわかった。地球にも負担をかけないし、同様のことが動物や人間にも言えるのではないか」[25]

窒素と鉄の関係はまさに、これまでの研究の盲点であって、土壌学にとどまらず、微生物学、生態学、地球科学と自然科学の分野全般におよび窒素固定についての定説の刷新が迫られていると言えよう[13]。

もちろん、謎はまだ残されている。木村農園でリンゴとして収穫されて持ち出される養分量を計算すると、カリウムでも理論上は枯渇しているはずなのに、現実には慣行栽培以上のカリウムが土壌中に存在している。杉山名誉教授は「この事実は、肥料なしには農作物の生産は持続できないとする従来の農学にパラダイム転換を迫っているものだ」と述べる[2]。とはいえ、カリウムはさておいて、もうひとつのリン肥料依存症から足を洗うことは可能なのだろうか。

引用文献

［1］　2017年3月、細谷啓太「自然栽培水田における窒素循環と収量成立機構」岩手大学リポジトリ

[2] 杉山修一『ここまでわかった自然栽培』（２０２２）農文協
[3] 片野學『雑草が大地を救い食べ物を育てる』（２０１０）芽生え社
[4] バーツラフ・シュミル『世界のリアルは「数字」でつかめ！』（２０２１）ＮＨＫ出版
[5] デイヴィッド・ウォルトナ＝テーブス『排泄物と文明―フンコロガシから有機農業、香水の発明、パンデミックまで』（２０１４）築地書館
[6] 高橋英一『肥料になった鉱物の物語』（２００４）研成社
[7] ルーズ・ドフリース『食糧と人類―飢餓を克服した大増産の文明史』（２０１６）日本経済新聞出版
[8] 大竹久夫『リンのはなし』（２０１９）朝倉書店
[9] 正岡淑邦『植物元素よもやま話』（２０２０）ＭＰミヤオビパブリッシング
[10] デイブ・グルーソン『サイレント・アース―昆虫たちの沈黙の春』（２０２２）ＮＨＫ出版
[11] 宮田親平『毒ガスの父ハーバー』（２００７）朝日新聞出版
[12] ポール・フォーコウスキー『微生物が地球をつくった』（２０１５）青土社
[13] 妹尾啓他「『理想の追求』・『善き未来』シンポジウム ２０２１」土を肥やす
https://jp.foundation.canon/common/pdf/aid_awardees/9/17_senoo_cfk9.pdf
[14] 2023年7月29日、増田曜子「鉄と微生物をイネの肥料にする新技術」食・土・肥料食・土・肥料のサイエンスでＳＤＧｓ、東京農業大学、筆者聞き取り
[15] 篠原信『そのとき、日本は何人養える』（２０２２）家の光協会
[16] Christine Jones, "The Nitrogen Solution" with Dr. Christine Jones（Part 3/4）Green Cover Seed, 13 April 2021.
https://www.youtube.com/watch?v=dr0y_EEKO9o
[17] 増田曜子他「シンポジウム水田土壌における鉄還元菌窒素固定の学術的基盤解明と低窒素農業への応用：低炭素社会の実現を目指して」（２０２１）土と微生物、Vol. 75 No. 2、pp. 60–65
https://www.jstage.jst.go.jp/article/jssm/75/2/75_60/_pdf/-char/ja
[18] Christine Jones, Humic Acid: Soil Restoration: 5 Core Principles,Eco Farming Daily, July 2018.
https://www.ecofarmingdaily.com/build-soil/soil-restoration-5-core-principles/

［19］ Christine Jones, “Secrets of the Soil Sociobiome” with Dr. Christine Jones（Part 1/4）, Green Cover Seed,30 March 2021.
https://www.youtube.com/watch?v=Xtd2vrXadJ4
［20］ Christine Jones, “The Phosphorus Paradox” with Dr. Christine Jones（Part 2/4）, Green Cover Seed,6 April 2021.
https://www.youtube.com/watch?v=lSjbVxTyF3w&t=7s
［21］ Christine Jones, “Nitrogen double-egged Soword”, 21July 2014.
https://amazingcarbon.com/PDF/JONES%20%27Nitrogen%27%20(21July14).pdf
［22］ エアハルト・ヘニッヒ『生きている土壌—腐植と熟土の生成と働き』（２００９）日本有機農業研究会
［23］ 小川眞『作物と土をつなぐ共生微生物～菌根の生態学』（１９８７）農文協自然と科学技術シリーズ
［24］ 小川眞『森とカビ・キノコ—樹木の枯死と土壌の変化』（２００９）築地書館
［25］ 髙橋丈夫『農業の常識は、自然界の非常識—雑草で畑を生命育む森にする』（２０１２）三五館
［26］ 成澤才彦「植物共生菌による省資源型栽培」『有機農業大全』（２０１９）コモンズ
［27］ 成澤才彦「植物も少し厳しい環境だとよく育つ」（２０１６）耕、№１３８、山崎農業研究所
［28］ 成澤才彦「エンドファイトと省チッソ栽培」（２０１５）現代農業、２０１５年10月号、農文協
［29］ マーリン・シェルドレイク『菌類が世界を救う』（２０２２）河出書房新社
［30］ Kristin Ohlson, The Soil will Save Us: How Scientists, farmers, and Foodies Are Healing the Soil to ave the planet, 2014, Rodale Books.
［31］ Dee Goerge, Why You Need to Know Arbuscular Mycorrhizal Fungi, Successful Farming, 16 Feb, 2016.
https://www.agriculture.com/crops/fertilizers/technology/why-you-need-to-know-arbuscular_175-ar52320
［32］ Jared Flesher, New way to farm boosts climate, too, The Christian Science Monitor, 12 March 2009.
https://www.csmonitor.com/Environment/Global-Warming/2009/0312/new-way-to-farm-boosts-climate-too
［33］ ２００６年７月25日、浅田浩二「窒素固定について」、日本植物整理学会みんなのQ＆A
https://jspp.org/hiroba/q_and_a/detail.html?id=907&key=&target=

コラム④ 二酸化炭素と窒素

「ルビスコ」が非効率だから窒素肥料が必要

光合成をする真正細菌、光合成細菌が誕生したのはいまから35億年も前だが、当時の大気中の酸素濃度は0・003%でしかなかった[1]。一方で、二酸化炭素はいまの約100倍もあった[1、2]。大気中の二酸化炭素をカルビン・ベンソン回路へと取り込む酵素、ルビスコはこうした環境下で誕生した[1]。ルビスコの正式名称はリブロース1、5－ビスリン酸カルボキシラーゼ／オキシゲナーゼというが[1、3]、キャッチした二酸化炭素をリブロースビスリン酸（RuBP）に取り込み、ホスホグリセリン酸（PGA）を2分子つくる。ルビスコ以外にこの働きをする酵素はなく、どの光合成でも使われている[1]。

三大肥料のひとつとして植物で多くの窒素が必要とされる理由は、ひとえに光合成でのルビスコの効率性が悪いことにある。たとえば、フリーラジカルの一種であるスーパーオキシドを消去する酵素、スーパーオキシドジムズターゼ（SOD）は1秒間に20億ものスーパーオキシドを処理できるが、ルビスコは1秒間にわずか16個の二酸化炭素しかキャッチできない[1]。なぜ、これほど効率が悪いのかというと、もともとルビスコは二酸化炭素の固定専用に開発された装置ではなく、イオウ代謝という別目的のために使われていた酵素を改良したものだからだ[3]。生物界全般に言えることだが、生命は生きていくうえで本当に重要な部分では変異が起こらずに改良ですます。そして、これが、また別のルビスコの問題を産んでいる。1971年と比較的最近に判明したことなのだが[1]、ルビスコには二酸化炭素と同時に酸素とも反応する二重性をもち[2、3]、二酸化炭素4に対して酸素1の割合でキャッチしてしまうのだ[1]。

二酸化炭素が豊富にあって酸素がないルビスコが誕生した当時の環境下であれば問題はなかったのだ

が[2]、大気中に酸素が増えたいまとなっては、この二重性が植物の足を引っ張ることになっている[1,3]。前述したPGA2分子に酸素が付くとPGA1分子とホスホグリコール酸1分子が生じるが、後者は使い道がないどころか、カルビン回路酵素の阻害剤として働く[3]。葉緑体やミトコンドリア等が関係する十数もの複雑な「光呼吸」と呼ばれる反応によって、邪魔となるホスホグリコール酸を処理しているのだが、この処理のためエネルギーも消費され、光合成のスピードも2〜3割、減速してしまっている[1,3]。

二酸化炭素の減少でC_4植物が出現

二酸化炭素は炭素を3つ含む有機物、PGAに固定され、その後、複雑な化合物に変化していく。いわゆるカルビン・ベンソン回路だ[2,3]。けれども、1965年にハワイのサトウキビ研究所にいたウーゴ・コーチャック（Hugo Peter Kortschak、1911〜1983年）博士によって、サトウキビでは炭素を4つ含む別の有機物、オキサロ酢酸が最初にできることが発見される[1,2]。サトウキビやトウモロコシ等のC_4植物は、カルビン・ベンソン回路の前段階に改良を加え、PEPカルボキシラーゼという酵素を利用して[3,4]、葉脈周囲にある「維管束鞘細胞」に外大気の10倍にも二酸化炭素を濃縮することで[1,2,3,4]、その分だけ、酸素との反応を減らし、光呼吸の無駄を省くことで[3]、光合成の効率を格段に高めるように進化をしていたのだ[2]。ホウレンソウのようなC_3植物では、葉に含まれる窒素のうち、ルビスコが占める割合が30％ほどあるのに対して、C_4植物ではわずか7％にすぎない。その生産性の高さはひとえにルビスコの量が少ないことにある[1]。C_4植物はルビスコの負の遺産を補完するために誕生したといえるだろう[2]。

それではC_4植物はいつ地球上に登場したのだろうか。1980年から90年代にかけてのユタ大学の研究からわかってきたことはC_4植物がほぼ一瞬にして登場したことだ。800万年前まではアフリカやインド亜大陸でシマウマや馬が食べていたのはほとんどがC_3植物の樹木や灌木だったのが[2]、100万年後の約700万年前以降はほぼC4植物になっていた。こうした急変は環境が変化したためだと考えることが合理的だろう[2、5]。中新世（2300万年前～500万年前）には、大気中の二酸化炭素濃度は低下し、とりわけ、約800万年前からはチベット高原が隆起したことで、インドモンスーンの影響が強くなって乾燥化が進み、夏にしか雨が降らなくなったことがわかっている[2]。二酸化炭素の減少は降雨量の減少と乾燥化にもつながる[2、4]。そこで、地球が寒冷化して大気中の二酸化炭素が減少しC3植物が不利になったためにC4植物が登場したとの「二酸化炭素飢餓説」が提唱された[2、5]。

第2章で詳述したように、葉の表面からの蒸発を防ぎつつ、二酸化炭素も取り入れるために陸上植物が創り出したのが「気孔」だが、どれほど小さな孔とはいえ開くたびに体内の水は蒸発する[4]。二酸化炭素が減るとずっと気孔をあけっ放しにして、取り込まなければならないから[1、2、4]、蒸散する水分もその分増す[4]。このロスは大きい。場合によっては、根から吸収した水のうち99％以上が蒸散で失われ、光合成のために使えるのは残りの1％以下でしかない[1]。C4植物は、C3植物とは違って、二酸化炭素を濃縮しているから、気孔を閉じていてもカルビン・ベンソン回路を稼働できる。つまり、二酸化炭素と水の両方の不足に対して有利なのだ[1、2、4]。

C4植物の草原火災を防ぐのは偶蹄類

現在、C4植物は約7500種あり、陸上植物の約5分の1、一次生産量の約30％を占めている[2]。効率性から言えば、すべてがC4植物になってもよいように思えるが、そうならないのは、エネルギー収支とトレードオフ（二律背反）のためだ。二酸化炭素を濃縮できるからといって、1分子を濃縮するにはATP2分子のエネルギーが必要だし、光が弱いところでは、濃縮した二酸化炭素の一部が維管束鞘細胞から漏れだす。森林内のように光が弱いところではC3植物にかなわない。C4植物が、高温で、乾燥して明るい環境に多いのはそのためだ[1]。

C_4植物の草原が急速に拡大したのは、二酸化炭素の減少のためだと述べたが、2000年にはこれにさらに山火事を組み合わせた改良版が、南アフリカのケープタウン大学のウィリアム・ボンド（William Bond）教授とステレンボッシュ大学のガイ・ミッジリー（Gui Midgley）教授によって提唱される。C_4植物は乾季には燃えやすく火種となるから、増えれば山火事が増す。樹は焼けてそのまま枯れるが、地下茎のあるC_4植物はその焼け跡をすかさず埋められるというわけだ。何かの原因で、ある変化が起きたとき、それをさらに強める作用が働くことを「正のフィードバック」という。二酸化炭素の低下という最初のスイッチが押されると、若木の成長は抑制されるから、森林は山火事に対して弱くなる。C_4植物の拡大には、山火事だけでなく、エアロゾルや煙、落雷と数多くの因子が複雑に絡んでいるが、近年発展したシステム解析での研究から、どれかがある閾値を超すと森林破壊が加速化して、C_4植物の草原が広まることがわかってきた[2]。

野火が増えている証拠は太平洋西部の海底からも得られた。海底の堆積物を分析した結果、約800万年前にインド亜大陸から貿易風に乗って運ばれる炭の粒子が1000倍も増えていたのだ。現在のサバンナの半分以上は野火が起こることでつくられている。火がなければ森林面積はいまの二倍となっている[2]。

さて、いま温暖化の原因として畜産が槍り玉にあげられている。けれども、環境を破壊するのは家畜ではなくその飼い方であって[6]、本来の野生動物は草原と森林とのバランスを保つうえで重要な役割を果たしている。

タンザニア北部にあるセレンゲティ草原がその実例だ。いまでこそ、東アフリカの化石燃料による二酸化炭素の排出量のすべてを相殺するほどの重要な炭素の吸収源となっているが、ほんの十数年前までは、大規模な山火事が起こるため二酸化炭素の排出源そのものだった[7]。これを変えたのは草原を移動する120万頭ものヌーの群れだ。牛疫感染と密猟で1960年代には30万頭にまで減少していたが[7、8]、密猟防止等で頭数が回復する[7]。ヌーが増えれば、50〜60㎝も育っていた草も喰われて10㎝にしか育たない。草以外の植物にも光や栄養がいきわたるようになり、樹木が回復されるまで10年もかからなかった[8]。ヌーが食べた草本中の炭素は糞として排出され、フンコロガシによって土壌中へとストックされていく[7]。二酸化炭素の循環ひとつとっても、植物と土壌、昆虫、家畜、ヒトは複雑なシステムとしてつながりあっている。

引用文献

[1] 葛西奈津子『植物が地球を変えた』(2007)化学同人

[2] デイヴィッド・ビアリング『植物が出現し、気候を変えた』(2015)みすず書房

[3] 園池公毅『光合成とは何か』(2008)講談社

[4] 大場秀章『誰がために花は咲く』(1991)光文社

[5] 川上紳一『生命と地球の共進化』(2000)NHKブックス

[6] 堤未果『ルポ食が壊れる』(2022)文藝新書

[7] オズワルド・シュミッツ『人新世の科学―ニュー・エコロジーがひらく地平』(2022)岩波新書

[8] ショーン・B・キャロル『セレンゲティ・ルール』(2017)紀伊國屋書店

第5章

リンは微生物のつながりと資源循環で

動けない宿命を背負って生きる植物と動かないリンの謎

オーストラリアの土壌は非常に古く、風化が激しい。だから、前出のクリスティン・ジョーンズ博士は、オーストラリアでは農家はリン不足をとても恐れ、リン肥料を施肥しなければ作物が育てられないと懸念していると語る[1]。

コラム①で書いたように植物は動かない。そんなことはわかっている。誰もが言うであろう。けれども、植物が動けないという事実の意味を深く考えてみたことがあるだろうか。たとえば、植物はストローのように栄養分を根から水とともに吸い上げる仕組みをもつが、動かずに一カ所にずっととどまっていれば、根の近隣にある資源をいずれ使い果たす。根から離れた場所にどれほど豊富にリンがあったとしても、動けなければそのリンを獲得する術がない。一年草であれ、数十年、数百年も生きる巨樹であれ、事情は同じだ。にもかかわらず、植物がリン不足で枯れたという話は聞かない[2]。それでは、なぜリンの施肥が必要だと考えられてきたのだろうか。

骨の収集と化学肥料の発明

生化学者兼SF作家、アイザック・アシモフ（Isaac Asimov、1920〜1992年）は、土壌や植物に含まれる元素割合を比較して、リンが一番濃縮されていることを見出す。1959年のエッセイ「生命のボトルネック」では「石炭は原子力、木材はプラスチックで代替えができても、リンに代わるものはない。リンが尽きればそれ以外の元素がいくらあっても生物は増えられない。だから、リンが地球生命の量を規定する」と述べた[3、4]。

たしかに、リンがなければ動物だけでなく植物も育たない。肥沃な土地におけるリンの重要性は経験的に理解されていた。ギリシアでは8000年以前の新石器時代からコムギやマメに糞便を計画的に施肥されていた証拠がある[5]。中国でも2000年も前から骨の肥沃効果が知られ、動物の骨を焼いて肥料として使ってきた[3、6]。

紀元1世紀半ば、ローマの属州であったイングランド南部で先住民、ケルト族の大反乱がおき、戦場には多くの遺骨が残される。それを畑に施したところ驚異的なコムギの収量がもたらされた[6]。

骨が肥料となることは西洋人も知っていた[6]。かくして19世紀にはイギリスでは機械で骨をすりつぶして破片や粉末肥料にする[6]骨の商品化が始まる[7]。国内では足りず、ヨーロッパ本土の肉屋から骨を輸入[3]。1822年には次のような記事が出ている。

「ライプチヒ、アウステルリッツ、ワーテルロー等の激戦地から人骨や動物の骨が集められ、イギリスの港に輸入され、ヨークシャーの骨粉砕工場で粉状にして農家に売られ、農地に撒かれた。とりわけ、人骨の肥料効果がよい」[7]

ユストゥス・フォン・リービッヒ（Justus Freiherr von Liebig、1803～1873年）は、イギリスが戦場の死者の骨を使っていると激しく非難した。

「イギリスは他国の肥沃の条件をかすめとりつつある。骨を渇望して、ライプチヒ、ワーテルロー、クリミアの戦場を掘り返した。シチリアの地下墓地、カタコンベからは幾世代にもわたる骸骨を運び去った。毎年他国から350万人分に相当する肥料を持ち去っている。イギリスは吸血鬼のようにヨーロッパの首にしがみつき、諸国民から血を吸い取っている」[6]

肥効を高めるための科学的な探求も、いまから180年前に、まさにイギリスで始まった。ハートフォードシャー州ハーペンデンのローザムステッドの地主、ジョン・ベネット・ローズ（John Bennet Lawes、1814～1900年）卿がそれに着手した[5、6、8]。

卿は自分の荘園で1836～1838年にかけ、骨粉をカブに施用したが予期した効果が得られなかった[6]。地所がローマ時代からずっと酷使されてかなり痩せていたうえ[8]、炭酸石灰カルシウム分が多く、リン酸が溶けにくかったためだった[6]。そこで、1839年にリン酸塩に富む岩石と後述するコプライト、そして、骨粉を硫酸で処理して難溶性のリン酸三石灰を水溶性のリン酸一石灰に変えたところ、成果は上々だった。卿は1842年5月に、新肥料「過リン酸石灰」の特許を取得し

[5、6]、自分の地所を試験場に変えて、さまざまな実験を行ないはじめる。こうして世界最古の農業試験場、ローザムステッド研究所が誕生した[5]。

アイルランドの医師、ジェームズ・マーレイ（James Murray、１７８８〜１８７１年）卿も硫酸処理した骨を１８０８年から使用してローズ卿と同じ日に特許を取得している[3、6]が、ローズ卿は後にマレーイ卿の特許を買い取った[3]。また、リービッヒも「骨粉に希硫酸を加えて混ぜれば効果がある」と述べている[6]。とはいえ、実際に、テムズ川河畔のデトフォードに工場を建ててまで[6、7]、肥料の大量製造を始めたのは卿だけだった。だから、リン酸肥料の創始者はローズ卿とされている[6]。肥料製造会社は１８５３年までにイングランドで14社、オーストリアで1社、米国で3社にまで増え、この事業がローザムステッド研究所の資金源となった[3]。

さらに高まるリン肥料の需要を満たすためヨーロッパ中の屠殺場から大量の骨が集められるが、とうてい満たせない[6]。骨不足からそれに代わるリン酸源が必死になって模索され、サフォーク州で産出するコプライトが代替え肥料として用いられるようになる[5、6]。

コプライトとは６５００万年以上も前の恐竜の糞に含まれるリン酸分が風雨にさらされて石灰と反応して石化した化石だ。１８２９年にイギリスの地質学者、ウィリアム・バックランド（William Buckland、１７８４〜１８５６年）博士によって発見され[5、6、9]、ギリシア語の糞を意味するコプロス、石を意味するライトにちなんでコプロライトと命名された[6]。ダーウィンの恩師であったケンブリッジ大学の植物学者、ジョン・スティーヴンス・ヘンズロー（John Stevens Henslow、１７９６〜１８６１年）教授は、恐竜の糞石も肥料になると考えて、コプライトを硫酸処理してリン酸塩だけを抽出する手法を考案した[5]。

こうして1847年からコプライトの採掘が始まり[6]、1860年代には採掘ラッシュを迎え[5]、1909年に中止されるまで約200万tが採掘されたが[6]、骨と同じで限りある資源だからやがて枯渇する[5]。けれども、その前に、海の彼方から解決策がもたらされた。それは、第4章でも記載したグアノと呼ばれる海鳥の糞だった[3]。こうしてコプライトと並んでグアノも用いられはじめる[6]。

グアノ鉱床の発見とその枯渇

リンは地殻の岩石中には重量比で約0・12％しか含まれていないが[4、6]、特異的に30〜40％も含まれるものがある。これをリン鉱石と呼ぶ。そのひとつが、グアノだ。リン酸質グアノのリン酸分は下層のサンゴ等の石灰質成分と結合して不溶性のリン酸三石灰となっているからそのままでは使えず、ローズ卿がしたような硫酸分解等の加工処理が必要となるが、窒素質グアノのリン酸分は可溶性が高いためにそのまま肥料として使える[6]。そして、前述したようにたちまち枯渇する。

南米のグアノとコプライトが枯渇した次に、注目されたのが「ネコの粉末」だった。古代エジプトでは、大量のネコを飼育し、生後半年ほどで殺してミイラにして神殿に捧げる風習があった。1888年、カイロから160㎞ほど離れたペニハッサンで、何十万体ものネコのミイラが発見される。そこで、このミイラを砕いて肥料としてリバプールに輸出した[5]。

その後、グアノ採掘の中心地は南米から南太平洋の島々へと移る[4]。1856年に米国議会は「グアノ島法」を可決し、グアノに覆われた無名の無人の島であれば領有できるとした。この法律の下、ミッドウェイ島を含めて50もの島々が領有された[9]。

戦後から最近まで、産地となっていたのは、1888年にグアノが発見されたナウル共和国だった。埋蔵量は1億tもあるとされ、1906年から採掘が始まり、1967年までの約60年で埋蔵量の約35%にわたる3500万tが採掘された[4]。1968年にイギリスから独立した後は、グアノの輸出のおかげで、島民は医療費、教育費、水道光熱費が無料で、税金もない生活を享受していた[7]。けれども、1989年以降には輸出は急減。最盛期の200万tが2002年には5万t、2004年には数千tとなり[4]、採掘を始めて90年後の2005年には掘り尽くされた[10]。鉱石の枯渇とともに最貧国に陥った[7]。この例が象徴するように、グアノはもともと量が少なかったうえに過去の乱掘でもはや地球上にはほとんど残されていない[4]。

日本でもお抱え外国人教師として駒場農学校で教鞭を取ったマックス・フェスカ（Max Fesca、1845か1846～1917年）の直弟子として地質学者、日本初の農学博士となった恒藤規隆（1857～1938年）が各地で探査を行ない、沖大東島（ラサ島）にリン鉱石を見つけ「ラサ島燐鉱合資会社」を興した[10]。第二次大戦前までは日本でも北大東島や波照間島でグアノ採掘を行なっていた。現在でもかき集めれば、200万t程度のグアノは残されているというが[4]、自給するには程遠い[10]。

枯渇するリン鉱石資源と肥料価格の高騰

南海の孤島でのグアノが枯渇していく一方で、1867年にはサウスカロライナ、1888年にはフロリダで海成のリン鉱床（海成アパタイト）が発見される。1885年にはロシアのコラ半島でも火成アパタイトが発見され[6]。その後も、北アフリカのモロッコ、南アフリカ、中国等での鉱床の発見が相次ぐ。20世紀前半に世界がリン肥料の欠乏にさしあたって直面せずにすんだのはそのためだった[10]。

さて、いま海成、火成との表現が出てきたし、これらリン鉱床のつくられ方は、コプライトやグアノとは違うので少しだけ説明しておこう。

まず、火成アパタイトは、マグマの中に含まれているリン酸が冷却するなかで濃縮してアパタイト（リン灰石）となるもので、主成分はリン酸カルシウムだ[4、6]。20億年も前に形成されたもので、南アフリカ、フィンランド、ロシア等にあるが、量的には全体の5％にすぎない[4]。

次が、残りの95％を占める海成アパタイトで[4]、浅い海底に生物の遺骸が堆積してできたものだ。主成分は同じリン酸カルシウムで[4、6]、中国南部のものは5億年前のカンブリア紀に形成。北アフリカ・中東のものは1億5000万年前から7000万年前の白亜紀にかけて形成され、フロリダ・南カロライナのものは2000万年前と地球史的に言えば新しい[4]。

とはいえ、こうしたリン鉱石も限りがあることは違いはなく、なおかつ、分布には国による偏りが大きい。米国、中国、モロッコの3カ国で世界の生産の約7割、上位6カ国で約9割を占めている[11]。おまけに、採掘されるリン鉱石の約88％は産出国が自国内で消費して、鉱石として輸出に回る量は残りの12％にすぎない[12、13]。

２００５年までは米国が世界最大のリン鉱石の産出国だったし[12]、国内で採掘され尽くすまではまだ40年も余裕がある。しかし１９９５年にはリン鉱石の海外輸出を停止し、２００５年からは逆に年当たり４００万ｔもリン鉱石を輸入している。日本のリン鉱石の輸入相手国は１９９５年までは米国だったが、米国が輸出を規制したため中国に切り替えざるを得なくなった[4]。以前の中国への依存率は約30％にすぎなかったが、その後は中国一辺倒となった[6]。

中国のリン鉱石の埋蔵量は世界でも二番目に多く、かつ、年間生産量が世界一だが、リン酸含有率が30％以上ある一級のリン鉱石は、全埋蔵量の約10％しかない[13]。それでも、以前は品質が良いリン鉱石だけを中国から輸入できたが[4]、２００８年から高い輸入関税をかけて輸出を制限し、自国資源の保護に乗り出す[10]。２０１６年11月にはリン鉱石を戦略的鉱物に指定し、その採掘事業を国の管理下に置く[14]。加えて、ウクライナ危機から２０２１年の10月から輸出原料の検査を厳格化し輸出を制限している[15]。２０２２年5月に、武部新農林水産副大臣（当時）はモロッコを訪問し、リン肥料の安定供給の交渉を行なったことで息がつけたが[16]。それでも、肥料価格が安定していた時期と比較して約2倍になっている[17]。

過剰リンがもたらす富栄養化と放射能汚染

価格が高騰しても買えればまだいいが、コプライトやグアノと同じく、リン鉱床もいずれは枯渇する。生産がピークとなって減少に転じる「ピーク・リン」は2030年には訪れるとされている[5]。窒素と同じく循環の乱れも問題だ。人間の活動が高まると河川や海に流入する窒素やリンの割合が増す。このため、赤色を呈した鞭毛藻が大発生する。いわゆる赤潮だが、大量の死んだプランクトンが海底に沈んで、バクテリアによって分解される際に溶存酸素が使われる。このため、低層水は貧酸素もしくは無酸素状態となる。酸素濃度が3㎎／ℓ以下となると底生生物は生存できない。さらに、無酸素となると硫酸塩に含まれている酸素が分解で使われるために硫化水素が発生する。こうして無酸素の海水の割合が増えていく[18]。

序章でもふれたが、2009年にヨハン・ロックストローム博士は、地球の収容力の目安として「プラネタリー・バウンダリー」という概念を提起する。2015年の再評価リポートによれば、リンは土壌では620万t／年が限界で、これを超せば淡水域の富栄養化を引き起こすが、すでに1400万tを超えている。海洋では、1100万t／年を超すと海洋無酸素事変を引き起こしかねないが、こちらもすでに2200万t／年と収容限界を超えている。まさに人間の活動が地球の物質循環に影響を与えているわけで、人新世というわけだ[4]。

問題はまだある。ロシアやブラジル産の火成アパタイトには有害重金属であるカドミウムが2㎎／

kgしか含まれていないが、モロッコやフロリダ産の海成アパタイトには、150〜200mg／kgも含まれる。放射性物質、ウランすらある。海水には極微量だがカドミウムやウランが溶け込んでいるが、アパタイトに含まれるカルシウムとイオン半径がほぼ同じことから、一部はカルシウムと置換され取り込まれてしまうのだ。だから、海成アパタイトを原料とした肥料を農地に投入し続けていればいずれはカドミウムが蓄積してしまう。ドイツでは有害元素をあまり含まない南アフリカ産の火成アパタイトと混ぜて使っているのはそのためだ[4]。これに対して、日本は前述したように、かつては米国南部、いまはモロッコからの供給に頼っている[6]。

SDGsに基づきリンの循環を目指すヨーロッパ

欧州はフィンランドを除いてリン資源がないためにドイツのように輸入しているわけだが[4]、その一方でリンによる富栄養化や環境汚染の防止に莫大な経費をかけている[11]。リン鉱石の品質が低下すれば、下水汚泥の焼却灰を肥料として再利用することも経済的に現実味を帯びてくる[4]。食料生産にも環境にも経済にもいいこと尽くめだからだ[11]。

欧州委員会は、持続可能なリン利用に取り組むことはEUの政策課題に値するとしているが、その大義名分は子どもにもわかるほど実にシンプルだ。①リンはすべての生命にとって必須元素で、食料生産に欠かせない。②現在、リンはほとんどがリン鉱石から得られているが、鉱石の形成には数千万年もの歳月が必要で掘り尽くせば枯渇する。③地下資源はできるかぎり多くを将来世代のために残すべきである[4]。

欧州では2013年に「持続的リン協議会」が設立し、リン資源の循環に着手。2019年には欧州肥料法を大改正し、家畜糞尿に含まれる約175万tのリンの利用を促進し、下水汚泥からのリン回収を義務付け、化学肥料を減らすこととした。同時に、リン酸1kg当たりのカドミウム量を80mgから60mgに規制強化することで、それを多く含むモロッコ等の海洋性のリン鉱石を市場から締め出すことを目指している[4]。

SDGsの17目標のうち、リンは少なくとも12の目標と関連するのだが、欧州が政策を推進できた背景には循環型経済への移行が経済での基本戦略とされたことがある。こうしたイノベーション肥料にはCE(Circular Economy)マークを付けることができる[4]。

リンを大切に循環させてきた過去の日本

日本でも持続可能なリン利用の実現を目指し、欧州よりも早く2008年12月に「リン資源リサイクル推進協議会」が立ち上げられたが、その後は進展してこなかった。農業、下水道、浄化槽、食品等個別事業では取り組みがなされていても、俯瞰的な政策調整をする部局がなく、リンについて科学技術的に専門研究する機関もなかった[4]。

けれども、日本の循環に対する取り組みがずっと遅れていたわけではない。江戸時代末期、オイレンブルク使節団の一員として1860~1861年にかけて来日したリービッヒの弟子の一人、ヘルマン・マロン（Hermann Maron、1820〜1882年）氏は、こう報告している[12]。

「日本は山が多く国土の半分しか耕作できないのに人口はイギリスよりも多い。しかも、グアノ、骨粉、硝石、油粕の輸入がないのに農産物を生産し続けている。日本における唯一の肥料製造者は人間である。このやり方に我々は学ぶべきだ」

マロン氏の報告書を読んだリービッヒは、屎尿の中に肥料分が含まれていることを知っていたから、江戸のリサイクル事情を高く評価する。ロンドンやパリの下水道が肥料を捨てていることを見て「肥料の輸入は、半世紀、1世紀のうちに終末を迎える。これを意識すれば、国の富と幸せ、文化と文明の発展は都市下水道問題の解決にかかっている」と述べた[11]。

リンについて昔の人がちゃんと認識していた事例のひとつが、日本武尊（ヤマトタケル）の伝説とセットとなって全国各地にある「白鳥神社」だ。渡り鳥の越冬地では糞が肥料となって豊作だったことから神社を建立して鳥をあがめたらしい。愛知県新城市の作手地区の村社の近くにある古代の水田跡からは高濃度のリンが検出される[4]。名古屋大学生命農学研究科の浅川晋教授は、神社やその周辺土壌を調査して、神社周辺は渡り鳥が群生する湿地で、糞由来のリンが多い場所だったと推定する[7]。

江戸時代初期の陽明学者、熊沢蕃山（1619〜1691年）もリンの効用を知っていた。1687年の著作『大学或問』で、鳥の糞を生かして禿山に木を茂らせる方法についてこう述べる。

「草木なき禿げ山を林となす事あり。鳥のおとし（糞）にまじりたる木の実はよくはゆる者也。上に枯れ草などを置くことは、ひろいにくきようにして、鳥をひさしく来さんとする也。その上雨にも流れず、稗山土に生き付てもよし。かくの如くすれば、三〇年ばかりには雑木の繁りと成る者なり」

同志社大学の室田武（1943~2019年）名誉教授は「物質循環の経済学、リービッヒからの再考」（1995年）で「地球上のすべてのものは重力の作用を受ける。したがって、陸地、とりわけ、高地からは養分が失われる一方であるが、鳥がたくさんいると重力方向と逆の流れができることを蓄山は指摘していた」と評価する[6]。そして、「産卵のために河川を遡上するサケも森林を維持してきた。そして、漁撈を行う人間によっても海の養分は陸にもたらされていた。江戸時代の日本人はこの魚を干鰯等として珍重していた」と続ける[6]。

古典的な生態系のイメージは養分が閉じた系内を循環する自己完結型のシステムだが、厳密に言えば、現実の生態系がすべてそうなっているとは限らない。サケと森の関係のように海も視野に入れる必要がある。たとえば、バハ・カリフォルニア沖の島々は本土から離れ、乾燥してウチワサボテンくらいしか植生もない。だから、植食性昆虫がほとんどいない。ところが、捕食性昆虫であるクモが非常に多くいる。カリフォルニア大学デービス校のゲイリー・ポリス（Gary Polis、1946~2000年）教授は、同位体の化学分析から栄養分の流れをトレースし、潮流によって海岸に流れ着く藻類や動物の死骸がクモやサソリの餌となっていることを明らかにする[19]。

総合地球環境学研究所の中野孝教名誉教授もストロンチウムの同位体の分析から、神津島の多幸湾に浮かぶ祇苗島の土壌を分析し、土壌に含まれる元素が火山岩の母岩とは異なり、海水の値と同じであること。すなわち、魚を食べた海鳥の糞からもたらされていることを明らかにしている[20]。

同じことが室田名誉教授が述べたように森林でも言える。窒素の安定同位体N^{15}とN^{14}の比は、食物連鎖での高次消費者ほど高い。だから、同位体比を測定すれば、窒素の起源を知ることができる。

カナダのビクトリア大学のトーマス・ライムヘン（Reimchen Tohmas）准教授の2002年の研究によれば、サケが遡上しない河川では岸から4mのところも72mのところでも比率は同じだった。これは、この窒素が分解した枯れ枝や雨水由来であることを意味する。一方、サケが遡上する河川においては、河口から34mより先は窒素安定同位体比がマイナス2・5となっていた。河口から4〜13・5mまではプラスを示したが、これは、岸から15m程度までサケが食されて餌になっていることを意味する[18]。アラスカ州国立公園局の動物学者、グラント・ヒルダーブランド（Grant Hilderbrand）博士も1999年にキーナイ半島でトウヒの同位体を分析し、河川から500m圏内では窒素の16〜17%がサケとそれを食べた熊由来であるとしている[21]。地球上で最大のサケの遡上地でブラストル湾には、4000万匹以上が産卵のために遡上してくる。このサケはシャチやアザラシ、海鳥、陸上動物の餌となり、湾の斜面林の窒素源は最大で実に25%が回遊するサケの死骸からもたらされている[19]。

話を日本に戻せば、江戸時代の中期には肥料として、鯨、鮪、鰹等の骨を扱う組織「魚建て座」と牛馬の骨を流通する組織「山建て座」ができていた[6]。

「山建て座」で着目に値する人物として、代々船商を業とする家に生まれ、大阪を中継地として北は北海道、南は沖縄まで船運業をしていた薩摩藩の仲覚兵衛（なかかくべえ）（1715〜1800年）がいる。覚兵衛は、ある日、難波付近の獣骨が捨てられた場所で路傍の雑草が繁茂していることに気づく。獣骨を持ち帰って粉砕しナタネ畑に施肥したところ実によく育つ。菜種は南薩摩地方の特産品だ。そこで、大阪に取って返し、直ちに獣骨売買の契約をする。相手方はその用途を知らず不思議に思っていたが、山積みされた獣骨の処分に困っていたために喜んで規約に応じた。もちろん、獣骨は悪臭が著しい。それを積んだ船は港内には入れない等の辛酸をなめたが、薩摩藩では1772年頃から獣骨の使用が始まる。島津藩主は覚兵衛の功を賞して録を与え、「仲」という苗字と帯刀を許した[6]。

1830年には黒岩政右衛門が山建て座を設けて、関東諸国から原料を集め、薩摩藩内の肥料供給を確保するよう藩主に提言する。第27代当主、島津斉興（1791〜1859年）の時代、1834年には藩主自ら「富民館」を設置し、藩内各地に支所を設けたことから、獣骨は大いに利用されていく[6]。

江戸の循環から化学肥料に頼りはじめる明治へ

江戸時代の購入肥料として代表的なものは、油粕や干鰯で、大阪から江戸に木綿関連商品を運んだ廻船は還り荷として綿作に施肥される九十九里の干鰯を積んでいた[6]。明治以降には中国からダイズ粕が輸入されるようになったが[10]、人口増加による食料問題の深刻化を憂えた渋沢栄一（1840〜1931年）は、高峰譲吉（1854〜1922年）らとともに化学肥料による農作物の生産性向上を計画し、1887年（明治20）年に東京都江東区大島に日本初の化学肥料会社、東京人造肥料会社（現・日産化学株式会社）を設立する[6、10]。こうして、1888年にサウスカロライナ州チャールストンから約100tのリン鉱石が輸入された[11]。日本で最初に使われるようになった化学肥料は、これを原料にしてつくられた過リン酸石灰だった[6、10]。

1909年（明治42年）に中国と韓国と日本の農業を視察し、著作『東アジア四千年の永続農業―中国・朝鮮・日本』（2009、農文協）を執筆したウィスコンシン大学のフランクリン・キング（Franklin

Hiram King、1848～1911年）教授が上陸した横浜で目にしたのは、下肥の運搬の列や肥桶を荷車や動物の背、さらには人が肩に担いで運んでいる姿だった。高価の花である化学肥料どころか干鰯すら買えず、肥料を自給するために苦闘している日本人の姿だった[10]。

キング教授は明治政府から入手した統計や山野草、灰の農地への投入量をベースに当時、農地に投入された養分量を試算。全国で窒素38万5244t、リン9万1656t、カリウム25万5788tと算定している。試算時の農地面積で施肥量を計算すると窒素6・4kg／10a、リン1・5kg／10a、カリ4・2kg／10aとなる。教授はこれによってコムギが、200～250kg／10a穫れると評価した[10]。ちなみに、現在は、尿素29万t、リン酸アンモニウム47万t、カリ43万tとなっている[15]。いまとの比較で百年前の少なさがあらためて浮き彫りとなるが、それでも20世紀までの農民たちは海外からの輸入物資に一切頼ることなく、その施肥量の3分の1～3分の2にわたる養分を確保し、農地の生産力を維持し続けてきた。教授の著作は、化学肥料が導入される以前の日本の農民の徹底した自然物利用とリサイクルの努力をいまに伝える貴重な記録となっている[10]。

微生物がいない不健全な環境でなされた研究は意味がない

世界と日本のリンをめぐる歴史を見てきたところで、冒頭の謎解きに入っていくこととしよう。前述したローズ卿はジョセフ・ヘンリー・ギルバート（Joseph Henry Gilbert、1817～1901年）卿とともに、化学肥料と厩肥とを比較する施肥試験に1843年に着手する。この試験は、いまもローザムステッド研究所で続けられているが、200年ちかくも化学肥料と厩肥を施肥し続けた結果の比較から見出された興味深い事実が二つある。第一は、毎年、コムギが収穫されている以上、その分、確実に農地からリンが取り出されているにもかかわらず、第4章で紹介した自然農法水田での窒素のように土壌中のリンの量はいっこうに減らずに同じままだということだ。イギリスだけではない。リンの施肥が不必要であるという知見は、いま世界各地で得られつつある[22]。

リンは窒素とは違って土壌中をほとんど移動しない。そのため、たとえ植物に吸収できないとしても、リンと結合した土壌粒子が侵食で失われないかぎり、施肥をすればするほどその農地のリンは年々増していく。けれども、ふんだんにあってもそのリンは利用されにくい。

リンは反応性が高い元素だ。酸性土壌にアルミニウムがあればリン酸アルミニウム、鉄があればリン酸鉄、マンガンがあればリン酸マンガンと、プラスの電荷を帯びたミネラルがあればそれと結合してたちまち不溶性の化合物となってしまう[2、8]。土壌がアルカリ性であっても、カルシウムと結合し、リン酸二カルシウムやリン酸三カルシウムを形成する。これも不溶性だ[2]。いずれも、植物には利用できない[2、23]。おまけに、有機態のリンもリン酸化合物の一種、フィチン酸となっているため、基本的に植物は取り込めない[2]。

施肥されたリンのうち、施用した年に植物によって吸収されるのは施肥量の10～15%だけだ。残りの85～90%は土壌に固定化され、植物が利用できない[2、8、22]。作物や野菜の生産で、収穫物に含まれるリンの何倍もの肥料が必要となるのはこの効率の低さがある。人類が消費するリンの約85%が農業用で、うち、肥料用が80%、飼料添加物が5%となっているのもこのためだ[4]。

ちなみに、植物では窒素、リン酸、カリが肥料の三大要素であることは知られているが、家畜にもリンが添加されていることはあまり知られていない。これは微生物が関係する。ウシ、ヤギ、ヒツジなどの反芻動物は、人間の胃にあたる消化器官では消化できない繊維成分を、微生物の力を借りて消化するためルーメンと呼ばれる器官をもつ。このルーメン内の微生物がつくりだす酵素フィターゼによって、タネに含まれるリンの化合物フィチン酸も分解できる。だから、牛糞のリン含有量は0・15％と高くない。これに対して、豚糞や鶏糞はその5〜10倍もリンが含まれている。これは、ブタやニワトリ等の非反芻動物はフィチン酸を効率よく分解できないために吸収されないからだ。だから、重量で飼料の約0・5％程度のリン酸カルシウムを添加しないと骨の成長が悪くなる[4]。

けれども、せっかく加えた飼料中のリンの約70％は糞や尿として排出されてしまう。また、牛や豚の場合は体内にとどまったリンの約8割が、鶏の場合はほとんどのリンが骨にある。ところが、家畜では骨はほとんど食料とならず廃棄される。だから、畜産業ではリンの循環効率は作物以上に悪い。食肉に含まれるリンの約10倍が餌として必要となる[4]。

話を戻すと、では、どれだけのリンが農作物に利用できるのだろうか。作物に吸収されやすいかたちでの可給態リン量を測定するため、モルガン法、コールウェル法、オールセン法等、12種類ものさまざまな土壌試験が開発されている。たとえば、オールセン法での測定値をあげると、陰イオン貯蔵容量（Anion Storage capacity）が大きくてリン酸との親和性が高い土壌では、リンの総量の1・4％、陰イオン貯蔵容量が低い土壌でも総リン量の3％しかない。この分析数値は、実際に土壌中に存在しているリンの総量の97〜98・5％は土壌分析検査からは現われてこないことを意味している[2]。

つまり、鍵は本章の冒頭で登場したジョーンズ博士が言う「土壌リン銀行」と呼ぶ口座に入った預金をどう下ろすかにある[2,8]。リンを可溶化する鍵は、真正細菌、古細菌、菌類、原生動物、センチュウなどにある。こうした微生物たちは固定されたリンを実際に植物が利用できるようにする酵素ホスファターゼを生成できる。とりわけ、リンの可溶化は菌類の得意技だけに、土壌中に棲息するさまざまな菌類のどれもが行なえる[2]。

土壌中には十分にストックされているのだから、微生物が溶かし出せば使えるはずだ[2,8]。そして、健康的な植物の根はしっかりと微生物や土壌に覆われていて白くはない。けれども、研究室や実験室で栽培された作物の根は窒素のところで記述したように美しい白い根をしている。これは決して健康的な状態とはいえない。こうしたきれいな白い根しかないとき、植物が獲得できる唯一の栄養素は根のすぐ隣にあるものだけだ。だから、それがなくなると、吸った分だけ補充されないかぎり不足することになってしまう[2]。

リンが必要だとされてきたのは、事実には基づいていたのだが、それは、微生物が効果的に活動できない不適切な条件下において観察していたからだった。実際に不足していたのは、リンではなく、それを獲得できるようにしてくれる微生物の方だったのである[2]。

リンを施肥すると窒素肥料も必要となるパラドックス

「ほとんどの教科書には、植物がストローで吸い上げて土壌から吸えるように水溶性のかたちでリン

郵便はがき

3350022

おそれいりますが切手をはってお出し下さい

(受取人)
埼玉県戸田市上戸田
2丁目2-2

農文協
読者カード係 行

◎このカードは当会の今後の刊行計画及び、新刊等の案内に役だたせていただきたいと思います。　はじめての方は○印を（　）

ご住所	（〒　－　） TEL： FAX：
お名前	男・女　歳
E-mail：	
ご職業	公務員・会社員・自営業・自由業・主婦・農漁業・教職員（大学・短大・高校・中学・小学・他）研究生・学生・団体職員・その他（　）
お勤め先・学校名	日頃ご覧の新聞・雑誌名

※この葉書にお書きいただいた個人情報は、新刊案内や見本誌送付、ご注文品の配送、確認等の連絡のために使用し、その目的以外での利用はいたしません。

- ご感想をインターネット等で紹介させていただく場合がございます。ご了承下さい。
- 送料無料・農文協以外の書籍も注文できる会員制通販書店「田舎の本屋さん」入会募集中！
  案内進呈します。　希望□

■毎月抽選で10名様に見本誌を1冊進呈■（ご希望の雑誌名ひとつに○を）

①現代農業　②季刊 地 域　③うかたま

お客様コード □□□□□□□□□□

お買上げの本

■ご購入いただいた書店（　　　　　　　　　　　　書店）

●本書についてご感想など

●今後の出版物についてのご希望など

この本をお求めの動機	広告を見て（紙・誌名）	書店で見て	書評を見て（紙・誌名）	インターネットを見て	知人・先生のすすめで	図書館で見て

◇新規注文書◇　郵送ご希望の場合、送料をご負担いただきます。

購入希望の図書がありましたら、下記へご記入下さい。お支払いはCVS・郵便振替でお願いします。

(書名)	(定価)　¥	(部数)　部
(書名)	(定価)　¥	(部数)　部

を適用する必要がある」と書いてあるのだが、それは捨てていい、とジョーンズ博士は主張する[2]。「今日でもリンに関する論文や窒素に関する論文があり、こうした研究試験に数千ドル、いや、おそらく数十万ドルが費やされている。けれども、モノカルチャー栽培されている土壌、あるいは、農薬が散布された土壌、生物学的に活力がない土壌においてなされた研究は意味がない」と語り[23]、「実のところは、リン肥料を使用すると何も育てられなくなる」とさらに過激な主張をしてみせる[1]。

大量に施肥すれば[23]、ストローで飲むように植物はリンを根からいくらでも吸い上げることができる。けれども、植物は、土壌中のどの微生物をサポートするかについて非常に選択的だ。リンが必要であればリンを可溶化する微生物をサポートするし、窒素が必要であれば窒素を固定する微生物をサポートする。

かなりのコストをかけて滲出液を介して微生物を養っている植物からすれば、必要なリンが手に入れば、リンを可溶化する微生物の助けを借りる必要がない。だから、施肥された植物はたちまち怠惰となって、滲出液の生成と根からの分泌を止めてしまう。前述したローザムステッドの研究で見出された興味深い事実の二つ目は、化学肥料を使うほど微生物が減ってしまうということであった。そして、その理由はここにある[2]。

植物は、リンを獲得するために根を成長させ、根毛を発達させ、菌根菌のコロニー形成を促進する植物ホルモン、ストリゴラクトンも生成しているが、リンが供給されれば、この生成も止めてしまう[23]。次の第6章で述べるように、根から多くの滲出液が提供されることで、土壌の団粒構造は構築されている[2]。滲出液やストリゴラクトンがなくなれば団粒構造が不安定化し、土壌は締め固められ、セレン等の微量ミネラルが欠乏していく。すべては連鎖している[2、23]。

土壌がコンクリートのように締め固められれば、リンを施肥しても、大雨が降れば土壌の半分が洗い流される。流されたリンはすべて川や湖にいき富栄養化を引き起こす。もちろん、化学肥料や農薬を使えば、なんとか生産を続けることはできるが、投入経費は高くつく[2]。

一方、植物の多様性やカバークロップを活用し、適切な放牧管理をすればこの状況は大幅に改善できる[23]。リンは川に流れ込むこともなければ、湖に沈むこともなく、海に沈むこともない。なによりも素晴らしいのは、化学肥料を購入する必要がないことだ。すでにもっているものを活性化するだけでいい[2]。どうみても、リン肥料を施肥するよりも、すでにそこにあるリンを活用できるように土壌微生物を活性化する方が経済的ではないか[23]。リンのパラドックスはここにある[2]。

第4章で登場したウェンディ・タヘリ博士も、リン資源のモロッコでの偏在、2040年頃までの枯渇予想、流出したリンの河川や湖沼の富栄養化や海洋でのデッドゾーン問題と前述してきたリンに伴う課題を指摘し、菌根菌が重要になると主張する[24]。菌根菌のネットワークに着目し、肥沃度や保水力、透水性の向上、締固めの削減、旱魃や耐塩性、病害虫耐性の向上、収量の向上、投入資材の削減、栄養素含有量の改善、そして、カーボンの土壌隔離による二酸化炭素の削減等、それには30ものメリットがあると説明する[24、25]。

「菌根菌は、植物の栄養利用に欠かせず、利用できないリンを利用可能にする上で重要な役割を果たしているのです。いま、私たちは、高投入型システムから微生物革命へのパラダイムシフトの最前線にいます。食料安全保障はそれにかかっています」[24]

リン酸肥料がいらない新たな可能性

国際ジャーナリスト、堤未果氏は『ルポ 食が壊れる 私たちは何を食べさせられるのか?』(2022、文春新書)で「日本には世界一のスーパー土壌がある」として、土壌微生物の多様性を「見える化」できる独自の手法を開発された土壌学者、横山和成博士の研究を紹介している[26]。一方で、『土 地球最後のナゾ』(2018、光文社新書)の著者、森林総合研究所の藤井一至博士は、雨が多い日本の土壌は酸性土壌で、火山灰を母岩とする黒ボク土には腐植と同時にリン酸イオンも吸着する粘土鉱物アロフェンが含まれているために痩せていると述べている[27]。堤氏の「世界一のスーパー土壌」と矛盾するが、これに対して、横山博士は、こうコメントを寄せてくれた。

「私は『土は生きもの』という意見です。存在する成分がどれだけ豊富でも、循環しなければ絵に描いた餅です。物質循環と持続する生命の動的バランス構造を生み出せなければ意味ない。私が可視化しているのは、正にそのバランス構造なのです」[28]。

土壌の質を評価するには、化学性、物理性、生物性と三つの切り口があるのだが、これまでは、化学性がメインで、生物性は難しいだけに、これまでずっとなおざりにされてきた。

横須賀市で3haを不耕起再生農業で営むSHO Farmの仲野晶子・翔夫妻は、立命館大学の久保幹教授が開発した「SOFIX(土壌肥沃度指標)」を用いて、微生物を含めた土壌の活力を確認している。晶子氏は筑波大学大学院で土壌化学を専攻していた専門家である。営農をしながら、自分の畑を①荒地に放置、②窒素固定する緑肥を播種、③剪定枝や雑草を山積みという三タイプに分けて、土壌の化学性がどう変化するかを研究してみたという。

その結果は意外なものだった。同指標では特AからDまでランキングがあるのだが、草積み堆肥だけで、Bとかなり優秀なレベルまで改善されていることもわかった。放置しておいた方が豊かになると考えがちだが、分析結果から見るかぎりは、草積み圃場が最善で、わずか数年で表土が10㎝ちかくも厚くなっていた。こうしたことから、仲野夫妻は、窒素は草を活用すれば固定できるのでほぼ問題がないと語るが、リンの方はSOFIXの試験でも草だけではやはり足りないと出たという[29]。

茨城県の有機農家、日本有機農業研究会の魚住道郎理事長は、肥料について窒素やリンの大量使用が地球環境の許容力を超えていることを指摘するとともに、土壌中に存在していても作物には利用できないリン酸が微生物の働きで可溶化することから、「微生物の働きを生かす有機農業こそが大事だ」と主張する[30]。

ジョーンズ博士の見解や魚住理事長の主張によれば、リンの問題も微生物で解決するのかもしれない。けれども、ことリンに関しては筆者自身、まだよくわからない。

リン酸の動態は土壌中のミネラル量とpHに大きく影響される。たとえば、ミネラル分が多く酸性であれば前述したように鉄やアルミニウム、アルカリ性であればカルシウムと結合するため、ミネラルが多いとリンが少なくなり、ミネラルが少ない方がリンが多くなる。そこで、立命館大学の久保幹教授は、これまで定量的にリン循環を測定する方法が存在しなかったことから、土壌中の有機態リンの約80%がフィチン酸であることに着目し、独自にリン循環を定量化する方法を考案した。これが先述したＳＯＦＩＸだ[31]。

ところが、リンが検出されるはずのＳＯＦＩＸで仲野夫妻が土壌を分析してみても、草だけを肥料源とする場合には、やはりリンが不足するとの結果が出たのである。土壌は超複雑系であることから、ＳＯＦＩＸでもまだ可視化できないリンが土壌中にあるのではないかと仲野夫妻は考えるが[32]、冒頭でふれたとおり、江戸時代も水鳥が棲息し糞を落とす場所が白鳥神社として大切にされてきた歴史がある。篤農家だらけだった江戸時代の百姓たちも化学肥料がないなかで、苦労してきたことを踏まえると、窒素と違ってリンに関しては微生物による可溶化だけでは限界があって、やはりリン資源は循環させなければならないのではないかと筆者は考える。

さらに、タヘリ博士が懸念する近代的な育種も気になる。博士の研究によれば、いまのトウモロコシの根には菌根菌のコロニーが形成されていない。トウモロコシだけではない。ダイズでも本来なら50～90％は形成されるはずの微生物のコロニーがわずか3～5％しかないという[24]。健康な植物を支えるには健康な根を育てる必要があるのだが、これは菌根菌と共生できないタネの品種が育種されてしまっていることを意味する[25]。

「化学肥料の投入を前提とする農業での育種では、収量が重視され菌根菌との関係づくりがさほど得意ではない品種が選抜されているためです」[24、25]

「国内のリン供給がいずれ枯渇することを踏まえれば、これは持続可能性に壊滅的な打撃を与えることでしょう」[24]

博士は「菌根菌を農業者に役立てなければならない」と考えて、農務省に就職するが、いまは辞め、ジョージア州で菌根菌との関連性でさまざまなタネの品種を評価する種子認証プログラムを展開している[24]。

菌類学者、シェフィールド大学のケイティ・フィールド（Katie J. Field）教授も、肥料を与えれば早く成長するコムギの品種が重視され、菌根菌とのつながりを考慮しなかった結果として、現在のコムギの多くは、菌類と協力する能力をほとんど失っていると警告する[33]。

これは、リンと共生できる在来種を守ると同時に、やはりリンを循環させないと食料安全保障上もリスクがあることを意味する。

汚泥循環で日本のリン需要はまかなえるのか？

ウクライナ危機に伴う肥料高騰もあって、遅まきながら、2022年9月の第1回食料安定供給・農林水産業基盤強化本部で岸田総理は「下水道事業を所管する国土交通省等と連携し、下水汚泥・堆肥等の未利用資源の利用拡大により肥料の国産化・安定供給を図る」と発言した。政府は神戸市の取り組みを優良事例として着目する[14、15、34]。

神戸市の下水処理場では6億円かけて機械を整備し、下水汚泥から純度の高いリンを回収して、「こうべ再生リン」として配合肥料「こうべハーベスト」の原料としている。肥料は、神戸市の特別栽培農作物のブランド「こうべ旬菜11」にも使用されている[15]。当初、市は「ごみが削減されるのでラッキーだ」程度の感覚しかなかったが、販売を始めてから肥料価格が高騰したことで状況が変わった。市内の農家も化学肥料価格の高騰で打撃を受けたが、下水肥料を使った農家は影響を受けずに済んだ[14]。

東京大学大学院の鈴木宣弘特任教授も「金を出せば食料や生産資材が買える時代は終わった。下水を再利用した食料生産の過程をしっかりと築き上げることによって、いかなる時も国民の命を守ることができる。安全保障にとって必要な喫緊の課題で、神戸市の取り組みを全国に広げることが重要だ」と評価する[14]。

それでは、国内需要は汚泥等の循環ではたしてまかなえるのだろうか。早稲田大学のリンアトラス研究所が推定した数値では、日本に毎年、海外から持ち込まれる量はリン換算で約51万ｔ。内訳は、食品や飼料として輸入されるものが12万１０００ｔ、鉄鉱石等に含まる量が17万ｔ、リン鉱石やリン製品として輸入されている量が約22万ｔだ[4]。一方、国内には製鋼スラグ（リン換算の年間発生量約10万ｔ）、下水汚泥約4万ｔ、家畜ふん尿約10万ｔの未利用リン資源がある。その総量24万ｔは、前述した輸入量を軽く超す[3]。

問題は、欧米では汚泥の農地利用率が50％を超えるのに比べて、日本は２０２０年では14％にとどまり、セメント等建築資材への利用が50％を超え、残りは埋め立て処分されていることだ[10, 34]。下水汚泥には年間約5万ｔのリンが含まれているが10％しか利用されていない。２０２２年12月27日の「食料安全保障強化政策大綱」では、２０３０年までに堆肥・下水汚泥資源の使用量を倍増することで、肥料の自給率40％を目指すこととしている[34]。

机上の計算では、循環させればリン肥料は足りるとして、具体的にどのような技術を活用することが、エネルギー的にも経済的にも一番効率がいいのだろうか。それには、過去の事実を見てみるのがよい。日本の化学肥料の生産は1904年の日露戦争後に盛んとなった[4]。農家が購入する肥料は明治から大正中期頃までは魚粕、大豆粕が多かったが、昭和に入ると化学肥料への転換が急速に進む。1926年（昭和元年）ではすでにリン肥料全体のうち、リン酸肥料が占める割合が71・7％と有機質由来の2倍以上になっている[6]。1935年にはリン鉱石の輸入は100万tを超す[4]。それは、従来の有機肥料にはないメリット、軽量で取り扱いが便利で、はるかに速効性があり適時に適量の養分が供給できるメリットを農家が認めたからだった[6]。そこで、循環型システムを日本で再構築するうえでは農家の堆肥散布労力を軽減できる液肥に着目したい[12]。地下資源の掘削とグローバルな資源輸送がその循環を乱してきたとするならば、ローカルなところからそれを回復させてやればいい。

コラム⑤において優良事例として取り上げた大木町やみやま市のようにごみから屎尿までローカルな区域内で循環できれば理想的だ。けれども、日本は海に囲まれている。ローカルであれば、江戸時代のように海藻等、海産物資源も取り込んだ循環のモデルもあってよい。

第6章では、腐植と鉄と海藻の関係性について深掘りしたいと思っているが、仮に北海道の面積の数十％に相当する海域でロープを使って昆布を養殖してみたらどうだろうか。真昆布100g中には、カリウム6100mg、カルシウム780mg、マグネシウム530mg、鉄3・2mg、亜鉛0・9mg、加えて、ヨウ素200mgが含まれる[35]。日本で排出される二酸化炭素の半分程度は昆布に吸収・固定できる。もちろん、夏に繁茂した昆布を陸揚げしなければ、腐敗してまた二酸化炭素が放出され、本の木阿弥だが、木材の半分程度とはいえ、昆布は3000kcal／kgの熱量をもつ。化石燃料の代替エネルギー源として使える。富栄養化も海藻を養殖すれば防げ、乾燥昆布1gには1~2㎎のリンが含まれている。これを活用すれば、日本はリン肥料を輸入を必要としないですむであろう[18]。

リンが教えてくれるのは、動植物と微生物とが見事につながって、山・里・海を循環していることだ。ということで、さらに動植物と土の原料となる腐植、さらには、微生物同士の絶妙なつながりについてみていくことにしよう。

引用文献

[1] Michael Martin Meléndrez, Humic Acid: The Science of Humus and How it Benefits Soil, Eco Farming Daily, August 2009. https://www.ecofarmingdaily.com/build-soil/humus/humic-acid/
[2] Christine Jones, "The Phosphorus Paradox" with Dr. Christine Jones (Part 2/4), Green Cover Seed,6April 2024. https://www.youtube.com/watch?v=lSjbVxTyF3w&t=7s
[3] ルーズ・ドフリース『食糧と人類~飢餓を克服した大増産の文明史』(2016)日本経済新聞出版
[4] 大竹久夫『リンのはなし』(2019)朝倉書店
[5] デイブ・グルーソン『サイレント・アース~昆虫たちの沈黙の春』(2022)NHK出版
[6] 高橋秀一『肥料になった鉱物の物語』(2004)研成社
[7] 正岡淑邦『植物元素よもやま話』(2020)MPミヤオビパブリッシング
[8] Christine Jones, "The Nitrogen Solution" with Dr. Christine Jones (Part 3/4), Green Cover Seed, 13 April 2024. https://www.youtube.com/watch?v=dr0y_EEKO9o
[9] デイヴィッド・ウォルトナー=テーブス『排泄物と文明―フンコロガシから有機農業、香水の発明、パンデミックまで』(2014)築地書館
[10] 久馬一剛『土の科学』(2010)PHPサイエンス・ワールド新書

〔11〕中村修『ごみを資源にまちづくり』（２０１７）農文協
〔12〕中村修・遠藤はる奈『成功する、生ゴミ資源化』（２０１１）農文協
〔13〕２０２２年1月19日、大竹久夫「一般社団法人リン循環産業振興機構２０２１年度第8回セミナー要旨」
http://www.pido.or.jp/PIDOseminar2022119.pdf
〔14〕２０２２年12月20日、神戸放送局記者 塘田捷人「肥料高騰で私たちのあるものに注目が」ＮＨＫニュース
https://www3.nhk.or.jp/news/html/20221220/k10013928351000.html
〔15〕２０２２年10月、「肥料をめぐる状況について」農林水産省
https://www.maff.go.jp/j/shokusan/biomass/attach/pdf/221018-12.pdf
〔16〕２０２２年5月、「モロッコを訪問し、りん安の安定供給を働きかけました」農林水産省
https://www.maff.go.jp/j/seisan/sien/sizai/s_hiryo/220711_7.html
〔17〕肥料原料 高騰―農林水産省
https://www.maff.go.jp/j/seisan/kankyo/hozen_type/h_sehi_kizyun/pdf/asis1.pdf
〔18〕松永勝彦『森が消えれば海も死ぬ』第2版（２０１０）講談社ブルーバックス
〔19〕オズワルド・シュミッツ『人新世の科学―ニュー・エコロジーがひらく地平』（２０２２）岩波新書
〔20〕吉田太郎『地球を救う新世紀農業―アグロエコロジー計画』（２０１０）および２０２４年2月9日中野孝教名誉教授から筆者聞き取り
〔21〕中野孝教「同位体環境学、地質学からのアプローチ」（２０１６）総合地球環境学研究所
https://www.youtube.com/watch?v=EX6eoxxoWKI
〔22〕Christine Jones, Profit, Productivity, and NPK with Dr Christine Jones, Lower Blackwood LCDC,7July 2022.
〔23〕Christine Jones, Humic Acid: Soil Restoration: 5 Core Principles,Eco Farming Daily, July 2018.
https://www.ecofarmingdaily.com/build-soil/soil-restoration-5-core-principles/
〔24〕Dee Goerge, Why You Need to Know Arbuscular Mycorrhizal Fungi, Successful Farming,16Feb, 2016.
https://www.agriculture.com/crops/fertilizers/technology/why-you-need-to-know-arbuscular_175-ar52320
〔25〕Dr. Mercola Interviews Dr. Taheri, Soil Health and the Importance of Mycorrhizal Fungi,27Nov, 2015.

https://jcmgf.org/soil-health-and-the-importance-of-mycorrhizal-fungi-2/
[26] 堤未果『ルポ 食が壊れる 私たちは何を食べさせられるのか?』（2022）文春新書
[27] 藤井一至『土 地球最後のナゾ 100億人を養う土壌を求めて』（2018）光文社新書
[28] 2023年4月18日、横山和成氏個人インタビュー
[29] 2023年3月25日、SHO Farm 不耕起再生型農業実践報告会および4月23日個人インタビュー
[30] 2023年3月29日、「食料・農業・農村基本法」についての農水省との意見交換会での発言および25日個人インタビュー
[31] 久保幹『SOFIX 物質循環型農業』（2020）共立出版
[32] 仲野晶子・仲野翔「耕さない農業で経営できる?-土はホントによくなる?-」現代農業、2023年10月号、農文協
[33] マーリン・シェルドレイク『菌類が世界を救う』（2022）河出書房新社
[34] 2022年10月18日：農林水産省ウェブサイト「下水汚泥資源の肥料利用に関する現状について」国土交通省水管理・国土保全局下水道部 https://www.maff.go.jp/j/syouan/nouan/kome/k_hiryo/attach/pdf/setsumei-5.pdf
[35] 真昆布に含有される栄養成分表 https://hiryu.biz/products/detail/272

コラム⑤

リンを液肥循環させる

リンを液肥として循環させる
大木町とみやま市の取り組み

リンを循環させる先進事例として福岡県の大木町で2006年から、隣のみやま市で2018年末から稼働を始めたバイオガス施設がある。大木町が施設建設に着手した直接の理由は、ロンドンダンピング条約によって、2002年に廃棄物処理法が改正され、屎尿と浄化槽汚泥の海洋投棄が禁じられたためだ[1、2]。ならば、地域内で有機物資源を循環させるしかない。大木町がやったことはい

たってシンプルだ。
「分ければ資源、混ぜればごみです。生ごみはほとんどが水分ですから燃やせば、二酸化炭素もでる。そこで、これを分別してメタン発酵して有機液肥として農地に還元する。こうして、できあがった美味しい食物を、大木町の唯一の小学校の給食に出したりレストランに出すことにしたわけです」と石川潤一元町長は言う。生ごみ、屎尿、浄化槽の汚泥をすべて集める処理施設はまちづくりの拠点として、その横に道の駅を配置し、農産物直売所も設けた[2]。

ほぼ同じ仕組みのみやま町の処理施設は、廃校となった小学校を利用しているが、住民の交流施設としてカフェテラスも設けられた。そのすぐ目の前で、生ごみ収集車が出入りしているのだが、まったく臭わない[3]。長崎大学の元准教授で「循環のまちづくり研究所」の中村修博士はこう語る。「各地の生ごみの堆肥化施設を見てきましたが、好気性処理をするとどうしても悪臭が伴う。『うちの近くにつくってくれ』と言う人もまずいません。だから、ほとんどが人里離れた山の中につくられているのです」。けれども、密閉式タンクでメタン嫌気処理すれば悪臭がでない。臭わないことに加えて、残された液状残渣は液肥として使える。

「メタン発酵処理施設の運転管理を実際にやったことがない人からは、『なぜ汚泥のようにカロリーが低いモノを入れるのか』と言われますが、生ごみが100%だとカロリーが高すぎて逆にコントロールが大変です。成分が安定した産廃はともかく、季節変動がある家庭ごみも入るとトラブルが生じる。ですが、低カロリーの汚泥が9割も入ればほとんど故障もおきません」と中村博士は汚泥も一緒に処理するメリットを補足する[2]。

大木町の液肥の肥料成分は、全窒素0・25%、アンモニア態窒素0・13%、カリ0・10%、リン酸0・12%で、みやま市のそれは、全窒素0・23%、アンモニア態窒素0・13%、カリ0・06%、リン酸0・15%で、いずれも、不足するリン酸は化学肥料の追肥で補い、工業汚泥肥料として肥料登録されている[2,3]。だから、農家は肥料代を減らせる。

重い堆肥はどうしても散布が大変だ。野菜ならば人件費をかけても採算が合うが米や麦では費用対効果からみて割があわない。第5章で記載したとおり江戸時代の肥溜め循環のことを知ったリービッヒは「欧米も見習うべきだ」と高く評価してはいたのが、維新後に化学肥料が製造されはじめるとたちまち全国を席巻していったのも、堆肥よりも軽くて便利だったからだ。安全な農業に対する思い入れがある有機農家ならばまだしも、高齢化が進む慣行農家に有機への転換を薦めることは至難の技だ。けれども、液肥ならば、堆肥と違ってバキュームカーに積んで散布車につなげ、田んぼの水口から流し込むだけでいい。化学肥料を液肥に変えるだけならば、これまで堆肥を使っていなかった農家にも使ってもらえる。

大木町では農家はバキュームカー１台、２・５ｔについて５００円を支払えば、職員が散布してくれる。みやま市も、運搬だけであれば５５０円、散布は面積当たり１１００円／10ａとなっている。水稲元肥の場合、５ｔ／10ａが目安で[1]、肥料代高騰の前ですら堆肥散布の手間、労働費を合わせると１万１０００円かかっていたから、化学肥料を用いた場合よりも９０００円近くも経費が削減できることになる[1、3]。

おまけに味も良くなる。みやま市では、農家に普及するために、先行していた大木町から液肥をもらって実際に利用してもらう「散布モデル事業」を２０１３年に実施。できた水稲、レンコン、ナスで食味試験をしてみたところ、いずれも約８割が液肥でつくった方が慣行農産物よりもおいしいと答えたという[3]。

江戸時代の肥溜めの知恵に現代の知恵を入れて新たに創る

「地産地消」や「身土不二」という言葉の大切さを訴えてきた山下惣一（１９３６～２０２２年）氏を偲んで、２０２３年９月23日にＮＨＫで「日本人は農なき国を望むのか～農民作家・山下惣一の生涯～」が放映された。番組は肥溜めかつぎの苦労から始まり、堆肥を捨てたことで土が痩せて、簡単に砕けてしまう「死に米」が出るシーンが続く[4]。

1985年7月のNHK特集「いま日本の土は…」で憂える山下氏の姿が映し出される[4、5]。そして、番組の最後は再び土を甦らそうと機械が液肥を散布しているシーンで閉じられていた。それが前述した大木町やみやま市での取り組みなのだ[4]。

山下氏は生前、こう語っている。「中学時代の私が自殺まで考えた肥汲み。大木町では屎尿や汚泥を分別した生ごみと混ぜて発酵させ、液体肥料として還元しています〔略〕[6]。江戸時代に生まれた根本原理に現代の知恵を入れて新たに創るんですよ。この実践が点から線、線から面へと広がればすごいことになりますよ。『振り返れば未来』。これにて完です」[5]。

液肥にはアンモニア態窒素があるため、化学肥料とほぼ同じ肥効で速効性があるし、同時に成分が化学肥料よりも薄いから、株元に撒いても枯れることはない。ポイントは、実際に生ごみを分別し、液肥を使う農家を育成することだ。それには、教えられるではなく、参加者全員が当事者として学び、研究して発信する手法が有効だ。中村博士は、大木町で液肥の学習会を何度も行なってきたが、実施に液肥を使った農家同士の情報交換会が一番好評だったという[6]。みやま市に隣接した柳川市にはまだ循環施設がないのだが、いま、化学肥料代の高騰を受け、みやま市は資源としてごみを輸入しはじめているという[3]。

引用文献

［1］中村修・遠藤はる奈『成功する、生ゴミ資源化』（2011）農文協

［2］2022年8月12日、大木町くるるんにて石川潤一元町長および中村修氏インタビュー

［3］2023年1月25日、みやま市ルフランにて山下良平主査および中村修氏インタビュー

［4］2023年9月23日、NHK「日本人は農なき国を望むのか～農民作家・山下惣一の生涯～」

［5］佐藤弘『振り返れば未来～山下惣一聞き書き』（2022）不知火書房

［6］中村修『ごみを資源にまちづくり』（2017）農文協

第6章

健康な土は水を浄化し動物も健康にする

農学の祖テーアや宮沢賢治も着目した腐植が地下で構築される謎

植物の残渣を捨てたり動物の遺体を埋めたりしたりしたところでは植物がよく育つ。そうした場所の土は黒っぽく、生育が良いだけでなく収量も多い。黒く見えるのは、遺骸に限らず、生ごみや落ち葉が分解し暗色の物質が生成されるからだ。この複雑な高分子化合物、「腐植」と呼ばれる有機化合物の効用は古くから経験的に知られてきた。アリストテレスはこれをもとに腐植栄養説を主張した[1]。

農学の祖と言われる、プロシアのアルブレヒト・テーア（Albrecht Daniel Thaer、1752〜1828年）は『合理的農業の原理』（1812年）において、この主張を理論にまで充実させ、腐植に富む土壌こそが肥沃だとし、多量の堆肥や厩肥を農地に投入する輪作体系を創造した。いまふうに言えば、腐植を増やすことが持続可能な農業の基礎だと確信していたと言えるだろう[1、2]。日本でも農民たちは山の下草を刈り取って堆肥をつくってきたが、それは、堆肥でできる腐植が重要な働きをすることをよく知っていたからだ[1]。

腐植は湿地帯や泥炭地のぬかるみの中にも多く存在する[2]。ネパールの首都のあるカトマンズ盆地は数十万年前から約8000年前までは湖底だった。だから、カトマンズの地下には古い土を意味する「カリマチ」と呼ばれる黒い土壌――腐植土――が豊富に埋蔵されている。そして、農家は3t／10aを客土しているという[3]。

この沼地腐植が農業には重要であることにいち早く着目したのが、宮沢賢治（1896～1933年）だった。賢治の1918年の盛岡高等農林学校の卒業論文は「腐植質中ノ無機成分ノ植物ニ対スル価値」で、生前最後に残された作品「文語詩稿一百篇」には「腐植土のぬかるみよりの照り返し」とある[2]。童話作家である前に、地質学者であり農業指導者でもあった賢治にとって、腐植は生涯を通じて探究し続けたテーマであったといえるかもしれない。

それではなぜ腐植が重要なのだろうか。まず、窒素、リンなどを豊富に含み、それが微生物によって分解されることで作物の養分となる[1]。加えて、粘土粒子の接着剤として土壌の団粒構造を形成することがある[1、3、4]。作物の生育には空気と水とのバランスが必要だが、水はけが良く、同時に水もちも良いという二律相反する条件を満たせるのは団粒構造だけだ[1、3]。団粒構造があるからこそ、水も深くまで浸透し、旱魃への耐性も高まる[5]。団粒をつくるのが腐植なのだから三段論法で、土壌において最も必要とされているものは腐植ともいえる[6]。江戸時代の農書『百姓伝記』が団粒構造をもつ土を「いなご土」として評価しているのにもちゃんとわけがある[1]。

腐植の効能はこれだけにはとどまらない。いま、大気中の二酸化炭素の隔離源として土壌が着目されているのも、土壌中には植物の3倍も多くのカーボンがストックされていて、それは高分子の有機化合物である腐植があるからだ[4]。

それでは、透水性、保水力、栄養素の提供、生産性の向上、さらには土壌のカーボンストックとすべての鍵を握る腐植はどのようにして構築されるのだろうか[4、5、7、8、9]。

普通、腐植は、前述したとおり、動物の死骸や糞尿、落葉や枯れ枝、根等の有機物が分解されることで出来たとされている[1、3、4、10]。トップバッターとして、ヤスデ、ワラジムシ、ミミズ等の小動物が分解し[1]、続いて、バクテリアが炭水化物、タンパク質、脂肪等の易分解性の有機物から消化していく[1、3]。さらに、セルロースが分解され[1、4]、最終的にバクテリアでは処理できないリグニン、タンニン、テルペン類等の難分解性の有機物が残される[1、3、4]。最後まで残されるリグニンも糸状菌によってある程度は分解されるから[4]、一部は変質して[1]、ポリフェノールやキノン類となる[3]。結果として残る難分解性の有機物と増殖した微生物の遺骸に含まれるタンパク質や微生物の代謝産物が重合・縮合して出来たものが腐植だと多くの土壌学者たちは考えている[1、3、11]。

けれども、オーストラリアの土壌学者、クリスティン・ジョーンズ博士は、奇妙な事実を指摘する。オーストラリアでは、世界で最初にカーボン・クレジットが発行され、有機農家ニールス・オルセン氏が2年間で25t／ha（6・7t／haの炭素に相当）もの二酸化炭素を土壌に隔離したことでこれを受け取った。腐植の源材料が動物の死骸や糞尿、落葉や枯れ枝等の有機物で、それが分解したなれの果ての残留物が腐植だとすれば、腐植が出来る場所、カーボンが貯留される場所は、なによりも地表面に近いところにあるはずだ。ところが、農場でストックされたカーボンは1mの深さまであり、なおかつ、その大部分が地下50㎝のところにあって表層にはなかった[4]。

悪臭を取り去りイワナも棲める水をつくりだす腐植の謎

次に、川や湖沼に目を向けてみよう。河川で自浄作用が働くのは、渓流で空気と攪拌されることによって溶存酸素量が増え、好気性微生物の活動が高まるからだというのが定説だ[12]。この自然の浄化作用の仕組みを生かして1910年代にイギリスで技術化された下水処理法を「活性汚泥法」と呼ぶ[3、12]。この理屈からすれば、波立たない静かな湖沼の水は溶存酸素が沢山ないから腐敗していくはずだ[12]。けれども、ヘンリー・デイヴィッド・ソロー（Henry David Thoreau、1817～1862年）は著作『ウォールデン 森の生活』（1854年）のなかで、動植物の遺骸が入り込む「スロー・ポンドの水が清らかである」と描写している。この一節に、いまから40年も前に注目したのが、独自の「土壌生成理論」を提唱した地質学者、内水護（1934～2005年）博士だった[12、13、14]。

内水博士は、沼の底の泥（底質土）には水を浄化する機能があるとして、独創的な水質浄化法も考え出す[12]。この指導を受けて、1984年の秋から汚水処理に取り組んだのが、長野県安曇野郡旧豊科町（現在、安曇野市）だった。宅地化が進むなか、排水処理場の悪臭に住民から苦情が出たためのやむなき対応だったが、アドバイスどおり、汚泥の脱水ケーキに堆肥を混ぜて発酵処理して排水処理施設を稼働してみたところ、たちどころに悪臭は消えて、BODで1～2万ppm、CODで7000～1万ppmもあった原水が、ともに5・0ppm以下になった[15]。汚水の処理過程で発生する汚泥を濃縮したものを脱水ケーキと呼ぶのだが、それに堆肥を混ぜるだけで水質浄化ができるとは不思議ではないか。ミステリアスなことはまだある。普通、イワナはBODが1ppm以下で大腸菌や病原菌がいない環境でしか生きられない。だから、安曇野を流れる犀川にも棲息していない。けれども、内水博士のアドバイスを受けた後の排水処理水の中では元気に泳いだ[15]。その姿を目にした当時の笠原貞行町長は、家庭雑排水でイワナを飼ってアルプスの夜景を眺めながら炭でイワナを焼く公園を夢みた[13、15]。

下水処理水には大腸菌が棲息するのに、曝気もされない静かな自然の沼にはいない。となれば、好気性微生物を主役として力ずくで汚泥をつくる浄化処理は、本来の自浄作用とは程遠い不自然なものではないか[12、14]。内水博士はそう考えて、活性汚泥法を厳しく批判する[13、15]。

歴史にはIF(もしも)はないのだが、仮に内水博士の技術やアイデアが生かされ、元町長の夢が実現していれば、SDGs時代の先駆的な目玉施設になったかもしれない。だが、現実には、イワナ公園の代わりにいま建てられているのは活性汚泥法を用いた県の施設である[15]。

とはいえ、過去の歴史として忘れ去られるにはあまりに惜しい。たとえば、内水博士が「イワナが棲める水づくり程度は技術の入り口にすぎない」と語っているように、内水式の処理水での実験では、11㎝40gのイワナが3年ちかくで46㎝1900gになるなど、育ちぶりも常識を超えているからだ[14]。

自然の沼の低質土にちかい堆肥や汚泥を処理システムに組み込むだけで高度処理水並みの浄化がな

ぜ可能なのか。内水博士が行なった実験の記録映画が、一般社団法人ＢＭＷ技術協会にあるというのでお借りして見てみた。ちなみに、ＢＭＷとは、バイオ・ミネラル・ウォーターの略で、内水博士が編み出した水質浄化法から生まれた[16]。いま稼働している実例はコラム⑥で紹介したように、シリケイトを多く含む安山岩や軽石等を処理槽に入れて汚水と触れさせるだけのシンプルな技術だが、それだけでなぜか水中の微生物の編成が変わり、たちどころに高度な排水処理ができる。開発された当時から「内水の奇跡」と呼ばれていたという[11、14、17、18、19]。

映像は、ＢＯＤが５０００㎰もある曝気槽の原水をビーカーに取って、内水博士がこれに汚泥を加えるシーンから始まる。瞬時に悪臭が消えて、わずか5分、10分経過しただけでビーカーの水は澄んでいく[13]。処理水を濾過してみると濾紙は詰まりを起こす。水に溶けていた有機物が凝縮して汚泥に変化するスピードは驚くほど速い。内水博士によれば、この汚泥がつくられるプロセスは土壌の生成そのものでもある[12、13]。

内水博士が排水処理に用いた低質土や堆肥、汚泥には腐植が多く含まれる[19]。水質浄化の技術者、鈴木邦威博士も内水博士と同じく、腐植に備わる浄化力に着目し、内水博士とは別にやはり活性汚泥に腐植を加える技術開発に取り組んできた。このやり方でも汚泥の発生量は従来の15分の1に減った。なおかつ、放置しておいてもその汚泥は腐敗せず、山土の臭いがして、農地に還元すれば土壌改良効果をもたらすのだった[3]。

ソローが見た沼、汚泥や腐植と触れるだけで浄化される水。自然界には共通する原理があるように思える。テレビ番組『野性の王国』を取材した惣川修氏の体験も紹介してみたい[3]。『野生の王国』

とは1963〜1990年まで放送されたドキュメンタリー番組だが、惣川氏は前述したBMW技術協会の記録映画『土と水の自然学』（農業編・処理編・理論編）を作成した人物だ[20]。1989年の春に映画を完成させると、その秋に惣川氏は、アフリカのザイール（現在のコンゴ共和国）へと取材で赴く。コンゴ河の支流、ザイール川の沼地で暮らすカバの群れを撮影するためだった[21]。

惣川氏が訪れた現場では100頭以上が群れをつくって[22]、尻尾をグルグルと回しては糞を飛ばしていた。背中が糞だらけであれば隙間の水面も糞で埋まっている。けれども、不思議なことにまったく臭わない。夕暮れになるとカバたちは沼地から出て餌場の草原へと向かい、一晩中食べ、日の出前にはまた沼地に戻ってくるのだが、泥や糞だらけになっていた沼地がカバが帰ってくる明け方には底が見えるまで透明に澄んだ水になっているのだった[3、21、22、23]。「まさに、内水の実験と同じ原理だ」と惣川氏は書く[23]。けれども、なぜ腐植にはこれほどの水質浄化や悪臭除去のパワーがあるのだろうか。

カバの傷が半日で癒え、家畜が健康となり、無農薬で野菜ができる謎

惣川氏はザイールで、これとはまた別の奇妙な出来事に出くわす。ライオンに襲われたのか、腹や尻の皮が破れて脂身と骨が見えるほど傷を負ったカバが糞や泥だらけの沼に浸かることで、わずか半日で傷口が塞がり癒えているという現象だ[3、22]。

糞だらけの沼地に浸れば普通、傷は治癒しないはずだ[3]。ところが、動植物の死骸等が絶えず入り込んでいても、沼の水も腐らない[13]。その理由を内水博士は、底土中に棲息する微生物には腐敗菌や病原菌に対する抗菌作用があるためだと考えていた[12、14、19]。土壌微生物からの代謝物によって大腸菌やサルモネラ菌の数がわずか4時間程度で急減していく結果も内水博士は残している[14]。

沼の底土には腐植が含まれるが、その成分のひとつがフルボ酸である。このフルボ酸から内水博士の抗菌仮説を裏付けた別の研究もある。2007年に大阪府立大学の児玉洋名誉教授らが、サケ科の魚の深刻な病原菌、エロモナス・サルモニシダを用いて行なった実験だ。まず、鯉を人工的に菌に感染させてみる。当然のことながら、皮膚に糜爛(びらん)が生じ、その後、穴あき病となって感染後30目には生存率は20％しかなかった。けれども、餌にフルボ酸を添加したグループでは皮膚病が発生しないか、発病したとしても軽傷で死なない。アユも同じで21日後には35％しか生存しなかったが、フルボ酸を食べたグループの生存率は96％だった[3]。

では、魚ではなく家畜の場合ではどうなるのだろうか。高知県安芸郡奈半利町で豚3500頭を飼育する近森畜産では分娩室の豚が神経症状を起こして死んでいた。子豚の脳細胞から溶血性連鎖球菌が検出されたため、保健所の指導で大量の抗生物質を投与しても状況が一向に改善しない[10]。近森畜産の農場主、近森毅氏は、1985年に内水博士と出会ったことを契機に消毒を止め、抗生物質もなくし、山の竹藪からの湧水を豚舎に噴霧したところ健康になった[10、14]。前出の鈴木博士も、下痢にかかった子豚に腐植土を餌に加えて与えると翌日には治ったという養豚農家の事例をあげる[3]。

事例は日本に限らない。イギリスでも腐植によって、ひよこや子豚の死亡率がゼロとなり、全般的な活力と健康が大幅に改善され、飼料も10％ほど減った事例がある[2]。古くは前出のアルバート・ハワード卿が、腐植に富む肥沃な土壌で育った牧草で飼育された牛は、隣接する農場の口蹄疫、乳房炎、敗血症にかかった牛と鼻をこすり合せても病気にかからないと報告している[3]。

腐植のパワーは健康力の増進にとどまらない。畜産農家を一番悩ませる問題が、悪臭とハエの大発生だ。ほとんどの畜産農家が住宅地から離れた山の中や谷の奥に追いやられているのもそのためだ[24]。けれども、内水博士は「良い土は良い水をつくり、良い水は良い土をつくる」という基本原則が自然界にはあると考えていた[20]。

「良い水」で飼育するとさまざまな変化が起こる[21]。内水博士は「良い水には土の中で生きている状態の土壌菌が含まれておる。そのような水を飲むと体内を含めていい細菌のバランスができると。そうすると健康が増進されると同時に糞尿もいい細菌のバランスになると。言ってみれば、ケージ飼でも土壌菌が回るので鶏舎全体が平場で飼っているのと同じような状態になっている」と語っている[10]。

内水博士の言うとおり飲み水を変えると悪臭だけでなくハエも消える[10]。養鶏でも糞が自然に発酵し、鶏舎独特の悪臭が激減し、鶏の産卵率は上がって破卵率が減り、斃死率も下がり、病気をしなくなる一方で、卵質が良くなる[21]。

茨城県小美玉市（旧小川町）で、6万5000羽を飼育する大規模養鶏農家、ヨザワファームの上林巌氏は事務所の窓を開けられないほどの悪臭に悩んでいたが、やはり内水博士の指導で飲み水を変えただけで、ハエがわかず、悪臭が消えた。抗生物質も使わず、消毒もしていないのに斃死率も減り、

17％あった破卵率も4％以下になった[10]。飲み水を変えると、カルシウムの投与量を従来の60％も低下させたが卵殻は従来よりもしっかりしたとの結果を内水博士は取りまとめている[14]。

三重県度会郡度会町で、1000頭を飼育する矢部養豚場の矢部栄次氏は、何億匹のハエが名物だったと語る。通路を歩いていれば、口に入ってきてしまうほどだったと語る[10]。けれども、水を変えると、悪臭が消え、ハエもいなくなった。

「通常は餌にはハエがたかるんですが餌にもハエが来ない」

そして、糞尿臭も消えた。「臭いもないですね。腐敗ではなくて、酸のような臭いですね。麹のようなそんな臭いに変わったんですね」。

興味深いことは本能で知っているのか、変えた飲み水を豚がすすんで飲むことだ。

「水をやってもさほど喜ばないんですがね、これをやると飲むんですね。豚がこういうことで喜ぶというそういう角度からみたことがなかったですね」[10]

熊本県宇城市（旧松橋町）の藤本克巳氏はミカン農家で、酪農家から牛糞をもらって有機農業を行なっていたが、悪臭の被害が大きくとてもやっていけない段階に追い込まれていた。けれども、内水博士の方式で糞尿を処理するとまったく臭わない。加えて、その糞尿でつくった堆肥を使うとミカンの幼木に細根が多くなった[18]。果樹だけでなく、野菜でも無肥料でも病害虫がつかず、高品質の農作物ができた[21]。

茨城県東茨城郡茨城町で100頭の乳肉一貫経営を行なう清水澄氏は、こうした話を耳にして、本当かどうかを自分で試してみた。結果は、他のケースと同じで、無農薬でもアオムシもアブラムシも付かず、ハエも消えた。これに対して、内水博士は次のような興味深い説明をしている。

「本当に土壌がまともな発酵をするとですね、ハエは逃げ出すし、ハエがいたら死んでしまうんですよ。野菜は体内と表面を含めて土壌菌と一緒に生きているわけです。まともな土壌菌にハエが付くとね、ハエに必要な腐敗菌が殺されてしまう。その結果としてハエが死んでしまうと。そう解釈せざるを得ない。本来の土と一緒に生きられる生き物とね、本来の土に寄ったら死んでしまう生き物との差がね、出てしまう」[21]

このように全国各地で数多くの実績を上げながらも、内水博士の水質浄化法の考え方は国が推進する「活性汚泥法」と対立するものであったことから広く世間に知られず[16]、「土壌生成理論」もオーソドックスな土壌学とは相いれないものであったことから、農業関係ではほとんど知られず[25]、不遇のまま博士は第一線を退いた[16]。けれども、たとえ、その理論がいまの主流の科学的な学説にそぐわないものであったとしても、現実に実績を上げている事実は誰も否定できない[25]。

金魚が泳ぎ蛙が遊ぶ肥溜めに眠る最先端の叡智

内水博士は「どこそこの沼地の汚泥を飲めば病気が治るといった言い伝えがある。現代科学による説明が不能であるばかりに単なる伝説として忘れ去られようとしているが、こうした現象に対して現代科学は満足がいく説明を提示しえない。逆に言えば、20世紀は科学の世紀どころか、自然の摂理をおきざりにしたいびつな科学体系を築いた時代だと言える」と述べている[12]。そこで、今度は過去にさかのぼってみよう。

日本では、人糞尿を肥料として用いてきた歴史は古い。二毛作が始まった鎌倉時代には、早くも草木灰や敷き藁に加えて追肥として糞尿が用いられている。肥料としての活用は近世の新田開発と蔬菜栽培の発展でさらに発展する[26]。「肥溜め」とは人間の排泄物を木の桶に溜めて自然発酵させて液肥をつくる農業技法だが[14、19、23]、その液の良し悪しで作物の出来具合が違うため、かつては、日本中の百姓が自分の畑の中に「肥溜め」をつくってはその技を競い合っていたという[23、27]。

1697年(元禄10年)に出版され、技術指導書として広く読まれた『農業全書』は、「昔は人口も少なく休閑もできたが、休みなく作付けをするため地力の消耗が著しい。そのため肥料が必要で、人糞尿を『腐熟』させることが重要だ」と指摘する。著者の宮崎安貞(1623~1697年)は、優れた農業技術をもつ各地の百姓たちの経験や知識から学んだだけでなく、自らも40年にわたって農業を実践もしていた[26]。

すでに第5章で記載したとおり、日本に限らず東アジア地域では、人糞尿は長年にわたって農業、とりわけ、都市近郊農業で欠くことができない肥料として活用されてきた[26]。「肥溜め」は、1611~1614年にかけて日本に滞在した東インド会社の船長、ジョン・セーリス(John Saris、1579か1580~1643年)氏の「日本航海記」(1614)を通じて世界にも知られ、その技法は、イギリスの農業指導者によって確認されたが普及しなかった[22]。ロンドンでは糞尿はテムズ川に投棄され、パリでは糞尿は街頭に投げ捨てられていた。欧州では、伝染病を媒介することから糞尿は廃棄すべき危険な汚物と見なされがちだったためだ[26]。そして、日本も開国後の衛生観念の普及と化学肥料の導入によって、「肥溜め」は不衛生なこととして退けられ、江戸の糞尿循環システムは衰退したとされている[23、26]。

けれども、同志社大学の三俣延子助教の研究によってイギリスでも下肥が活用されていることがわかってきているし、法政大学の湯澤規子教授は、日本においても下肥の利用が単純に衰退したのではないことを愛知県の事例をあげて指摘している[26]。

内水博士によれば、かつての肥溜めの上澄水には蛙が群れ遊んでいる風景が間々見受けられた。メダカや金魚もその中で元気に棲息していた。遊びに夢中になった子どもが間違えて肥溜めに落ち込んだとしても、悪臭が付着することなく、怪我をしたとしても傷口が化膿することもなかった。20世紀の進歩した最先端技術によっても達成されない高度な処理がなされてきた[12、19]。

「肥溜めね。これはスタートのときにね、一番下に川砂を敷くわけですよ。川砂を敷いてね、汚泥を3分の1くらいもってきて、そして、糞尿を入れてかき混ぜるだけと。そして、踏板があるでしょう。この踏板というか地面よりも10㎝くらい下に桶を埋め込むんですわ。周辺から土が落ち込むでしょう。これ、解釈すれば恐ろしい知恵ですよ」[13]

内水博士は、昔の肥溜めは「土壌がどのようにしてできるかを技法化していた。そうした歴史的な知恵を20世紀は捨ててしまった」と嘆く[13]。

惣川氏も小学校時代の大分県の山奥での体験を想起する。転んで怪我をしたり、何かの病気にかかったときには「肥溜め」に差し込んである孟宗竹の中にしみ込んだ液を付けたり飲んだりして治していた。人だけではなく、その液を千倍に薄めて牛・豚・鶏に飲ませるだけで、たちまち元気となり、怪我や傷はたちどころに治ってしまうのだった[27]。

前述した大怪我を負ったカバの傷が一晩で治る現象は[27]、カバの池がただ澄んでいるだけにとどまらず、その全部が「肥溜め化」していたことにほかならない。日本の百姓たちがつくっていた「肥溜め」は、自然の奥に隠れているこの自然の仕組みを読み解いて技法化したものだった。それに光をあてて新しい技法で復元したのが内水博士だった[23、27]。最先端の現代科学技術を生かし、江戸時代の肥溜めをモダンな現代版として復活させたのがコラム⑥で紹介したBMW方式による排水処理といえる[11、17]。けれども、なぜ、イワナからカバ、ブタからニワトリ、さらには、ハエと野菜に至るまで、腐植や「良い水」、さらには「肥溜め」は、かくも魔訶不可思議な威力を発揮するのだろうか。

コンブの焼失と海の大半が沙漠化する磯焼けの謎

山と河川、沼と陸上での水循環をみてきたので、今度は海へと行ってみよう。百年前には、東北や北海道では昆布、黒潮が流れる暖流域ではアラメ、カジメ、ホンダワラ等がどの沿岸でも繁茂していた。こうした海藻が密生した状態を「海中林」と呼ぶ。海中林は、アワビ、ウニ、サザエ等に餌を提供し、魚の産卵や生育場となり、陸上の森林と同様の働きをしている[28]。

ところが、いま日本全国で石灰藻――紅藻綱サンゴモ目サンゴモ科エゾイシゴロモ――が岩石の表面を覆い尽くして海藻が消滅する「磯焼け」が広まっている[3、28]。石灰藻から分泌される物質で、ワカメや昆布の胞子は育たず、石灰藻以外の生物が一切付着できなくなってしまう[28]。近年、漁獲量が減少している理由のひとつには、各地で広がるこの磯焼けがある[3]。

石灰藻が増えた理由として、研究者たちは、アワビやウニが海藻の芽を食害するためだとずっと主張し続けてきた。けれども、以前の日本の海は、人が泳げないほど昆布やワカメが生い茂っていたと同時に、アワビやウニも無数に生息し、素足では海に入れないほどだった。ウニが芽を食べることが原因ならば、当時から磯焼けがあってもおかしくはない[28]。それでは、以前は何が石灰藻の胞子の成長を妨げて、磯焼けを防いでいたのであろうか。

変わり続ける腐植構造がさまざまな効果をもたらす

ここからは、腐植をめぐる謎解きをしていく。だが、その前に腐植そのものについて、あらためて詳しく説明しておこう。前述したように、腐植は落ち葉や生ごみが分解することで生成される暗色の高分子物質であるとされる[3]。冒頭でふれたように土壌の肥沃さは腐植によるともいえるのだが[6]、土壌に含まれる高分子の有機物化合物を「腐植」として総称しているにすぎず、その化学構造すら決定されていない[1、3]。もちろん、推定される化学構造式は提案されてはいるが、これだけ科学が進歩した現代ですら、その構造はいまだに解明されていない。そのわけは主に二つある[3]。

一つは、粘土鉱物と強力に結合しているため、腐植を取り出すには強いアルカリ等で溶出しなければならないのだが[1、3]、取り出す段階でオリジナルのものとはかなり変質してしまうことだ[3]。

土壌の教科書を紐解けば、腐植物質として、フルボ酸、フミン(腐植)酸、ヒューミンという専門用語が出てくる。まず、ここから解説しよう。土壌を水につけると比較的低分子量の黄色やら黄褐色の物質が溶け出す。この液体を「フルボ酸」と呼ぶ[7]。腐植にアルカリを添加するとその60～80%が暗褐色の溶液として抽出される。この抽出液に今度は塩酸や硫酸を加えると黒褐色の物質が沈殿する。この酸で沈殿する部分を「フミン酸」、そして、このアルカリでも溶けずに最後に残された黒色の高分子量の物質を「ヒューミン」と呼ぶ[3, 7]。フミン酸とフルボ酸は土壌中にほぼ同程度の量で含まれるため、腐植の主成分はよくフミン酸とフルボ酸だと言われるのだが、これは、化学分析での便宜上の分類でしかない[3]。

分類が人間側の都合なだけではなく、分析の過程で得られるフミン酸もフルボ酸の化学構造も不定で、もとより一定しない。フルボ酸が易分解性の有機物からなっているのに対して[3]、フミン酸の方は半径が60～100オングストロームのほぼ球形の高分子有機化合物質で[1]、放射性炭素年代測定に基づくと、分子量の大きさに応じて、土壌中で平均1140～1235年もの滞留時間をもつとされる。腐植があれば、長期にわたって大気中のカーボンを隔離、ストックできると前述したのはそのためだ[7]。とはいえ、フミン酸の方もゆっくりとだが分解し、最終的には無機化していく。ちなみに日本の土壌での腐植の分解率は年当たり水田土壌では存在量の3%、畑では5%とされている[1]。

いずれにしても、分解過程での中間的な生成物だから、多様な形態をとる[1]。そして、化学構造が不定であることは、逆に言えば変化に応じて柔軟に新たな化学構造を形成できることを意味する[3]。フェノール類のヒドロキシ基（-OH）、カルボン酸のカルボキシル基（-COOH）、メトキシ基（$-OCH_3$）のように反応性に富む一団のことを化学的な専門用語で「官能基（functional group）」と呼ぶ。腐植は、多くの「官能基」をもつことで、生物側の反応に応じて自由自在に分解・重合・縮合の化学反応を自ら起こしていく。これまで述べてきたような数多くの不可思議な効用もこのことからかなり説明ができる[3]。

土壌のキレート構造で汚水排水処理水の中でイワナを生かす

まず、なぜ肥溜めの上澄み液の中で金魚が、汚水処理水の中でもイワナが棲息できるのか。その謎から考えてみよう。腐植成分のうち比較的分解しにくいフミン酸は「水を保持し、粘土に結合し、植物の成長刺激剤として働き、有毒な汚染物質を除去する機能ももちあわせ、その物理化学的な多様性で匹敵する合成資材はない」とまで言われている物質だが[7]、内水博士はその理由をキレート構造が汚染物質を除去し、雑菌を殺すためだと説明する。

「オーソトリンという試薬を入れてみます。水の中にごく微量でも塩素が残っていると発色する試薬です。まず、水道水に3滴。黄色くなりましたね。これは塩素が残っている証拠です」

けれども、沼の底土にふれさせた水で同じことをした場合には発色しない[13]。内水博士は「土壌のキレート構造が、ナトリウムや塩素とかのイオン性物質を抱いてしまう[15]。汚泥ができる工程そのもので塩素がなくなってしまう」と説明する[15]。

キレートとは化学の専門用語だが、ミネラル（金属イオン）を中心に、酸素や窒素、リン、硫黄等が環状に配位される化合物のことを言う。中心にある金属イオンがはさみで挟まれる形をしていることから、カニのはさみを意味するギリシア語の「Chele」にちなんで「キレート」と命名された。鉄を中心に配置されたキレートがオキシヘモグロビンであれば、マグネシウムを中心に配置されたキレートがクロロフィルだから、とくに自然界では珍しい物質ではない。ビタミンB_{12}もコバラミンという別名があるようにコバルトのキレート化合物だ[3]。

漬物は塩分濃度が8～13％もあるから、常識的には漬物工場の排水処理はきわめて難しい。けれども、茨城県稲敷郡美浦村の霞ヶ浦に面した関東農産株式会社の工場を指導した内水博士は、漬物の排水処理をした水が入ったコップを手にしながら次のように語る[13、15]。

「これ、ちょっと飲んでみます。海水に近い塩分濃度の水が土の力によって、ほぼ真水に近い状態になっている。廃水が浄化され、土壌の構造を持った汚泥ができておると。その結果、土壌が持っているキレート構造によって水中のイオン性物質までコントロールされているわけです」[15]

キレートによって、有害な物質を挟んで無害化するパワーが土壌にはあることがわかるだろう[3]。ヘニッヒも、内水博士と同じく、腐植が発達した「熟土」には、キレート結合と似た機能があると述べているが[2]、なぜ、腐植に富んだ土壌にはキレートが生じるのだろうか。そのわけは、腐植には前節で述べたようにヒドロキシ基（-OH）やカルボキシル基（-COOH）などの官能基が多量にあることにある。この末端の水素は結合力が弱く、溶液中の水酸化イオン（OH^-）に引っ張られて乖離するためにマイナスの荷電が生じやすい[1]。そこで、粘土とも結合し「腐植粘土複合体」が形成され、そこに多くのミネラルが保持される[3]。

ミネラルとは、生体を構成する主要元素「酸素・炭素・水素・窒素」以外の元素の総称だ。だから、鉄や亜鉛、銅等の金属もミネラルだ。そして、金属イオンを中心に、それ以外のイオンや基・分子等が取り囲んでできる構造物のことを「錯体」と呼ぶ。専門用語だが英語の「Complex」の和訳だから、入り乱れた複雑な化合物だとイメージしてもらえばいい。つまり、この金属ミネラルがあることで金属錯体化合物が形成されるのだが、これがまさにキレートなのだ[1、3、17]。

腐植に富んだ汚泥を畜舎に散布すると悪臭が消えたり、汚泥に腐植を加えるとたちまち悪臭が消えてしまったりするわけも、キレート反応によって官能基とミネラルとの間に臭気物質が挟み込まれてしまうからだし[2、11]、腐植に、発芽や発根、根の伸長や生育に効果があるのも、アルミニウムとキレートを形成することで、有害なアルミニウムを取り除いてしまうからだ[11]。

ミネラルバランスと善玉微生物の殺菌作用が人や家畜を健康にする

次に、なぜ腐植があると腐敗が起こらず、殺菌効果はもちろん、免疫力のアップなど人や家畜、ひいては植物の健康まで増進をもたらすのだろうか。その謎を考えてみよう。

まず、考えられるのはミネラルだ。ノーベル賞を受賞した世界的な化学者、ライナス・ポーリング（Linus Pauling、1901～1994年）博士が「ミネラルが不足すれば病気になる」と指摘したように[3]、ミネラルは酵素の原料だから、動物のみならず植物の健康にも欠かせない[2]。そして、腐植では、前節でふれたようにマグネシウム、カルシウム、鉄等の陽イオンがキレート化されていて、根から容易に吸収されるかたちで保持されている[7]。だから、腐植があれば、微量ミネラル（微量元素）不足になりにくい[2、3]。

第3章では、微量元素の不足が作物病害の真因であることについて詳述してきたが、内水博士もミネラルが健康に欠かせず、連作障害や病害虫被害も基本的にはミネラル欠乏症だと考える[18]。けれども、博士のミネラルへの洞察はさらに奥深く、「良い水」をミネラルバランスだけから説明しようとする研究には「原因と結果とをはき違えている」と釘を刺し「ミネラルバランスは腐植によって、ひいては土壌微生物によってもたらされた結果だ」と述べている[14]。

博士は「悪い雑菌は殺しさえすればよいというのは刹那的で幼稚きわまりない単純な発想だ」と述べ、「そこには、生きものにとって良い水とか自然に還してよい水とかの概念が入り込む余地がない」と農業における農薬散布や上下水処理における塩素滅菌を厳しく批判する[12]。「極微量ながら含まれる塩素は、すべての生物に対してなんらかの毒性をもち、成長促進作用はもちようがない」と自然界に存在しない人工的な化学物質の悪影響を指摘する[12、14]。ほぼ同時期の1985年にシャブスーも、植物と昆虫、土壌や微生物を一体となった生きたシステムとして捉えていたが、その視点とも重なる。

前半はともかく、成長促進作用の部分はまさに内水博士独自の発想だ。博士によれば、一般的には汚染物質を除去することで廃水を限りなく純水に近づけることが下水処理だとされ[12]、エアクリーナーも塵や埃等の異物除去力が性能の評価基準となっている。けれども、自然界に存在する水は純水ではないし、大気中にもさまざまなミネラルや微生物が含まれている[12、14]。内水博士が「野菜は土壌菌と一緒に生きている。土壌菌にハエが付くとハエに必要な腐敗菌が殺されてしまうためハエは死んでしまうと。本来の土と一緒に生きられる生き物と死んでしまう生き物との差が出てしまう」[10]と語っていたことを思い出していただきたい。ここで内水博士が微生物一般ではなく、土壌菌と限定しているのは、竹藪からの湧水で豚が健康になったように、ヒトを含めた高等動物は土壌菌と共生することで、腐敗菌や病原菌に対する免疫力が高まって、栄養分の吸収力も増して健康が増進されると考えているからだ[14]。

腐敗と発酵も、微生物が有機物を分解しているという点では同じで、チーズや味噌のように人に役立つ分解を発酵と呼んでいるにすぎない。人は本能として悪臭を放つものを健康に悪い有害物として避けるが、ハエにとってはそれが格好の餌だから飛来する。人と共生する善玉菌である土壌菌が分解するものを醗酵、ハエが好む腐敗菌が分解するものを腐敗と呼んでいるともいえる。

活性汚泥法で処理した汚泥は腐敗して悪臭を放つ。ところが、前出の鈴木博士がこの汚泥に腐植を加えてみるとその脱水ケーキは腐らない。山土の臭いすらする。博士は、腐植が少ない土壌は腐敗するが、腐植が多い土壌は腐敗しないだけでなく、「良質な堆肥や発酵と同じプロセスが進んでいるに違いない」と結論づけた。堆肥の完熟度を示す指標のひとつとしてCEC（陽イオン交換容量：カルシウム、カリウムなどの陽イオンを土壌中に吸着・保持できる力）がある。完熟した生ごみ堆肥のCECは60me／100g以上となっているが、腐植を加えた鈴木博士のやり方での汚泥は70～90の値を示した。これは、その汚泥が完熟堆肥と同等の高品質であることを意味している[3]。

通常の処理技術が排泄される糞尿を処理するのとは違って、内水理論をもとにしたBMW技術は、家畜の飲み水を改善することから始める[18]。

「良い水」を与えると腸内細菌が活性化され、消化吸収力も良くなるために、それまで消化不良で柔らかかった糞が水分の少ない健康的で固い糞になる。汚泥や堆肥と同じで、腸内においても腐敗型の細菌が、発酵型の細菌へと置き換わることで、糞のアンモニア臭も乳酸系の甘い香りと変わる[24]。尿素として排泄されるアンモニア量も半分くらいに減るため[18]、悪臭問題の6~7割が解決され、その後の処理工程への負荷も格段に減る[17、18]。母豚も健康となって良い乳が出るようになるし[24]、乳牛でも乳質の脂肪・タンパク質の割合が増える[20]。ウジは発生してもハエへと羽化できなくなる[24]。ハエについて、内水博士はこう説明する。

「土壌を生成する土壌微生物群と生成しない微生物群とは共存しえない。土壌微生物群は、土壌を生成しない大腸菌、腐敗菌、病原菌等を外敵と見なす。そして、抗菌作用を持つフェノール系の代謝産物を産出することで、病原菌の増殖を抑制する[14]。沼地の水が腐敗しないのも腐敗菌等の生育を抑制する機能を備えているからだ」と述べ[12]、こう続ける。「だから、土壌菌が含まれた水を家畜に飲ますと豚舎の臭いがなくなり、ハエも1匹もよらなくなる。ハエに適した細菌バランスが壊れることで、結果として死んでしまうからだ。こうした土壌菌と共生していれば人間の健康レベルもあがる」[14]。

内水博士のこの洞察の傍証のひとつが、1999年に信州大学農学部の入江鐐三名誉教授が実施した研究だ。名誉教授によれば、集落排水処理施設の処理水に汚泥腐植を加えるとバチルス属が優位となり、総細菌で90~99%も占める。腐敗する土壌ではグラム陰性菌が多いのに対して、バチルス属等のグラム陽性菌は抗菌物質を生成するため、腐敗菌に対する抗菌力も加わって発酵型の分解が進む[3]。つまり、ハエの発生がなくなり家畜が健康となることは細菌叢の構成差から説明がつく。

腐植は鉄を海に運び石灰藻の繁殖を防ぎ豊かな漁場をつくりだす

腐植の効用は陸上生態系にとどまらない。河川水が流入する沿岸や河口域では磯焼けは広がっていない。良質のコンブ産地はすべて河口にあることもわかっている[3]。そのことも腐植から説明できる。植物プランクトンや海藻等は細胞膜を通じて、海水中に含まれる栄養素を直接取り込んでいる。海水中では化合物のほとんどは水に溶けたイオンの状態で存在する。イオンは細胞膜を通過できるから取り込むのも容易だ。けれども、鉄だけが例外だ。酸素が含まれると鉄はイオン状態では存在できず、0・4㎛以上の微粒子となる。そして、この鉄が植物に欠かせない。まず、光合成色素の生成に必要だし、窒素も鉄がないと得られない。海藻は海水中にある硝酸塩を吸収することで窒素を得ている。それには硝酸を還元しなければならないが、この還元反応で必要な酵素を合成するには原材料の鉄が必要だからだ[28]。

米国のモスランディング海洋研究所のジョン・マーティン（John Holland Martin、1935～1993年）教授は、鉄不足の植物プランクトンへの影響を実証するため、1989年にアラスカ湾等、鉄が不足する3カ所から海水を採取。そのままの状態と鉄を加えた場合とで植物プランクトンをそれぞれ培養する実験を行なってみた。結果は明白で、鉄を加えないとクロロフィル量が5日経過しても1〜2μg／ℓとほとんど変化しなかったのに対して、鉄を加えた場合は、3日以降に3〜10μg／ℓと大きく増加した[28]。

外洋に比べて光合成が盛んな沿岸部では外洋以上に鉄が必要だ。そして、この鉄の供給源となっているのは、腐植物質と結合した鉄イオンなのである[28]。腐植の主成分のうちフミン酸は水には溶けないが、フルボ酸はよく溶ける[3、28]。加えて、フミン酸よりも、カルボキシル基等の官能基が多くあるから、鉄等のミネラルと結合する[3]。フルボ酸と鉄とが結合したフルボ酸鉄は0・02〜0・4μmのコロイド[28]、小さい金属錯体化合物として存在しているから、生物に吸収されやすい[3]。フルボ酸は細胞には取り込まれないが、鉄だけが細胞に渡される[28、29]。フルボ酸鉄が流入する沿岸域で海藻が繁茂するのはそのためだ[3]。見事な仕組みではないか。

北海道大学の松永勝彦名誉教授は、鉄不足が海の沙漠化の原因だと考えて、鋼鉄を沈める実験をしてみた。沈めた鋼鉄からは20m範囲に鉄イオンは拡散する。その結果、予想どおり1年目には昆布が増えた。ところが、2年目からは石灰藻が着床し、昆布が繁茂できなくなった。つまり、鉄には石灰藻を防ぐ効果がまったくなかった[28]。

では、いったい何が磯焼けの広がりを防いでいるのか。結論から言うと、腐植だ。腐植が加わると炭酸カルシウム結晶の形成が阻害される[28]。そして、石灰藻の胞子を死滅させる効果ももつ[3]。サンゴも石灰藻と同じで主成分が炭酸カルシウムだが、熱帯でも河川水が流入している海域ではサンゴは生育できない。河口域や河川水が流れ込む沿岸で、磯焼けの拡大を防ぎ海藻を繁殖させていたのは、腐植だったのである。けれども、人の手が入らず森林が守られないと、河川水量が減少する。森からの腐植物質も流入しなくなる[28]。

昔から森林の周囲には魚が集まることから、海岸林の保全が大切であることが経験的に知られて、魚付林として管理されてきたし[3、28]、江戸時代には木一本首一つと言われるほど厳しく管理されてきたのには科学的根拠がある[28]。

１９８９年から宮城県気仙沼に流入する大川上流で植林活動を行なっているのが、「牡蠣の森を慕う会」の畠山重篤氏である。波静かな気仙沼は江戸時代から海苔が養殖されてきたが、高度成長時代に赤潮の被害で海苔がとれなくなる[29]。氏は１９８４年にフランスのカキ養殖場を視察したおり、河川の上流に大森林があり、豊かな海は森林によって支えられていることを知る。これを契機に植林活動を始めたのだった[28]。

腐植は有機物の分解物ではなく根からの滲出液でつくられる

最後に冒頭でふれた腐植が地下で形成される謎を解いてみよう。第3章で紹介した土壌学者のエアハルト・ヘニッヒは、腐植は分解からではなく、合成から生成されると考える[2]。

落ち葉等がある土壌の最上層部、３～８㎝では、多くの微生物や土壌動物が活動して有機物を盛んに分解している。けれども、大量の厩肥を土壌にすき込んでみるとどうなるか。半年後には半分、１年後には5分の1となって、２年後にはほとんど何もなくなる。腐植としては何一つ残されず、分解される。冒頭で紹介したテーアの著作には、19世紀のプロシアの最良の黒色土壌では腐植の含有量が6・5~8・4%、砂壌土でも2%あったと記されている。しかし20世紀の今日においては最良の黒色土壌でも2%止まりで、砂壌土では1%を越すところはほとんどない。この事実にヘニッヒは着目する。過去200年、大量の厩肥が農地に還元されてきたにもかかわらずドイツで腐植が欠乏しているのは、分解が腐植形成とは無関係だからだとする[2]。

ヘニッヒは、土壌は、分解層に属する「細胞熟土」と合成層(構築層)に属する「プラズマ熟土」という二層構造から成り立っていると考える。上層の分解層では、セルロース等を分解する力をもつ微生物が棲息して主に分解を行なっていて、植物の根も比較的少ない。一方、この下の30~50cmの厚さまで広がる合成層では、植物は養分を吸収する根系を発達させ、微生物叢も根系と共生する別の群集となっている。そこで、微生物の分解の影響を受けにくい腐植へと合成されていく[2]。旧ソ連の土壌学者、マイア・マルコヴァナ・コノノワ(Maĭia Markovna Kononova,、1898~1979年)も、ヘニッヒと同じく腐植は微生物の代謝活動の産物であるとの仮説を提唱している[17]。

内水博士の見解も同じで、分解では反応が進むにしたがって分子量が低下していくのに対して、腐植では有機物の分子量が増えていくことから、両者はまったく異なる反応であると指摘する[14、19]。

コノノワの著作が1966年、内水博士の著作が1986年、ヘニッヒの著作が1994年。数十年も前の人々の見解をあえて記載・紹介してきたのも、洞察力のある先人の慧眼にやっと時代が追い付いてきたと考えるからだ。土壌を採取して、ペトリ皿で培養してみても、そこで育つ土壌微生物は1%未満でしかなく、それ以外は餌を与えても培地では育たない。おまけに、土壌中の微生物のほとんどは、休眠状態にいる。根からの滲出液のように、何かで活性化されないかぎり、これを検出することも難しい。だから、現実の土壌食物網がどう動いているかを知ることは困難を極めていた。けれども、テクノロジーの急速な進展によって、従来の古典的なモデル――長い時間をかけて有機物が分解されることで腐植が形成される――はごく小さな割合でしか機能していないことが見えてきたし、いま、ようやく現実にちかい土壌食物網モデルが提起されつつある［7、9］。

たとえば、2008年に米国農務省のマーク・リービッヒ（Mark Liebich）博士らは、エタノール生産用に栽培されているイネ科キビ属多年生在来草、スイッチグラスによって、どれだけ土壌にカーボンが隔離できるのかを調査してみた。最も成績が良かった場所では、0～30㎝の表土でわずか5年間に21・67t／haもカーボン量が増えていた。しかも、深く掘られた3カ所では0～30㎝が16・5t／haに対して、30～60㎝では18・2t／haと深い部分の方が多かった。さらに興味深いのは、この研究は、エタノール生産のためのバイオマス量を測定することが目的であったことから、地上部のバイオマスは毎年すべて取り除かれていた。つまり、土壌への地上部からの「バイオマス投入」がほとんどなかった。にもかかわらず、土壌中のカーボンが増えている。このことから、クリスティン・ジョーンズ博士は、土壌形成で鍵を握るのは根から放出される滲出液にあると主張する［30］。

細菌によって分解された残留物として形成される腐植も冒頭で紹介した一般的な説明のとおり、一部にはあることも確かだ［7］。けれども、現実に根と共生して生きる菌根菌等の糸状菌にとってのメインエネルギー源は、これまでバクテリアの餌であると考えられてきた生きた根からの滲出液であって［4、9］、糸状菌は自分が生きるためにそれを活用する一方で、その一部を細菌にもおすそわけすることで、カーボンを根から土壌中へと移動させている。この根から放出される滲出液が微生物の代謝活動によって化学的に重合されてできるのが腐植なのだ。古典モデルでは、腐植は地上バイオマスの分解残留物だと考えられてきたのだが、土壌有機物の含有量、すなわち、腐植を増やす表舞台は地下であって、そこでは地上よりも30〜55倍も速くカーボンが蓄積されていることもわかってきた[9]。

草地で団粒がよく発達しているのは根から多くの粘着物質が分泌されているからだし[3]、冒頭で紹介したオルセン氏の農場で隔離されたカーボンの3分の2は、放射性の標識炭素から、植物の根の滲出液由来の炭素であることがわかっている[4]。ジョーンズ博士が、腐植はこれまで考えられていたような方法、すなわち、非常に長い時間をかけて有機物が分解されることによって形成されるとの定説を疑問視するのはそのためだ[7]。

いま、世界各地で土壌の団粒構造が失われ、土が締め固められている。締め固められれば水も浸透しない。オーストラリアをはじめ各地で洪水が多発している。そのわけも、これまで述べてきた理由から説明がつく。締固めはトラクター等の重い農業機械によって踏みつけられたために起きるように思えるが、実は違う。それが証拠に植物がまったく生えていない土地を見てもらいたい。自動車が走ろうが走るまいがガチガチに締め固められているではないか[5]。

この謎を解くには、ヘニッヒが披露するウィーン土壌研究所のフランツ・セケラ（Franz Sekera、1899〜1955年）教授の研究結果が役立つ。教授は、土壌がなぜ締め固められるか、農業機械での耕起と自然につくられる生物的な団粒構造とにははっきりとした違いがあることを見出す。たとえば、どれほど激しい雨が降っても、生物がつくった団粒構造は、強い粘着力でつなぎあわされているからダメージを受けない。セケラ教授はこの状態を「団粒構造の生物的構築」と呼んだ[2]。

ここで、団粒構造が出てきたので、これについて少し、説明しておこう。直径0・02㎜（20㎛）以上の粒を砂、0・02〜0・002㎜の大きさの粒をシルト、これよりも小さい0・002㎜（2㎛）以下の微粒子を粘土と呼ぶ。けれども、母材となる岩石を物理的にすりつぶすことではここまで小さくはならない。シルトとは違って、粘土は鉱物が一度水に溶けて再結晶したものだからだ[31]。

ちなみに髪の毛の太さが0・1㎜だとすると、多細胞の糸状菌の胞子は5〜12㎛、単細胞のバクテリアは0・5〜5㎛、ウイルスはさらに一桁小さく1㎛程度しかない。牛乳が典型的だが、1㎛以下の極微細な粒子は、溶液中に分散して存在する。これをコロイドと呼ぶ。粒子が小さくなるほどその液体中に存在する物質の表面積の合計は増す。1㎛のコロイド粒子があるとすると1ℓ当たりの延べ表面積は6000㎡、0・1㎛では6万㎡にも及ぶ。東京ドーム約1・3個分だから、膨大な表面積をもつ粘土鉱物が存在するところでは、複雑な生化学的な反応が生じる。おまけに、粘土コロイドも腐植コロイドもマイナスに荷電しているから、陽イオンを引きつけ吸着する[2]。

キレートの説明のところで登場した「腐植粘土複合体」は、有機コロイド（粘土と腐植物質）とケイ酸コロイドとが結びつくことでできている[2]。この腐植粘土複合体と微生物が出す粘着性の分泌物によって、0・02㎜（20㎛）以下のシルトは、250㎛以下の大きさの粒にまとまっていく。それがミクロ団粒で[3]、物理的にもわりと安定していて比較的分解されにくい[1、3]。

ミクロ団粒は、微生物が出す粘着性の分泌物や放線菌や糸状菌の菌糸によって、さらにゆるやかに結び合わされていく[2]。普通、土壌団粒と呼ばれているのはこのマクロ団粒だ[3]。

この土粒子を付着させる粘着剤はグロマリンと呼ばれる腐植の前駆体化学物質としての土壌タンパク質で、これも、まさに前述した根からの滲出液からの産物だ[4,7,9]。けれども、マクロ団粒には易分解性の有機物も多く含まれているから、これが分解されればバラバラになるし、有機物が投入されれば再び微生物の働きで形成されるという、分解と破壊のサイクルを繰り返している[2]。

別の言い方をすれば、団粒構造は根からの滲出液、すなわち微生物の餌との引き換えによって維持・構築されているといってよい[4,5,7,8]。だから、土壌へと滲出液が継続的に供給されなくなれば、耕さなくても、土壌構造は自ずから劣化していく[4]。つまり、安定した耐水性のある団粒構造をつくれるのは微生物だけだ[2,4,5]。バクテリアをはじめとする土壌生物の食料源である有機物が枯渇し、栄養がゆき渡らなくなれば、この団粒構造は維持されずに壊れていく。団粒構造を失った土壌は腐植が欠乏し、土壌生物が乏しく、水分保持に大切なミミズの穴さえない。だから、雨水を浸透、保水することができない[2]。つまり、土壌が締め固められるのは微生物がいないからであって、団粒構造の破壊は、第5章のローザムステッドの研究の紹介のところで述べたように化学肥料を使うことで微生物の多様性が減ったことが原因だったのだ[4,5]。

腐植は生きて生成され続ける
——死んだ化学的腐植から生命的腐植観へ

内水博士は、日本を含め、文明国の土壌は、数十年来の化学肥料や農薬の使いすぎで団粒構造が破壊され、結果として保肥力も保水力も低下し死にかかっていると憂え[12、13]、土壌微生物によって、土壌の団粒構造を再生させるべきだと説いていた。いまから半世紀も前に土壌の団粒形成のダイナミックさを見極めていたことは慧眼に値するが、内水博士の独創的なことは、前述した肥溜めとそこに含まれる「腐植前駆物質」にも着目したことにある。

一般的には、保水力、保肥力が優れ、腐植成分が富み、土壌中に棲息する微生物が多ければ良質な土壌とされているが、十把一絡げにただ微生物さえ多ければよいというものではない。いくら、微生物が多くても、大腸菌や腐敗菌等の雑菌が多ければ決して良い土壌とはいえない。また、冒頭であげたテーアや宮沢賢治が評価した「腐植」に対しても、腐植がつくられるプロセスで生じる「物質」の方を内水博士は重視する。というのも、こちらの方で腐植のものとされる効果が発揮されるからだ。そこで、内水博士は、この物質をあえて「腐植」と区別して「腐植前駆物質」と呼んだ[12]。内水博士の「理論」を礎として30年以上も「腐植」の研究を重ねてきた高味充日児氏も、形成されてから長時間が経過した「腐植」にはほとんど効果がみられないが、有機物から形成されたばかりの腐植の機能性が高いという内水博士の見解に賛同する[32]。

「腐植前駆物質」は内水博士の著作においては重要な位置を占めているが、一般の土壌学の教科書を紐解いてもほとんど登場することがない。筆者が知るかぎり、前出のヘニッヒだけが腐植の前駆物質がつくられることを重視しているが[2]、それ以外はまず登場しない。というのは、腐植前駆物質の素となる土壌性汚泥の生成過程が唯一目視できるのは、廃水処理の分野だからだ[32]。

内水博士は1982年から小平市の柳泉園で半年ほど廃水処理の実験を行ない、ある寒い雪の日に、偶然に「自然の摂理」を垣間見た。培養した汚泥と屎尿をビーカーにとって25℃に温め混合したところ、瞬時に混合液は無臭となり、無色透明の上澄み液、土色をした液体、最下層に黒灰色の汚泥と三層に分離した。ここから、博士はこのビーカーに起きた現象が沼の浄化作用そのものであり、汚泥となることで土壌が形成されつつあると直感したのだった[14]。

この直観をもとに、その後、内水博士は、機能性が高い腐植前駆物質とは、有機物が土壌化する過程で生まれたものであるとし、土壌についても「土壌とは土壌微生物が珪酸塩ならびに有機物に作用して生成された結果物である」とまで述べている[32]。

パンデミックが多発するなか、ようやく家畜と病原菌と環境とのつながりにも目が注がれはじめたが、内水博士は半世紀も前からそのことを指摘していた。まさに、温故知新だ。そこで、本章では、生命のつながりの要ともいうべき土壌、とりわけ、腐植の謎にアプローチしてきた。難解な内水理論の一部を紹介するとともに、その後の科学の進展によって理解できそうな部分に筆者なりの補足説明も加えてみた。もちろん、まだ筆者自身、よくわからないところがある。とはいえ、内水博士の洞察が現在の農業が直面する難題を解決するためのヒントを与えてくれることは確かだ。その最も重要だと思えるポイントを抜粋するとこうなる。

「有機物は酵素分解によって低分子化する一方で、重縮合反応で巨大分子化するという二つの反応がある［略］。どちらが普遍的かというと高分子化の方向である。低分子化の方向は有機物の腐敗等で見られるが量的にはわずかである。これに対して、湖や沼の汚泥等、自然界では高分子化が多い」[19]

先述した高味氏も「『有機物は微生物の影響を受けて水と炭酸ガスに分解される』という自然現象

のごく一部分が、あたかも自然現象のすべてであるかのような錯覚から目を覚ますときが訪れている」と述べる[32]。すなわち、嫌気性状態における重縮合による炭素の巨大分子化が腐植形成のメインルートであって、酸化分解が脇道でしかないことを指摘している。

第4章で詳述したように、無化学肥料の状態におかれた植物は、窒素やリンや微量元素他の必要な養分を獲得するために根から大量の滲出液を放出している。けれども、なぜ植物は、必要な養分を獲得するために、滲出液という投資を介した土壌団粒の構築という七面倒くさいプロセスを経なければならないのだろうか。ここに自然の妙理がある。腐植を原材料として土壌は団粒化するが、第4章で「土壌の団粒の内部空間も酸素分圧が低くなり、微好気性環境となっている。だから、何兆もの真正細菌と古細菌が棲息している」と書いたように[6]、酸素分圧が低い棲息空間はまさに団粒をつくることで生み出されているからだ。

腐植がつくられるには、有機物が重合することが必要で、この重合プロセスは微生物の活動なしには起こりえないのだが、大量の酸素があると分解が進んでこのプロセス全体を阻害する。すなわち、腐植がつくられるには、酸素分圧が低いことが条件となる。なればこそ、ジョーンズ博士は酸素が乏しい状態で分解が進む発酵や同じく酸素が乏しいミミズの腸内でつくられるミミズの液肥といった低酸素状態での化学反応を重視する[4]。

本書の第I部では生命が酸素がない状態の中で誕生し、生命の基礎となる生理活動が酸素を伴わずになされていることについてふれてきた。この第II部の第4章では窒素固定酵素ニトロゲナーゼも嫌気状態でなければ機能せず、嫌気性状態が大切なことについてふれた。内水博士も地質学出身だけに地球史を視野にいれ、初期の生命がメタン菌のようにわずかな酸素が存在しても死んでしまう編性嫌気性細菌であって、その進化の過程でまず獲得されたのが、嫌気性状態で機能する代謝機能であったことを指摘する[12、19]。そして、その後、第1章で詳述したように遊離酸素が発生したことから、酸素のある環境下においても生存できる通性嫌気性細菌と好気性細菌が登場する。

通性嫌気性細菌や好気性細菌は、酸素が存在していても生きられるだけであって、遊離酸素が存在しない条件下で生きることの方が多いと内水博士は指摘する[12]。その一例として二酸化炭素をメタン菌が還元することで生じるメタンガスの発生を例にあげる。メタンガスの発生と対になって生じざるをえない酸素があっても偏性嫌気性であるメタン菌が生きられるのは、発生する余分な遊離酸素を直接的に消費する通性嫌気性細菌や好気性細菌とペアを組んで誕生したからだとする[12、19]。

偏性嫌気性細菌は1%でも酸素が存在するとコロニーを形成しないが、常に酸素にさらされるリスクがあることから酸素があると死滅する生物だとは考えにくい。近年の研究からは、嫌気性菌は酸素の存在を瞬時に感知し、生育できないのではなく、生育しないことを前向きに選択しているのだと見なす見解もある[33]。

嫌気性を重視する内水博士の世界観を立証することは難しい。その洞察を検証する定量的な研究も筆者は不勉強のためまだ見出せていない。とはいえ、腐植が有機物の分解残留物だとする主流の見解よりははるかに理にかなっているように思える。旧著『土が変わるとお腹が変わる』(2022、築地書館)でも、陸上生態系においては、本書と同じく土壌中の腐植の大半は地表に降り積もった落ち葉や枯れ枝の分解した残留物ではなく、根からの滲出液が低酸素条件下において重縮合したものではないかと書いた。あわせて、腐植化は陸上の樹木における「木質化」と同じだともふれた。

もちろん、自然は奥が深い。内水博士自身が謙虚な心をもたなければ自然の真の姿は見えないと語っている[14]。この第Ⅱ部のとりまとめともいうべき本章では、植物の滲出液と微生物とが協働してつくりだす腐植が動植物の健康にとって鍵となること。そして、腐敗から発酵まで自然がさまざまに姿を変えて多彩な表情を見せることをみてきた。腐敗現象も自然だし、腐敗菌もハエもそれぞれの自分に適した環境で棲み分けている。この内水博士の発想は表現の違いこそあれ、次の第Ⅲ部の第8章で詳述するホロビオントやワンヘルスの考え方とほぼ重なる。そこで、第Ⅲ部では、地球の進化から微生物同士、そして、土壌や植物とのダイナミックな関係性についてさらに深堀りし、謙虚な心をもって自然の摂理を見出そうとした先駆的な篤農家たちの洞察を見てみよう。

引用文献

［1］岩田進午『土のはなし』（1985）大月書店

［2］エアハルト・ヘニッヒ『生きている土壌―腐植と熟土の生成と働き』（2009）日本有機農業研究会

［3］鈴木邦威『腐植土・フルボ酸の基本と応用』（2011）セルバ出版

［4］Christine Jones, “The Phosphorus Paradox” with Dr. Christine Jones（Part 2/4）, Green Cover Seed, 6 April 2021. https:/\www.youtube.com/watch?v=lSjbVxTyF3w&t=7s

［5］Christine Jones, Profit, Productivity, and NPK with Dr Christine Jones, Lower Blackwood LCDC, 7 July 2022. https://www.youtube.com/watch?v=EX6eoxxoWKI

［6］Christine Jones, “The Nitrogen Solution” with Dr. Christine Jones（Part 3/4）, Green Cover Seed, 13 April 2021. https://www.youtube.com/watch?v=dr0y_EEKO9o

[7] Michael Martin Meléndrez, Humic Acid: The Science of Humus and How it Benefits Soil, Eco Farming Daily, August 2009. https://www.ecofarmingdaily.com/build-soil/humus/humic-acid/
[8] Christine Jones, Humic Acid: Soil Restoration: 5 Core Principles, Eco Farming Daily, July 2018. https://www.ecofarmingdaily.com/build-soil/soil-restoration-5-core-principles/
[9] Christine Jones, "Secrets of the Soil Sociobiome" with Dr. Christine Jones (Part 1/4), Green Cover Seed, 30 March 2021. https://www.youtube.com/watch?v=Xtd2vrXadJ4
[10] 土と水の自然学―農業編　１９８９年5月、一般社団法人ＢＭＷ技術協会（２０１３年４月）
[11] 第28回ＢＭＷ技術全国交流会発表記録集（２０１８）一般社団法人ＢＭＷ技術協会
[12] 内水護『ベーシック文明論：自然と輪廻』（１９８６）漫画社
[13] 土と水の自然学―理論編　１９８９年5月、一般社団法人ＢＭＷ技術協会（２０１３年４月）
[14] 内水護『土の心、土の文化―ルビコンの河を渡らないために』（１９８７）漫画社
[15] 土と水の自然学―処理編　１９８９年5月、一般社団法人ＢＭＷ技術協会（２０１３年４月）
[16] 安達生恒『農のシステム・農の文化』（１９９９）ダイヤモンド社
[17] 長崎浩「ＢＭＷ糞尿・排水処理システム」（１９９３）農文協
[18] 『水・ＢＭ技術の背景と現場』（１９９５）グリーンコープ事業連合
[19] 内水護『ベーシック科学論　土と水の自然学』（１９８７）漫画社
[20] ２０２０年11月12日、惣川修「水物語その２　良い水、良い土とは？」有限会社シューコーポレーション
[21] ２０２０年11月19日、惣川修「水物語その３　ザイールでの撮影」有限会社シューコーポレーション
[22] ２０２０年11月26日、惣川修「水物語その４　アフリカの土」有限会社シューコーポレーション
[23] ２０２０年12月２日、惣川修「水物語その５　再高の土」有限会社シューコーポレーション
[24] 惣川修「水物語その33　養豚場での事例①」有限会社シューコーポレーション
[25] ２０１６年９月21日、本田進一郎「リンはいくらでもある、しかし循環しなければならない」その６進化、歴史　Evolution, History
[26] 湯澤規子『ウンコは、どこからきて、どこへ行くのか』（２０２０）ちくま新書

[27] ２０２０年12月9日、惣川修「水物語その6　肥溜の力」有限会社シューコーポレーション
[28] 松永勝彦『森が消えれば海も死ぬ』第2版（２０１０）講談社ブルーバックス
[29] 畠山重篤「森は海の恋人」京都大学フィールド科学教育研究センター編／山下洋監修『森里海連環学』（２００７）京都大学学術出版会
[30] Christine Jones, "Soil carbon - can it save agriculture's bacon?" https://www.amazingcarbon.com/PDF/JONES-SoilCarbon&AgricultureREVISED（18May10）.pdf
[31] 藤井一至『土～地球最後の謎』（２０１８）光文社新書
[32] 髙味充日児「腐植前駆物質の生成・製造と応用事例について」（２０１８）耕、№１４３、山崎農業研究所
[33] 川崎信治、鈴木一平、新村洋一「嫌気性菌の酸素適応機構0～21％の様々なO_2濃度における微生物生態」（２０１３）日本乳酸菌学会誌、Vol.24、79－87

コラム⑥

自然の摂理を生かしたＢＭＷ技術

7万羽を悪臭もなく飼育し平飼養鶏に挑戦
――黒富士農場

内水博士と同じく東京大学で地質学を専攻した後、東北大学で医学を学んだ長崎浩氏を中心に、その志を引き継いで、この技術を普及させるために、秋田忠彦（１９４４～２０１４年）氏、白州郷牧場の椎名盛男（１９４９～２０２２年）氏らの呼びかけで１９９１年に設立されたのがＢＭＷ技術協会だ[1]。協会の指導によって、いま、全国には１５０ほどの畜産や生活雑排水のプラントが設置されているが、その最も早く取り組んだプラントのひとつとして、山梨県の黒富士農場を訪ねてみた。

「ＢＭＷ技術を知ったのは、畜産で使われはじめた開発当初の頃ですが、初めて挑戦した農家でもハエが減ったので当時から着目されていたのです」

こう語るのは、標高１１００ｍ、山梨県甲斐市の山麓の上芦沢で、自然と共生する持続可能な養鶏に取り組む黒富士農場の向山茂徳会長だ。

農場は１９５０年に塩山市で2～3万羽を飼育するごく一般的な養鶏場からスタートし、現在の場所には１９８４年に移転した。当時、飼育されていたのは12万羽でケージ飼だったが、向山会長は、長崎浩氏との縁があった椎名氏から１９８７年にＢＭＷ技術のことを知って、椎名氏とともに学んだ。

いま、農場には17haに18鶏舎が立ち並び、うち16棟では平飼い養鶏にも取り組み、平均5万5０００羽、最大7万羽が飼育されている。２００７年には有機ＪＡＳ認証も取得し、１万羽、３鶏舎は有機だ。餌はすべて非ＧＭＯ（非遺伝子組み換え）だが、有機飼料はなかなか手に入らない。ダイズはラオス産だが、それでも、通常の倍はする。加えてロシアのウクライナ侵攻以降、輸送費も高騰しているため、１個99円で販売されている。

ちなみにＥＵでは、日本では当たり前のケージ飼が禁止され、「有機卵」は、平飼いで飼育されるうえ、かつ、餌まで有機にしたものでなければ名乗れない。米国でも２０１５年に5％でしかなかったケージフリーが２０２２年には34・１％、さらに5・8％は有機と急速に転換が進んでいる。これに対して、日本は95％がケージ飼。ちゃんと地面で飼育される平飼いは1％、餌まで有機としたものは０・０００1％でしかない。黒富士農場が、日本でどれだけ例外的なことに挑戦しているのかがわかるだろう。そして、それを支えているひとつがＢＭＷ技術だ。

向山洋平代表取締役はこう語る。

「ＢＭＷ技術で堆肥化した森の腐葉土由来の放線菌による敷料を使用することで、水分を含んだ鶏糞が常に分解して乾燥し、鶏舎内の飼養環境を衛生的に保てています。大分県のグリーンファーム久住では敷料が厚みがあって高くなるほどです。そこを目指しています」

設置されているBMW装置もまったく臭いがないが、そのそばには緑色の槽もある。2006年から山梨大学の御園生拓名誉教授と藻類バイオマス研究ということでクロレラの研究も始めているという[2]。

BMW技術を活用し地域内で資源を循環――米沢郷牧場

有機農業が個々の農場を超えて広がるには「地域システム」が必要だ。山形県高畠町の米沢郷牧場は、BMW技術を活用することで、グループとしてコメヌカ、モミガラや鶏糞等、有機物の地域内循環システムを構築している。

このシステムは300年続く農家の長男として生まれた伊藤幸吉氏(1944～2008年)が、1978年に農事組合法人「米沢郷牧場」を創設し、1980年には養鶏を始めたことで始まる[1]。米沢と言えば、「米沢牛」がブランドだ。伊藤氏は肥育牛の優良農家だった。けれども、石油ショックで飼料代が高騰し、牛肉価格が暴落すると経営は破綻する。肉牛を推奨した地元の屋代農協からは借金を払え、土地を売れと迫られる[1]。

後を継いだ長男の伊藤幸蔵代表は、いまは、BMW技術協会の理事長でもあるのだが、小学生だった当時をこう振り返る。

「ですから、父は、まずは地元で肉を売りさばこうとしたのです。私も1キロパックを売りに行った。『幸蔵が言うから』と先生方も買ってくれたわけですが、毎日、米沢牛ばかりを食っているわけにはいかない」[3]

先代の伊藤幸吉氏は、仲間と「屋代地区肉牛直販グループ」を結成し、多摩消費生協(パルシステム東京の前身)や仙台共同購入会(あいコープみやぎの前身)、大地を守る会(オイシックス・ラ・大地の前身)とのつきあいを始める[1、3]。

「そして、『無薬の鶏が欲しい』と要望されたわけです。そこで、まず1000羽から飼いはじめた。50羽/坪だと病気にかかるので、飼育羽数を少なくしたわけです」[3]

1980年にまず実験したのは、地元のカトー微生物研究会の加藤正耕氏が開発したカトー菌だっ

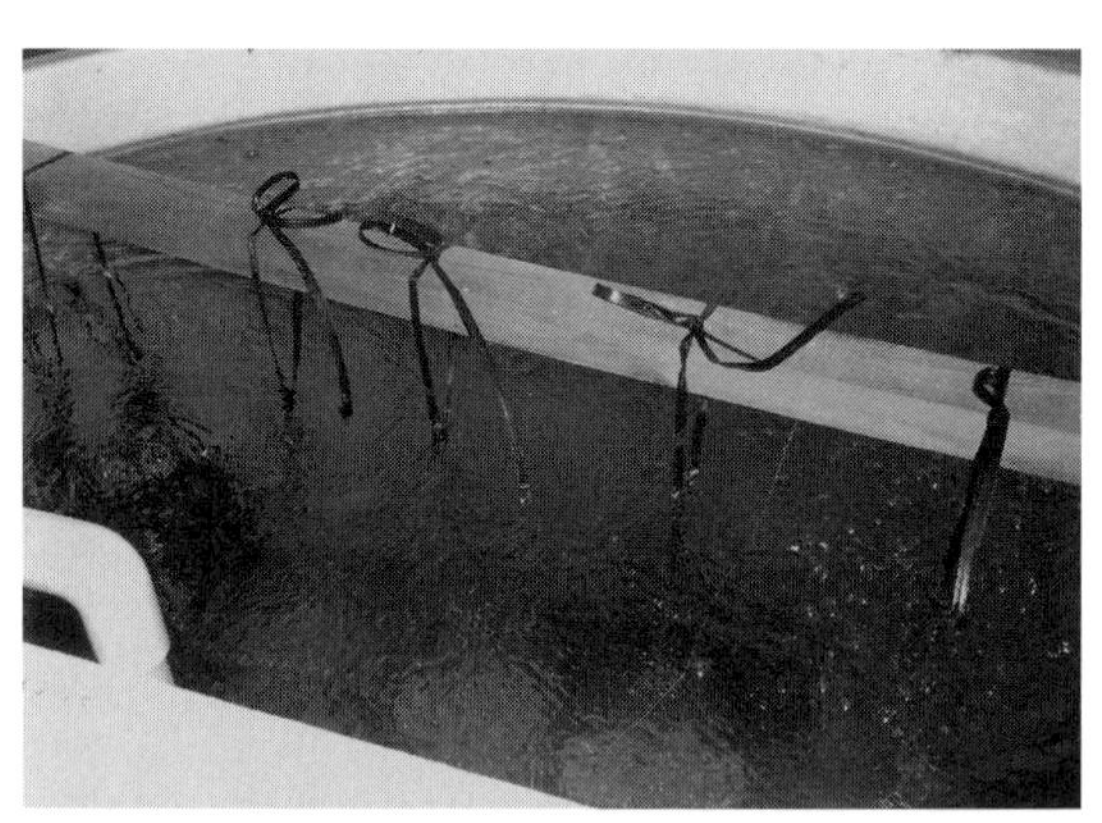

写真1　米沢郷牧場で稼働するBMW技術を活用した飲水改善施設。珪酸などのミネラルを供給するため水槽には安山岩が入れられている。悪臭もなければハエもいない。2023年8月19日筆者撮影

た。その後、前出の長崎浩氏と知り合うことで[1]、1990年からはBMW技術が導入される[1、3]。カトー菌と比較して経費的にも安くすみ、その経済的メリットは大きかった[1]。

グループのひとつ、3万羽を飼育している宮城県刈田郡七ヶ宿町にある養鶏場を訪れたが、まったく臭いがない。伊藤幸蔵代表は胸を張る。

「臭わないはずです。腐敗から発酵の方へと菌相がふれればハエは減っていく。現実的に減るのです」と記述してきたことと同じ話を口にする。案内された東置賜郡川西町にある別の養鶏場も入れていただいたのだが、臭いがまったくないし、ハエがいない[3]。

BMW技術の装置は決して複雑なものではない。直径2m、高さ3mのタンクを並べてつなぐだけのシンプルなものだが、これが地域循環のコアになる[写真1]。伊藤幸蔵代表は、1995年には、当時の地区の大規模農家の後継者10名と出資しあい有限会社「ファーマーズクラブ赤とんぼ」も設立する[1]。「いまも赤とんぼは共同で223haを管理していま

す。生産物をただ売るだけではＪＡと変わらない。従業員を雇用するために事業はするべきだと。その核となるのが未利用資源を用いて畜産を行ない、出た糞を堆肥として活用し、農家が購入する肥料を減らすことなのです。鶏の飲み水は全部ＢＭＷ技術です。臭いもなければハエもいない。産卵の成績もよくなる。飼料米もつくっていますから、海外からの飼料に頼る心配がない。使いやすい堆肥をつくり、それを農家の人たちの田んぼに戻して循環する。無薬で養鶏をやるうえではやはりＢＭＷ技術がいいと思うのです」[3]

幸蔵代表自身も有機農家として、11〜12俵／10ａの収量はあげている[1、3]。加えて、地区で後継者がいない高齢農家や労働力不足の農家の農作業を受託している[1]。

黒富士農場や米沢郷牧場の事例からもわかるように、内水理論をベースとしたＢＭＷ技術を用いれば少なくとも畜産のハエや悪臭問題はほぼ解決できる。悪臭のために耕種農業とは切り離されてきた畜産を再び耕種農業と統合することで有畜複合農業が可能になると言えるだろう[4]。

引用文献

［1］安達生恒『農のシステム・農の文化』（１９９９）ダイヤモンド社
［2］２０２３年6月21日、黒富士農場取材
［3］２０２３年8月18日および19日、米沢郷牧場伊藤幸蔵氏取材
［4］『水・ＢＭ技術の背景と現場』（１９９５）グリーンコープ事業連合

コラム⑦ 土づくりで働くミミズとゴキブリ

森林には自己施肥機能がある。だから、肥料を撒かなくても立派に木が育つ[1]。岡田茂吉は、畑に堆肥を入れる理由について「それは肥料成分ではなく、土を軟らかくし、土を温め、適度な湿り気を与えるためだ」と述べた[2]。たしかに自然農法の畑は、地温が高く、土壌含水量の変化も小さく安定しているが、それは有機物を分解する微生物や土を耕す小動物が豊富なことによる。森林の土壌が生きた健全な土であるとすれば、自然農法の畑の土も森林にちかい生きた土だと言える[1]。

無施肥でもできる鍵となるのがミミズだ。アリストテレス（前384～前322年）は、ミミズを「大地のはらわた」と呼んだが[3、4]、16世紀にはイギリスの博物学者、ギルバート・ホワイト（Gilbert White、1720～1793年）は「もし、ミミズがいなくなれば大地は冷え冷えとして硬く表土のない不毛の場所になってしまうだろう」と書いた。そして、ミミズを最初に科学的に研究したのは、チャールズ・ダーウィンだ。1837年、ロンドン地質学協会での講演で、土壌形成でミミズが果たす役割を指摘し[3]、1881年には『ミミズの活動による肥沃土の形成とミミズの習性の観察』を出版[3、5]、このなかで「土の歴史の中でこれほど大きな働きをしている下等動物が他にいるかどうか疑わしい」と書いた[3]。

ミミズは、24時間でほぼ自分の体重に匹敵する量の土を食べる[3]。このため、年間25t／ha以上の腐植を生み出す力をもつ[3、5]。ミミズの働きを具体的な数値をもって示したのはダーウィンが最初だったが[5]、土づくりで果たすミミズの役割はどれほど強調してもしすぎることはない[3]。

まず、腐植の形成だ。ミミズは、土壌中の腐敗した有機物や細菌、藻類、菌糸、菌の胞子等を食べている。腐敗が抑えられるだけでなく、腸内で無機物と有機物の破片とを混ぜ合わせることで腐植粘土複合体を形成する。ドイツの農学者ラウル・フランセ(Raul Heinrich Francé、1874～1943年)はミミズの排泄物を「糞からつくられた腐植」と呼ぶが、ミミズ糞は腐植のなかでも最良な一つとなっている[3]。

第二は、団粒構造をつくり、保水力を高めることだ[3]。土壌は腐植と粘土とが混ざることで形成されるが、ミミズは腐植と粘土とを混ぜて食べ[4、6]、その腸内には、ヒアルロン酸、コンドロイチンといった粘質のムコ多糖が含まれるため、団粒構造がつくられる[6]。この団粒は強い安定性を示すため、ミミズが多くいる土壌は、土壌侵食に対して抵抗性が強い。ミミズを導入すると土壌の保水力が1カ月後には350%が増えたとの研究やナラの樹が30%も早く成長したとの試験結果もある[3]。

第三は、耕すことだ。ミミズを入れるだけで土壌の嵩は2倍となる[4]。その掘削深度は、ときには5mにも及ぶが、その壁は粘性物質でしっかりと固められている。だから、ミミズが掘った孔は植物の根の伸長にも役立つ[3]。

第四は、土壌養分の改善だ。ミミズは食道の後部にある石灰腺から石灰分を放出することで、土壌を中和している[3]。ミミズはセルロースを有機酸や酢酸に分解し、これらを吸収してエネルギー源としているが、セルロースの分解酵素セルラーゼが働くうえで最適なのは中性だからだ[4]。また、ミミズ糞には周囲の土壌に比べて、硝酸が5倍、リン酸が7倍、カリウムが11倍、マグネシウムが2・5倍、カルシウムが2倍も含まれている。ミミズの腸内でミネラル分が植物にとって可吸態となるからだ。掘った孔に残された糞中のミネラルは可溶化しているので、根からたやすく吸収できる[3]。

これだけ重要なミミズだが、化学肥料や農薬を嫌う。だから、ドイツの場合、森林では30種、草地では26種のミミズがいるが、農地にはわずか4種しかいない[3]。

ダニ等の微小な節足動物が有機物を細かく砕いて糞として出すことで土壌をつくると第2章で記述したが、デボン紀の生態系もクックソニアや蘚苔類、ヤスデやトビムシ、ワレイタムシなどからなってい て [7]、現在と類似した植物と動物との相互依存関係が当時からあったことがわかる [8]。とはいえ、当時の陸上生態系は現在のものとかなり異なってい た [7]。当時のサソリやムカデは捕食性で、ヤスデやコムカデが餌とするのは土壌に蓄積した有機物で [9]、いまでは枚挙にいとまがない植物を食べる節足動物、すなわち害虫はまったく存在しなかった [7、9]。

これも理由がある。植物を食べるには、セルロースやリグニンを分解する腸内細菌が必要なのだが、デボン紀にはまだ腸内細菌との共生関係が築けていなかったからだ [7]。微生物との共生関係を築くことで、植物を効率的に消化できる最初の動物となったのはゴキブリだった。石炭紀後期までに800種以上のゴキブリが出現し、石炭紀の昆虫の約6割を占めていた。まさに、石炭紀はゴキブリの時代だった。ゴキブリは現在と同じく、落ち葉の分解を速めるうえで決定的な役割を果たし、同時に、他の昆虫や魚類、両生類、爬虫類の餌にもなった。生物界の中で循環する植物由来の物質が増えたのは、まさにゴキブリのおかげだ [9]。

現在、有機物の分解と循環で大きく貢献をしているのはシロアリだが [5]、ゴキブリと同じく、腸内に共生する微生物によってセルロースを100%ちかく消化分解できる [9、10]。それは、シロアリは1億5000万年前にゴキブリから進化したからだ [4、9、10]。

下等シロアリの腸内に生息する鞭毛虫等の原生動物がセルロースをグルコースに分解し、バクテリアはこれを酢酸へと分解し、シロアリはそれを吸収している。下等シロアリの腸内の仕組みは、最先端のバイオエタノールの生産工程と同じだ [4]。

タンパク質はアルカリで溶けやすい。人間がアルカリ性溶液で土壌から腐植を取り出す分析技術を確立したのはここ100年ほどのことだが、シロアリは5000万年前からこの仕組みを使ってきた。高等シロアリでは、腸内をアルカリ性に保つことで腐植土のフェノール物質をタンパク質へと分解している [4]。

シロアリはアリ塚をつくるが地下数mから土壌を引き揚げている。シロアリもミミズと同じく土壌を攪乱して耕していることになる。シロアリが巣を放棄するとアリ塚は崩れるが、そこは周辺土壌よりも窒素、リン酸やミネラル分が多い[5]。

引用文献

[1] (財)自然農法国際研究開発センター技術研究部編『無肥料・無農薬のMOA自然農法』(1987) 農文協民間農法シリーズ
[2] 片野學『雑草が大地を救い食べ物を育てる』(2010) 芽生え社
[3] エアハルト・ヘニッヒ『生きている土壌―腐植と熟土の生成と働き』(2009) 日本有機農業研究会
[4] 藤井一至『大地の五億年』(2022) ヤマケイ文庫
[5] 久馬一剛『土の科学』(2010) PHPサイエンス・ワールド新書
[6] 藤井一至『土〜地球最後の謎』(2018) 光文社新書
[7] マイケル・ベントン『生命の歴史』(2013) 丸善出版
[8] リチャード・フォーティ『生命40億年全史』(2003) 草思社
[9] スコット・リチャード・ショー『昆虫は最強の生物である』(2016) 河出書房新社
[10] 2019年10月8日、「シロアリがキノコを栽培する? その謎に満ちた進化の過程を探れ!」朝日新聞GLOBE

第Ⅲ部

進化からみた微生物とタネとのつながり

第7章

共生の進化と森林の誕生

系統樹の揺らぎと遺伝子が垂直伝播しない謎

微生物が発見されたのは1676年。オランダの織物商、アントニ・ファン・レーウェンフック（Antonie van Leeuwenhoek、1632〜1723年）が自ら考案した300倍の顕微鏡で濁った水を調べたところ目に見えない微小な生物が泳ぎまわっていたのだ[1、2]。無菌マウスが生きられないように、ほとんどの植物は微生物がいない土壌では繁殖できない。生態系も微生物抜きではうまく機能しないから、最重要なプレーヤーといえる。けれども、いまだに生物学のカリキュラムも人類やそれにちかい脊椎動物が中心で、長年、微生物は重視されてこなかった[1]。地球上最古の生物でありながら、その働きを見逃すことで進化論も歪められてきた[2]。

19世紀の生物学者たちは生物の系統の模式図を描いてきたが[1]、1859年にダーウィンが自然選択説を提唱してからは、生物の種とは分岐していく枝だと考えられるようになる[2]。ダーウィン説に共鳴した前出のエルンスト・ヘッケル教授は、１８６６年に、これをさらに一歩進めて系統樹を提案した[1,3]。米国の植物学者、コーネル大学のロバート・ホイッタカー（Robert Harding Whittaker、１９２０〜１９８０年）教授が１９６９年に動物、植物、菌、原生動物、細菌の五区分を提唱して以来、種はそのどれかに属すると考えられてきた[4]。原生動物とは単細胞生物のうち動物的なアメーバーやゾウリムシのことだ。

１９６０年代後半、当時、まだイリノイ大学の若手研究者であったカール・ウーズ（Carl Richard Woese、１９２８〜２０１２年）教授は、生命の系統を遺伝的に明らかにしたいと考える[4]。それには指標となる遺伝子がいる。もちろん、遺伝子は突然変異で変化していくが、中核となる遺伝子（コア遺伝子）はほとんど変化しない。たとえば、エネルギーの生産方法を決めるコア遺伝子が変異すれば支障を来してその生物は生き残れないからだ。ウーズ教授は、タンパク質の合成にかかわるリボソームを遺伝子のなかで最も重要なものとして選んだ[4,5]。そして、リボソームのＲＮＡの配列をベースにして、１９７７年に、すべての生物が、真正細菌、古細菌、真核生物の三系統に分けられることを明らかにする[4,6,7]。１９９０年には、ＲＮＡの配列に基づいて全生命の系統樹も構築したが、それは、伝統的な系統樹とは似ても似つかないものだった[7]。

遺伝子の解析から見えてきた地球生命の真実の姿は、圧倒的大多数が微生物（真正細菌や古細菌）であって[1]、動物はおろか植物も真核生物のなかの系統樹の枝先にすぎなかった[1,6]。食中毒の原因となるサルモネラ菌は細胞核を持たない「原核生物」だが、ビールやパンづくりで欠かせない酵母はキノコと同じ真菌類に属していて細胞核をもつ「真核生物」だ。そして、見かけ上からは、植物に近いとされてきたキノコも意外なことに植物よりもゾウやヒトに近い関係にあることも明らかになった[6、7]。

しかしさらに、謎は深まった。ルビスコやニトロゲナーゼといった酵素をつくるコア遺伝子で系統樹をつくってみると、多くの遺伝子が垂直には継承されてはおらず、突然変異による進化モデルがあてはまらないことがわかってきたからだ。たとえば、ルビスコは、真正細菌では共通して見出せるのに、真核生物では藻類、渦鞭毛藻以外にはない。ニトロゲナーゼも古細菌のユリアーキオータや多くの真正細菌には存在するが真核生物にはない[1]。

コア遺伝子の奇妙な分布の謎は、ロックフェラー大学のジョシュア・レーダーバーグ（Joshua Lederberg、1925〜2008年）名誉教授が20代のはじめに生命の理解を大きく変える発見をしたことで解ける。それまでは、細菌を含めてどの生命の遺伝子も閉じたシステムだと考えられてきたのだが、細菌では遺伝子が互いに水平伝播できることがわかったのだ[2]。いまでこそ遺伝子を運ぶ形式としては主要ではないが、動植物が誕生するはるか以前には、細菌同士が互いに付着してDNAを交換する「接合」による遺伝子の水平伝播の方が、生殖による垂直伝播よりも主要な仕組みだった[6]。

遺伝子が水平伝播するとなると世界観はガラリと変わる。無害な大腸菌が病原菌に変貌するのにはごく少数の遺伝子が持ち込まれるだけでいい。実際に大腸菌のある系統が「接合」によって、病原性の遺伝子を水平伝播で獲得したのは400万年ほど前だし、病原性細菌の抗生物質耐性が従来の垂直的な継承では説明しきれないほど急速に獲得されるのも水平伝播のためだ。日本人の腸内細菌には海苔の消化を助ける遺伝子があるが、これも海藻を食べることに腸内にいる微生物が適応するため、別の微生物から水平伝播によって新たな遺伝子を獲得したからだ[6]。

細菌は想像を絶する環境でもずっと生き続けてきたし、いまも生物体としての量、すなわち、バイオマス量では多細胞生物すべての合計を上回る[8]。古細菌だけでも、いまも地球上の全バイオマスの5分の1を占めるという試算もある。これだけ量的に多く、かつ、熱水から極地まであらゆるニッチに細菌が棲息できる理由のひとつはその繁殖速度が速いことに加えて、種の壁を越えて遺伝子を水平伝播できるからだ[9]。有性生殖する動植物では当たり前の「種」も細菌では定義することが難しいし、種の概念そのものがぐらぐらと揺らいでくる[6、9]。

ウーズ教授がもたらした第二の衝撃は、古細菌は核をもたない点を除けば、真正細菌と共通するところが少しもないことだった[4]。古細菌は、1977年にウーズ教授によって発見されて「太古」という意味のギリシア語から「アーキア（Archaea）」と命名されたのだが、より正確に言えば、発見されたというよりも、分類をしなおされたと表現した方がよい。古細菌の多くが高温の酸性溶液や地下の油田等、極限環境に棲息しているため最近になって発見されたのだが[8]、1世紀も前から数種類は知られてはいた[5]。しかしこれらは、核をもたず、環状の染色体を1つもつことから、ずっと真正細菌と間違われてきたのだ[8]。

とはいえ、詳しく見れば古細菌と真正細菌とは細胞膜の構造も化学組成も異なっているし[8]、細胞壁も化学組成が違っていて共通点がない。全ゲノム解析から、古細菌の遺伝子の約30％は固有のもので、真正細菌と共通するものが3分の1しかないこともわかってきた[5、8]。

染色体にも違いがあった。環状の染色体を1本だけもつところこそ同じだが、真正細菌の染色体が裸の状態のままであるのに対して[4,8]、古細菌のなかには真核生物と同じようにヒストンというタンパク質で染色体を包んでいるものもいた[8]。古細菌は見かけ上でこそ真正細菌とそっくりでありながら、ことタンパク質の合成の仕組みは真核生物と似ていた[5,8]。リボソームも古細菌と真正細菌とでは大きく違うが、古細菌と真核生物との違いの方がむしろ小さい[8]。

さらに、奇妙なことは、ヒトを含めた真核生物の細胞と真正細菌とには大きなギャップがあり[4,8]、RNA配列の連続性も見出せなかった。両者には共通性がなく、真核生物は真正細菌から進化したものとはとうてい思えなかった[4]。遺伝子の視点から見れば、真核生物は半分が古細菌で半分が真正細菌という「キメラ」だったのである[5]。「キメラ」だとすると、ヒトを含めて真核生物はいったいどのようにして誕生したのだろうか。

細胞共生説と真核細胞の誕生

では、「キメラ」の謎解きを始めてみよう。同一個体内に別の細胞が混じっているとのキメラの定義どおり、細胞そのものがある種の合体の産物で共生体ではないかと考え、「内部共生」という概念を1893年に提案した研究者がいる。ドイツの科学者、バーゼル大学のアンドレアス・フランツ・ヴィルヘルム・シンパー(Andreas Franz Wilhelm Schimper、1856〜1901年)教授だ。教授は光学顕微鏡時代での観察の限界に挑んで、葉緑体が周囲の細胞とは独立してシアノバクテリアと似たようなたかたちで分裂することを発見する。そこで、葉緑体はシアノバクテリアが細胞内部で暮らすようになったものではないかと考えた。

この仮説は1905年にロシアの植物学者、カザン大学のコンスタンティン・メレシュコフスキー（Konstantin Mereschkowski、1855〜1921年）教授が発展させ、第2章でふれた地衣類を研究するなかで「葉緑体は植物細胞内での共生で、真核細胞は異なる細菌同士が合体することで進化したのだ」と主張した[4、6、10]。教授はサンゴが自分の組織内に藻類を住まわせて共生していることも知っていて[10]、1910年には「共生発生（symbiogenesis）」という用語までつくりだした[9]。1925年にはコロラド大学のイヴァン・エマニュエル・ワーリン（Ivan Emanuel Wallin、1883〜1969年）教授が「ミトコンドリアは宿主細胞の外部にあった細菌だ」との仮説を提唱する[10]。1927年の著作『共生説と種の起源』で「細菌が合体して新たな生命体を作った可能性がある」と述べた。けれども、20世紀の生物学者たちの大半は、進化は個体間の競争によって起こるとのダーウィニズムを信じていた。こうした仮説は無視されて注目されることはなかった[9]。

異なる生物同士が合体し、ミトコンドリアや葉緑体といった細胞内の小器官となることで真核生物が誕生したとの仮説は、1967年に前出のリン・マーギュリス教授が唱えることで復活する。教授の当初の論文も15の学術誌から掲載を拒絶され、著書『真核生物の起源』も多くの出版社が拒絶し、1970年にようやく出版されるほど異端視された見解だった。けれども、無視された前任者たちとは違い、その後には広く受け入れられ、その著作は20世紀で最も影響力のあった生物学の著作のひとつとなり、いまでは生物学の教科書にも掲載されるまでに至っている[2、6、8、9、10]。

教授の主張が受け入れられたのは、時宜を得て、仮説を裏付ける証拠が次々と見つかったからだ。ミトコンドリアも葉緑体も独自のＤＮＡをもち[9、10]、複製のタイミングも細胞本体とは別であること[9]。電子顕微鏡によって葉緑体にはシアノバクテリアと共通する構造があり、生化学の研究から、シアノバクテリアと葉緑体の光合成システムがほとんど同じであること[10]。そして、１９７０年代の遺伝学の発展によって、遺伝子配列からも、葉緑体は植物の細胞核よりも、シアノバクテリアに近い親戚で[9]、ミトコンドリアも現在の嫌気性の紅色非硫黄細菌（アルファプロテオバクテリア）に近く、宿主細胞となったのは、メタンを生産する古細菌だったらしいことが判明してきたことから、共生説の信憑性は高まった[2、6]。

20億年前の酸素増加とともに真核生物は誕生

もっとも現在では、シンパー教授が提唱した当初の共生仮説からは少し変わって、イギリスの進化生物学者、オックスフォード大学のトーマス・キャヴァリエ＝スミス（Thomas Cavalier-Smith）教授やロックフェラー大学のクリスティアン・ド・デューヴ（Christian René de Duve、１９１７〜２０１３年）名誉教授が提唱する真核細胞の祖先が他の細胞を飲み込んだという「原始食細胞説」に帰着するようになっている[5、8]。

いまも存在する最も原始的な真核生物は、寄生性のヒゲハラムシ目（ランブル鞭毛虫）と微胞子虫だが、原始的な真核生物１０００種類以上がミトコンドリアをもたない。これは最初の真核生物が嫌気性の生物であったことを意味する[5、8、11]。1983年に、スミス教授は、このことに着目し、古細菌に形状が似ていることから「アーケゾア（古動物）」と名付けた。

　仮に、アーケゾアが最古の真核生物であるとすれば、ミトコンドリアをもたないが、核と動物的な細胞骨格をもち、形を変えては食作用で餌を摂取する原始的な真核細胞が存在したことになる。遺伝子解析からは約20億年前にアーケゾアが誕生したことが示されている[8]。一方、化石の記録からも21億年前のものが最古で、数と多様さが急増するのが18億年前からだ[4、11]。この時期に真核生物が存在していたことは二つの理由から明白だ。一つ目は、細胞膜が変質した生化学物質ステアロンがあることだ。二つ目は大きさだ。原核生物は多くが5㎛に満たず大きくても10㎛しかないのに対して、真核細胞は10㎛以上で60㎛程度はある[11]。突然に大型の真核細胞が出現するのも20億年前なのだ[8]。

　したがって、真核生物がミトコンドリアの元になる真正細菌を飲み込んで獲得したのは、おそらく、これと合致する20億年前と類推できる[4、8]。それでは、20億年前にいったい何があったのだろうか。第1章の氷結した地球のことを思い出してもらいたい。23億年前のスノーボールアースの後、21億年前にマントルからのマグマの上昇によって地球は再び温かくなる。酸素濃度の上昇が起こり、酸素の濃度は現在の15％まで増えた[4、6、8、11]。この時に一致して真核生物は登場してきた[6、8]。

　繰り返しになるが、酸素は嫌気性生物にとっては毒だ。前述したストーリーによれば、宿主となった原始食細胞は酵母のように非効率な発酵プロセスでエネルギーを獲得している嫌気性細菌だったが、酸素を使ってエネルギーを生み出す好気性の細菌を飲み込んだことで、酸素のある環境にも適応でき、なおかつ、効率よくエネルギーが生み出せるようになったことになる[5、8、12]。スウェーデンのウプサラ大学のジーヴ・アンデション（Siv Gun Elisabeth Andersson）教授はこれを「酸素毒仮説」と呼んだ[8]。たしかに酸素は有効でミトコンドリアによって原核細胞よりも10万倍も多くのタンパク質をつくれるし、多くの酵素、ホルモンを製造できるようになった[2]。

アメーバーや白血球のように他の原核生物を丸ごと飲み込むことを「食作用」と呼ぶが[10]、この食作用が真核生物と原核生物とを区別する決定的な特徴だ[8]。食作用を行なうには大量のエネルギーが必要だから、相手よりも早く増殖する小型の細菌の方が俄然有利だ[5]ミトコンドリアによってエネルギー問題が解決されたことによって初めて、真核生物はその制約の壁を突破して、食作用ができるようになり、複雑化への道をたどれるようになった[5,8]。

細胞共生のための細胞内でのコミュニケーション

現在、知られている生物種の総数は約175万種、未知の種の存在も考慮すれば3000万種もいるとされ、地球で最初に誕生した「究極の祖先」から進化・分岐していったものだとされている。けれども、東北大学の中沢弘基元教授は、古細菌、真正細菌、真核生物のどれが一番原始的かを決定できなかったこともあって、究極の祖先そのものがなかったと主張する。そして、現在では、遺伝子の水平伝播が頻繁であることから、「網目状系統樹」も提案されているとする[3]。実際、真核生物の細胞内では、系統樹の遠い枝が絡み合って合流している[7]。

マーギュリス教授は、進化の初期段階においては、水平伝播による遺伝子の獲得が決定的に重要だと考えていた[9]。真核生命を誕生させた内部共生説は、遺伝の観点からみれば、ある微生物が別の微生物を飲み込むことによって、飲み込んだ微生物がもつ遺伝子を丸ごと獲得するという水平伝播の事例だともいえる[6]。すべての真核生物の祖先は、酸素からエネルギーを生み出す能力を、そして、植物の祖先は光合成をする能力を、種の壁を超えて一瞬にして水平的に獲得したことになる[7]。

けれども、光合成細菌がもつ能力が一気に獲得されたというよりも、光合成ができる生物とできない生物とが、もちつもたれつで何億年も一緒に暮らしているうちに、相手への依存度が増して、もはや相手なしでは生きられなくなったと解釈した方がいいかもしれない[7]。植物は、約16億年前にシアノバクテリアが宿主と合体することで誕生したわけだが[2]、植物が誕生するまでの宿主、ミトコンドリア、シアノバクテリアという三者関係を考えてみよう[6]。

宿主である嫌気性細胞のところには、嫌気性の紅色非硫黄細菌がすでに下宿していた。そこに酸素を生産するシアノバクテリアという別の下宿人が入居し、第二段階での内部共生が起きたことになる。けれども、シアノバクテリアが新たに下宿することは、先住者である嫌気性の紅色非硫黄細菌にとっては死を意味する。シアノバクテリアは光合成の廃棄物として酸素を放出するからだ。死を避けるには細胞から酸素を除去するしかない。紅色非硫黄細菌は、古細菌がもっていた酵素シトクロームCオキシターゼを活用し、なんとか酸素を処理できるように進化した[6]。

問題はこれだけではない。三者の共同生活は、互いが協力すれば全員の利益となる可能性があるとはいえ、それは相互牢獄でもある。紅色非硫黄細菌が宿主の古細菌よりも少しでも速く成長すれば、何世代か後には宿主細胞よりも大きくなって宿主細胞は死んでしまう。逆に紅色非硫黄細菌の成長が遅ければ、宿主も成長が遅くなり、下宿人がいない分だけ細胞内生物を獲得しなかった親戚の方が養分獲得の競争が有利になってしまうであろう[6]。

したがって、宿主細胞は、紅色非硫黄細菌を制御する必要がある。それには、紅色非硫黄細菌のコア遺伝子のうちのいくつかを宿主細胞に移して、細菌側の遺伝子を減らせばいい。シアノバクテリアの場合も光合成に必要なタンパク質をつくる遺伝子をだけを残して、それ以外の遺伝子の多くは宿主細胞側が受けもつ必要がある[6]。

現在の真核細胞は、完全に合体した複合システムとなっていて、宿主細胞は細胞内に内部共生するパートナーを実質的に奴隷化している。細胞内の生物は多くの遺伝子を失ってもはや宿主細胞外では生殖できなくなっている。とはいえ、エネルギー生産や一部のタンパク質をつくるための遺伝子はいくつか残されている。これは、1個の細胞内に2つのタンパク質工場がある状態となっていることを意味する。両工場でのタンパク質生産が細胞間でどのように調整されているのかのプロセスはまだよく解明されていないが、独自の工場が併走して操業しているのだから、濃密なコミュニケーションによって、宿主と下宿人との連携がうまく機能していることだけはわかる。ミトコンドリアは宿主の核にある遺伝子のスイッチを入れたり切ったりし、宿主の行動を変えたりできることは知られ、この信号体系は「逆行性シグナル」との名が付いている。これは、1つの部屋を共有する二種類の細胞同士が「クオラムセンシング」をしている状況とよく似ている[6]。

クオラムセンシングと資源が乏しい世界での廃棄物の再利用

一見すると、孤立無縁に生きているかに見える微生物も化学信号を用いて他の微生物とコミュニケーションをしあうことで集団としてのパワーを最大限に発揮している。なかでもよく研究されているのが、その空間に仲間の微生物がいるのかいないのかを感知する「クオラムセンシング」だ[6]。

「クオラム」とは、もともと議会での議決に要する定足数のことだが、微生物同士がコンセンサスをとりつつ集団行動をしているように見える現象からこの名が付いた。具体的にどう機能しているのかというと、ある微生物が送り出す特定の分子が別の微生物の細胞膜の特定の受容体にキャッチされ、受けた細胞内の遺伝子の発現が変わることで発動している。それによって微生物の行動が変化することもある[6]。

「本当か」と思われるかもしれないが、微生物には脳はないが感覚系はあり、環境からの信号を受け取れば反応する。1970年に、ハーバード大学のウッドランド・ヘイスティングス(John Woodland Hastings、1927〜2014年)名誉教授と学生だった南カリフォルニア大学のケネス・ニールソン(Kenneth H. Nealson)名誉教授がクオラムセンシングを偶然に発見することになったのも、この一例だ。2人は、海にいる一部の魚の発光器官に住む発光バクテリアがどのような仕組みで光るのかを調べていた。発光器官内の細菌の密度は高く1000億/㎣にも及ぶが、同じ微生物を分離して密度を低く純粋培地上で育ててみると光らない。2人は低密度では発信されず、密度が高くなると発信される信号が微生物が分泌する化学物質であって、一定の濃度に達すると文字どおり細胞が点灯することを発見したのだった[6]。

いま、純粋培地と述べたが、助手のユリウス・リヒャルト・ペトリ（Julius Richard Petri、1852〜1921年）とともに寒天に養分を添加した培地で微生物を分離・培養する手法を考え出したのは、ロベルト・コッホ（Robert Koch、1843〜1910年）だ。環境のなかから個々の微生物を取り出して分離培養することは大きく医学を進歩させた。けれども、いくら純粋培養されても密度が低ければクオラムセンシングは起こらないし、海水や土壌中、あるいは、人間の腸内にいる微生物の99％以上は、いまも実験室内では分離培養されてはいない[6]。

試みの多くが失敗してきたのは、微生物をできるだけ早く育てようと大量の養分を与えてきたからだ。現実の自然界では、ごくわずかの例外を除いて、アミノ酸や糖等の養分は培地の数万分の1しかない。資源が乏しい世界のなかで生き抜くために、微生物たちがとったのは、相手の資源に依存することだった。別の言い方をすれば、微生物は相手が排出する廃棄物を活用することで自分の生活を維持する戦略を講じたとも言える。環境問題が深刻化するなか、廃棄物の再利用や資源循環が必要なことは言うまでもないのだが、微生物は群落をつくることで、はるか昔から養分獲得の効率をアップし、資源の再生利用をしてきたのだ[6]。

つまり、微生物たちはバラバラの一匹狼で生きているわけではなく、そのほとんどは「共生」している。したがって、現実の世界における微生物たちの本当の暮らしぶりを理解するには、微生物学者も微生物同士の相互作用を調べる社会科学者となる必要がある[6]。

地球は原初から共生していた――競争から社会的連帯への転換

こうした認識を微生物学者がもつことで生命進化の理解は大きく向上した。そのひとつが、意外に思えるが、人間だけでなく、微生物も社会的生物であることがわかってきたことだ。この「微生物ムラ」のひとつのルールをあげるとすれば、他の構成メンバーを差し置いてまで独り勝ちする構成員はいないということだ。もちろん、社会的生物であるとはいえ、ときには攻撃的や競争的になったりすることもある。他の微生物を殺す物質もつくりだせる。抗生物質のほとんどが微生物によってつくられていることからもそれは明白だ。けれども、こうした物質はムラの身内の攻撃のためよりは侵入者に対する防御として使われることが多い。言うなれば、ある特定の機能をもつ細菌は招かれて村社会に参加できるが他のよそ者は排除されるという紳士協定がある[6]。

太古からある微生物の共生の仕組みの原則をざっと見てきたところで、第4章と第5章で取り上げた窒素とリンを獲得するための微生物たちの戦略を見てみよう。結論から言うと、やはり、重要なことは、チームとしての連帯だ。

ある窒素固定細菌はそれ以外の細菌よりも多くの窒素を固定できるし、リンを可溶化する細菌の働きもわかってきたことから、こうしたエリート細菌を土壌から分離する多くの研究が進んでいる[13, 14]。能力に秀でた精鋭種だけを選んで実験室で増殖。微生物資材として農家に販売しようとする計画も現われており、それは一見するとよさそうに思える。けれども、クリスティン・ジョーンズ博士は、ここには大きな落とし穴があると警告する[13]。というのは、ある特定の微生物資材を購入して土壌に添加してみても、多くは役に立たず、期待した効果が得られないからだ[13、14]。

同じことを京大の東樹宏和准教授も指摘する。東樹准教授は、土壌劣化や連作障害、肥料高騰、農薬耐性菌の蔓延等、近代農業がもたらした課題を解決するヒントを、森林に棲息する土着菌に求めて、2020年にバイオテクノロジーベンチャー、サンリット・シードリングスを立ち上げている。この会社は、土壌ごとに異なる土着菌のシークエンスデータを解析することで、どうすれば土壌生態系が復旧できるのかについて情報提供サービスも行なっている。生態系のコアとなる微生物をビックデータで解析することによって、農作物の成長促進や腸内細菌叢の働きが一体として捉えられるようになってきているとして、准教授はこう続ける。

「これまでの農業技術では、それぞれの病気に個別に対応してきたことが多かった。けれども、もともと植物は農薬がなくても免疫力で対抗できるようになっている」

准教授は、ある優れた菌を使って効果が高い状態をつくりだせるのかを実験した結果についてこう語る。

「ある菌のスコアが高いとする。それを実験室で作物に接種してみる。すると、たしかに良い結果が得られる。けれども、実際の野外の圃場では人間が選んだ微生物だけが良い効果を発揮できるわけではない。ある菌とまたもうひとつの別の菌の効果がよかったのでエース同士をあわせて使うとどうなるかをやってみた。すると意外に平凡な効果になってしまうことがわかった。逆にエース級と単独ではぱっとしない菌とを混ぜるとかえって良くなることもあるのだ」[15]

なぜ土壌微生物は、このような不可思議な反応をするのだろうか。それは、微生物は多様なチームとして機能しているからだ[14]。あることが得意な微生物がいれば、別のことが得意な微生物もいるが[14]、窒素固定細菌もリン可溶化細菌も、いずれも単独では働かない[13]。窒素固定細菌はリン可溶化細菌や微量ミネラルを活性化できる細菌がいてこそ、それに刺激されて能力を発揮する[13、14]。植物の側もそうで、リン肥料を施肥すれば、リン可溶化細菌は必要ないから植物は彼らへのサポートを止める。リン可溶化細菌がいなければ、生物的窒素固定も起こらなくなる[16]。リンの施肥は、結果として、窒素固定細菌も減らす[13、17]。第4章と5章で登場したウェンディ・タヘリ博士もリンが過剰に施肥されると菌根菌との関係性が抑制されることから、施肥量を減らす必要も述べる[18、19]。自然は実に精妙なからくりで動いている[13]。

土壌はシステム全体として機能していて、すべてが相互につながって協働することで、チームとしてトータルの効率性を高めている[13、14]。それが、スムーズに機能するには、真正細菌や古細菌といった土壌中に棲息するすべての生きものたちが協働する必要があるのだが[14]、化学肥料や農薬を用いると、こうした複雑な連携を可能としている生化学シグナルの伝達が妨害され、コミュニケーションのすべてが瓦解する。それが、いまの土壌で起きていることなのだ[13]。

寄生、腐生から共生関係へ——真菌類の進化

葉緑素をもつウミウシ。エラに木を消化する細菌を棲息させるフナクイムシ。細菌を育てるアメー

バー。菌類を栽培するアリ。いま、生物と微生物との共生関係の事例は次々と発見されてきている[9]。前節まで見てきた相互のつながりと連帯の視点から、今度は森林生態系をみてみよう。

エネルギー的にみれば、生物は化学合成や光合成によってエネルギーを獲得する「独立栄養生物」と、それ以外の生物やその代謝産物をエネルギー源とする「従属栄養生物」に大別できる。微生物全体をみると、起源が古い細菌には独立栄養生活を営むものがいるが、放線菌や真菌類（カビやキノコ）はすべて従属栄養生活者となっている[12]。

森林総合研究所の菌類の研究者、小川眞（1937～2021年）博士によれば、共生とは長い進化の結果、現われたライフスタイルだ。ひと口に共生といってもさまざまある[12]。とかく、互いが共にメリットを交換しあって恩恵を得る「相利共生」をイメージしやすいが[20]、一方の生物種だけが利益を受ける「片利共生」もあれば、一方的に養分が奪われ不利益を与える「寄生」もある[12、20]。

いわゆるキノコを含む担子菌門は3万種ほどあるが[20]、栄養源の獲得方法から見れば次のようになる。①相手を殺して食べる肉食獣のように有毒物質を分泌して植物細胞を死滅させて栄養を吸収する「殺生栄養」、②相手側の生活力を損なわない程度に宿主から一方的に栄養を吸収する「寄生栄養」、③死肉をむさぼるハイエナのように完全に死んだ相手の遺体を食べたり、排泄物を分解することで栄養を取る「腐生栄養」、そして、最後が④「共生」だ[12、21]。つまり、キノコやカビといった真菌類は、エネルギー源を獲得するために植物を分解するか、共生関係に持ち込むかのどちらかの手段を取っている[20]。①と②のやり方で、生きた植物に殺生・寄生するカビが植物の病気を引き起こしていると言える[21]。

植物にリンを提供することから共生の代表として第2章と第4章とで記述した、アーバスキュラー菌根菌の祖先もおそらく初期の頃は植物を殺したり寄生したりして養分を奪っていたのであろう[12、22]。相手を食い尽くして共倒れとなって消滅してしまったものもあったことであろう[12]。けれども、次第に菌はその攻撃力をゆるめて寄生から共生へと進化していく[22]。

植物の側も他の生物からの攻撃にも耐えて抵抗力を強め、微生物のなかから毒性が弱いものを選んで取り込み共生する方向で進化してきた[12]。

たしかに、下等なグループほど殺生や寄生が多く、腐生や共生が少ない。最も起源が古い卵菌やツボカビなどは多くが寄生生活を送っており、それも、易分解性の物質を利用するものに限られ、セルロースのような高分子化合物を分解する能力は欠いている[12]。少し進化した子嚢(しのう)菌では地衣類をつくる共生菌もいるが、菌根をつくるのはトリュフぐらいで、大半は腐生菌か植物病原菌や昆虫を殺す冬虫夏草と呼ばれる殺生菌だ[12、22]。

落葉分解菌や木材腐朽菌も腐生菌の性質を残した腐生的共生菌で[12]、起源が古いサルノコシカケの仲間、硬質菌はほとんどが木材腐朽菌で樹木に共生するものは稀だ[22]。腐生菌のほとんどは、落葉・落枝や木材等のセルロースは分解できても、リグニンまで分解できるものは少ない[12、22]。その後、セルロースやリグニンを強力に分解する能力を備えた担子菌が登場してくる[20]。担子菌類でも下等なものでは殺生菌や寄生菌が見られるが、最も進化したものでは菌根を形成する共生菌が約40%と多くを占め、病原菌はほとんどいなくなる[12]。

アーバスキュラー菌根菌や外生菌根なくては生きていけない植物たち

共生の発展を地球史的にざっとみてみると、まず、アーバスキュラー菌根菌やケカビ亜門の菌類がコケ類やシダ類と共生を始めた[12]。アーバスキュラー菌根菌は相手をほとんど選ばず[20]、今日ではあらゆる植物種の90％以上が菌類に依存している。以前は菌根を形成しないと考えられてきたアブラナ科の植物もやはり菌類との関係性を維持していることが2018年にはわかった[7]。

だから、陸上植物では、菌根菌がいない植物を探した方が早い。そのひとつは、ヒツジグサやイグサのような水性植物か、カヤツリグサやソバのようにその祖先が水中か水辺に生えていた植物だ。水生植物の根は常に低濃度の養分の溶けた水に接している。カヤツリグサでは細根が多く、ソバでは根毛が長く、必要な養分を吸収できる[12]。つまり、細根や根毛が多く、根の周囲に特定の根圏微生物群をもつ植物は菌根をつくらない。けれども、ダイコンでも接種すると菌根が形成されるし、水生植物も根が水から離れると菌根ができることがある。イネは水田に植えると菌根をつくらないが、畑に植えるとつくられる*[12]。

逆に、細根や根毛が少ないマメ科、ナス科等の植物は、菌根菌の助けがないと水が十分に吸えない[12]。根が十分に発達した以降も、土壌から水を吸い上げているのは、根や根毛だけではない[22]。たとえば、ダイズのアーバスキュラー菌根菌の菌糸の長さは最大12㎝もあって、なおかつ、太さは10㎛

以下と根よりもはるかに細い。狭い土壌空隙にまで入り込んで、水分吸収を助けている[20]。水だけでなく、リン等の養分も提供し、土壌と植物とをつなぐ絆としての役割を果たしていることは第2章で詳述した[12]。

植物との長い共進化の結果[20]、アーバスキュラー菌根菌は植物の成長を助けてはいるものの同時に植物なしでは自分も生き残れないようになっている[22]。

針葉樹の祖先が現われるのは石炭紀の末期だが、針葉樹の祖先が現われた頃には担子菌も発展したはずだ。キノコは腐りやすいために化石が少ないが最も古い初期の子実化石が発見されているのは、1億1000万年前のジュラ紀で、被子植物が現われるのは1億5000万年前の白亜紀だ。マツ科、ブナ科、カバノキ科、ヤナギ科、フタバガキ科、フトモモ科等はいずれもジュラ紀や白亜紀の境目の前後に分科した植物群で、落葉・常緑を問わず、いずれもキノコと外生菌根をつくっている[20]。外生菌根は5000種を超えるが、アーバスキュラー菌根菌とは違って、その多くが樹木と共生する[20、22]。

菌根には大きく内生菌根と外生菌根の二つのタイプがある。前述してきたアーバスキュラー菌根菌は、内生菌根で、菌糸が植物の根の内側まで侵入するが、マツタケ菌に代表される外生菌根菌では菌糸が奥深くまでは侵入しない。外生菌根そのものの化石も少ないが最古のものは5000万年前のマ

＊――水田では湛水によって還元状態となるため、畑地に比べて土壌中のリン酸が可給化しやすく、還元状態で可給態となるリン酸の量は畑状態のときの約1・6〜6・5倍とされている。

ツの根に見つかっている[20]。スギ科やヒノキ科に比べて、マツ科は、同じ針葉樹といっても地質学的には新しい。アカマツやクロマツは第三紀やそれ以降の第四紀に出現したとされ、現在、最も繁栄している樹種のひとつだ[22]。

進化の順番で言うと、古くからいる腐生菌は、落ち葉や枯れ枝、幹を分解することでエネルギーを獲得している。腐生菌であるシイタケ菌の胞子をつくる子実体（キノコ）、つまり、シイタケがほだ木やオガクズでたやすく人工栽培できるのはそのためだ。これに対して、生きた樹木にエネルギー源を依存する外生菌根菌は単離培養が難しい。同じ子実体であってもマツタケの人工栽培が難しいのは、マツタケ菌は松の根と共生する外生菌根菌だからだ[20]。

逆も真実で、マツ科、ブナ科、カバノキ科、フタバガキ科では、パートナーである外生菌根菌がいなくなれば、すぐに水切れを起こして枯れる。外生菌根の菌糸はメートル単位で広がるため、乾燥に対する耐性を高めてくれるうえ、外生菌根をつくる樹木では、菌糸が水を吸収してくれるため、菌根ができると根毛は消えてしまうからだ[22]。

キノコと樹木とが安定した共生関係に入ったのは白亜紀末頃であろう。植物は独立栄養生物とされているが、実は、植物といえども単独では生きられない。とりわけ、樹木はカビやキノコ等の菌類とのつながりが強く、このパートナーなしでは生き残れないものが多い[22]。

森林は常にミネラルが循環し窒素飢餓状態

表1　動物・菌類・植物の窒素含有量

	哺乳類	キノコ	落葉
水分	50～80%	85～94%	7～17%
主成分	タンパク質47～69% 脂質18～38%	タンパク質24～42% 多糖類37～61%	セルロース16～50% リグニン11～50%
窒素	1.9～3.2%	2.8～7.0%	0.4～1.2%
リン	0.6～1.0%	0.6～1.3%	0.09～0.12%
カリウム	0.2～0.4%	2.4～4.1%	0.2～1.3%

出典：大園享司『生き物はどのように土にかえるのか』(2018) ペレ出版

秋になると広葉樹が紅葉して葉を落とすのも低温と乾燥への適応だ。秋になって気温が下がると光合成活動は低下し、葉はただエネルギーを消費するだけのお荷物と化す。また、土壌が凍結するときには根から水が吸えないのに葉から蒸散で水が失われることは無駄になる。これを避けるには葉を切り捨てるしかない。紅葉は、青緑色の色素クロロフィルが分解され、赤色のアントシアニンや赤色・黄色のカルテノイド等の色素が見えてくる現象だが、なぜ、クロロフィルが分解されるのかというと、リサイクル可能な葉の窒素を回収しているからだ。窒素固定では、呼吸の10倍くらいのエネルギーが失われるから、植物からすれば、貴重な窒素は無駄にしたくない[23]。

そうはいっても、動物と比較すれば窒素は圧倒的に少ない[表1]。平均すると動物体の窒素量は乾物中の10%、リンは1～2%、カリは0・2～0・7%だ。この値をアカマツの葉に含まれる量と比べると、窒素は30倍、リンは100倍、カリは2倍もある。だから、こうした動物が排泄する糞にも窒素、リン、カリ等が多い。魚を餌とする鳥の糞にも窒素、リン、カリが豊富に含まれている[12]。動物の遺体は、キツネ、カラス、ワシ、タカ等の肉食動物やクロバエやニクバエ等の清掃動物、そして、微生物によって分解されるが、腐敗した後にも養分が多く残される。けれども、動物の遺体の発生量は最も多くても平均50kg／ha・年だ。これに対して、植物の遺体の発生量は3～10t／ha・年もあって桁が違う[22]。

そして、量的に圧倒的に多い木質部分は落葉以上に窒素が乏しい。だから、腐りにくい。法隆寺の棟梁、西岡常一（1908～1995年）は「樹齢千年のヒノキを使えばその建物は千年持つ」との名言を残したが、これは樹齢千年のヒノキが腐るのには千年がかかることにほかならない[22]。

コラム⑦でも書いたようにシロアリ等、植物質を餌とする動物は、腸管にセルロース分解菌を養って分解させ、その分解産物を吸収している。だから、その糞は微生物の出す物質で固められ柔らかい。カビやキノコも炭水化物が多い植物質を分解していく。ウーズ教授の遺伝子の解析からキノコは動物に近いと述べたが、表1をご覧いただきたい。キノコは含まれている窒素、リン、カリの量から見ても動物のそれと似ている。キノコに含まれるリンの量はマツ葉の10～20倍、カリは30～300倍となり、窒素の含有率も植物の3～6倍もある[12]。

キノコの傷みが速く、植物に比べれば驚くほどの速さで腐っていくのも[22]、キノコの味が良いのもとりもなおさず、アミノ酸含有量が高いためだ[12]。栄養価が高いキノコは人間だけでなく、生きているうちから、ナメクジ、トビムシ、ヒメフナムシ等の動物や昆虫、カビ、そして、細菌の餌となる[12、22]。

細菌は、元来、こうした窒素が多い餌を好み、窒素やリンを集積する。そして、菌根菌の菌糸は根毛よりも細く長く、根が届かない範囲からも水を集め、有機物や鉱物を溶かして養分を吸収して植物に与える能力ももつ。動物の遺体、動物の糞、キノコ、微生物は、森林が自ら生み出している固形肥料と言えるかもしれない。そして、菌根菌は養分を効率よく集めるために働いていると考えた方があたっているようにも思える[12]。

森林土壌と耕地土壌の微生物相の最大の違いは、森林土壌には難分解性の物質を分解するキノコや樹木の根に菌根をつくる真菌類（キノコやカビ）が多いことだ。こうした菌は、まさに環境が安定している森林内で進化してきたもので、森林で生まれ育った微生物ともいわれている[12]。

窒素循環の乱れで地球全体が施肥状態に

肥料をまったくやらないのに山では植物がよく育つ[21]。森林生態系にインプットされる窒素といえば、雨水に溶けている窒素や窒素固定細菌によって固定される窒素が主なものだが[22]、養分が乏しいところであればあるほど、物質循環は効率よく進む[12]。森林内における窒素循環はまったくといっていいほど無駄がない。いいかえれば、森林の生物は窒素飢餓にちかいギリギリの状態で暮らしているともいえる[22]。

森林が健全に育っていれば物質が外部へと流出することはほとんどない[12]。逆に、消費できる限度を超えて必要以上の量が入ってくると水に溶けて流れ出す。だから、渓流水の化学組成は健康診断での尿検査のように生態系の健康指標として使える[22]。

外部から少量の窒素分が加わると飢えていた植物はすぐ反応して徒長する。貧栄養状態で暮らすことに慣れているアカマツやクロマツのような植物ほどその反応が早い。堆肥だけで栽培していたキュウリに水で薄めた硫安をかければ驚くほどよく育つがそれと同じ現象だ[22]。

汚染による窒素過多状態と窒素肥料のやりすぎとには共通点が多い。第4章で記述したとおり、いま化学窒素肥料のつくりすぎで、地球規模での窒素の循環量が急増している。小川博士は海岸に植えたマツを含めて、いつまでも木の梢や枝が新芽を出して伸び続けている現象に着目し、この状況を「地球全体に薄い窒素肥料を撒き続けているようなものだ」と指摘する[22]。

小川博士はマツ枯れも土壌の富栄養化による菌根の消失と根の腐りの拡大が誘因になっているとの仮説を唱えたが[22]、2018年に、オランダの植物研究所のシエテ・ヴァン・デル・リンデ（Sietse Van der Linde）博士らはヨーロッパ中に見られる樹木のダメージが排気ガスや酸性雨等の窒素公害によって菌類との関係が断たれたために起きたと示唆している[7]。

マツ枯れに限らず、世界でも木が枯れればどこであれ、病害虫が問題視されその対策が講じられる。けれども、小川博士は、病害虫は、誘因（環境）、素因（遺伝的性質）、主因（病害虫）の三つが重なることで発症すると指摘する。そして、この三要因も三つの円が等しく重なったように図示されがちだが、環境が最も大きく、そのなかに、遺伝的性質の素因が入り、その内側に主因、すなわち、病原体があるとした方がわかりやすいと付け加える[22]。

自然生態系とは水袋のようなもので、多少、押さえても水が少なくて袋が丈夫であればちょっとやそっとでは壊れない柔軟性をもつ[22]。森林生態系を例にあげれば、生物多様性が豊かな天然林内では生物同士の足の引っ張り合いが起こっていて、これが病害虫の大発生を抑制している。樹木も動物や微生物の攻撃から身を守るため、分解しにくいリグニンからできた樹皮に包まれている。だから、なんの外的な要因もなく樹木が枯死することはほとんどない。天然林では生物自身が農薬となって生態系の内からの破壊を食い止めていると言える。森林に病害虫が発生することは、すでにその生態系が不健全になっている証拠なのだ[12]。

これに対して、一種類の樹木だけからなる人工林では、生物相が単純化しているから、その植物特有の病害虫が侵入・発生しやすくなっている[12]。水袋の例で言えば、余裕がなく強く押されると水圧があがりやすくなっている。だから、針の先を突き刺すだけで簡単にはじけてしまう。袋に圧をかけるのが環境からのインパクトで、袋のゆとりが多様性、刺激となる針が病害虫にあたる[22]。なにかのきっかけで増殖を始めれば天敵が少ないので被害が急速に広がる[12]。被害を受けても天然林は修復力が高いが、人工林はクロマツが枯れればすぐ笹原に変わってしまう。単純な生態系ほどゆとりがないため壊れやすい[22]。

生態系は意外にもろい。森林生態系は、ひとつの種、1本の植物だけでは生きてはいない。植物だけから構成されているわけでもなく、細菌、キノコ、小動物、鳥類、哺乳類と多種多様な生物がそれ以外の生物と複雑に絡みあい、まさに、ひとつの生物のように生きて関係しあっている複雑系だ。だから、その構成メンバーの一部がダメージを受ければ連鎖反応が進んでやがて全体が崩壊してしまう。どれかひとつが欠けても物質循環が崩壊しかねず、森林は共生の原理によって成り立っていると言える[12、22]。したがって、よく土壌微生物学にみられるように、微生物を細菌、放線菌、糸状菌等にグループ分けして扱うことはほとんど無意味に等しい、と小川博士は言う[12]。

そう。生命は誕生したときから、乏しい資源世界の中で生き延びるために連帯しあってきた。新自由主義経済の矛盾が深まるなか、着目される社会的連帯経済は、生物学のルールからみても、地球のデフォルトの原則だったのである。こうした自己完結型の循環は、作物が収奪され、施肥によって補完している耕地の場合とはまったく異なる。生物的窒素固定で最も有名なものは、マメ科植物の根に空中窒素を固定するリゾビウム属細菌が共生して根粒をつくる事例だ。けれども、マメ科のなかでも根粒を付けないものがあることや純粋培養が容易なことから、マメ科植物との共生は非共生的な窒素固定菌が根に侵入したのであって、この共生の起源は地質学的にはかなり新しいとされる[12]。最古の化石が6535万年前のものであるように、マメ科植物は白亜紀末の大量絶滅と関連してそれ以降に出現した。根粒菌との共生も、よく知られたエンドウでは約3900万年前以降と新しい。では、この原則を生かして農業を再生するとすればどのような見取り図が描けるのだろうか。

引用文献

［1］ニコラス・マネー『生物界をつくった微生物』（2015）築地書館
［2］ルース・カッシンガー『藻類―生命進化と地球環境を支えてきた奇妙な生き物』（2020）築地書館
［3］中沢弘基『生命誕生』（2014）講談社現代新書
［4］ニック・レーン『生と死の自然史』（2006）東海大学出版会
［5］ニック・レーン『生命の跳躍』（2010）みすず書房
［6］ポール・フォーコウスキー『微生物が地球をつくった』（2015）青土社
［7］マーリン・シェルドレイク『菌類が世界を救う』（2022）河出書房新社
［8］ニック・レーン『ミトコンドリアが進化を決めた』（2007）みすず書房

［9］デイビッド・モントゴメリー、アン・ビクレー『土と内臓』（２０１６）築地書館
［10］アンドルー・ノール『生命―最初の30億年』（２００５）紀伊国屋書店
［11］ウィリアム・ショップ『失われた化石記録』（１９９８）講談社現代新書
［12］小川眞『作物と土をつなぐ共生微生物～菌根の生態学』（１９８７）農文協自然と科学技術シリーズ
［13］Christine Jones, "The Phosphorus Paradox" with Dr. Christine Jones（Part 2/4）, Green Cover Seed, 6 April 2021.
https://www.youtube.com/watch?v=lSjbVxTyF3w&t=7s
［14］Christine Jones, "The Nitrogen Solution" with Dr. Christine Jones（Part 3/4）, Green Cover Seed, 13 April 2021.
https://www.youtube.com/watch?v=dr0y_EEKO9os
［15］２０２３年3月8日、「微生物ベンチャーが目指す地球規模の課題解決～統合的な科学アプローチで生態系のリデザインへ」
京都リサーチパーク、オンラインセミナー、筆者聞き取り
［16］Christine Jones, Humic Acid: Soil Restoration: 5 Core Principles,Eco Farming Daily, July 2018.
https://www.ecofarmingdaily.com/build-soil/soil-restoration-5-core-principles/
［17］Christine Jones, "Secrets of the Soil Sociobiome" with Dr. Christine Jones（Part 1/4）, Green Cover Seed, 30 March 2021.
https://www.youtube.com/watch?v=Xtd2vrXadJ4
［18］Dr. Mercola Interviews Dr. Taheri, Soil Health and the Importance of Mycorrhizal Fungi, 27 Nov, 2015.
https://jcmgf.org/soil-health-and-the-importance-of-mycorrhizal-fungi-2/
［19］Dee Goerge, Why You Need to Know Arbuscular Mycorrhizal Fungi, Successful Farming, 16 Feb, 2016.
https://www.agriculture.com/crops/fertilizers/technology/why-you-need-to-know-arbuscular_175-ar52320
［20］齋藤雅典『菌根の世界』（２０２０）築地書館
［21］酒井隆太郎『植物の病気』（１９７５）講談社ブルーバックス
［22］小川眞『森とカビ・キノコ―樹木の枯死と土壌の変化』（２００９）築地書館
［23］葛西奈津子『植物が地球を変えた』（２００７）東京化学同人

コラム⑧ **四季が織りなす落ち葉分解の役者たち**

秋になって気温が下がると落葉の季節が始まる。生の葉に棲息していたカビやさまざまな菌は葉が枯れると同時に姿を消す[1]。同時に低温で活動するカビが地表に落ちた枯れ葉の分解を始める[2]。これが、落ち葉の成分のうち分解されやすい10％の糖が分解されることで[1、2]、まず脱色して白っぽくなってゆく「ソフトロット」と呼ばれる第一段階だ[2]。

残りの90％は、分解しにくい成分、セルロースとリグニンからなっている。人間はセルロースの分解酵素、セルラーゼをもたないからデンプンしか分解できないが、微生物は、セルラーゼを分泌することで、セルロースをグルコースへと分解できる[3]。春になって温かくなればセルロースを分解するこうした微生物たちの働きで、一番分解しにくいリグニンだけが残され落葉は暗褐色となってもろくなる。これが「褐色腐朽」と呼ばれる第二段階の分解だ。

第二段階での化学的な分解が進めば、落ち葉全体に占める窒素化合物の割合も高くなり、葉も柔らかくなる。そして、ヤスデ、オカダンゴムシ、ササラダニ等の小動物がさらに分解を進めていく。梅雨の頃になればキノコの菌糸が広がって、最後に残されたラスボス、リグニンも分解されるため、白く腐っていく。この「白色腐朽」が第三段階だ[2]。

このように、落ち葉が分解され尽くすには、リグニンまで分解されなければならないが、ここで中心的な役割を果たすのが真菌類だ[1]。ヒラタケ、エノキタケ、シイタケのような白色腐朽菌は、菌糸からペルオキシダーゼを分泌し、反応性が高いフリーラジカルを次々と放出することによって、リグニンの強固な結合構造を分解していく[4]。菌糸は太さが0・01㎜に満たないほど細い。裸眼で見える限界は0・1㎜程度だからもちろん目では見えないが、落ち葉にはこうした菌糸が張り巡らされている。たとえば、1枚のブナの落ち葉には5000mもの菌糸が入り込んでいる[1]。

ちなみに、自前の酵素で有機物を消化できる生物は、細菌、原生動物、カビ、キノコしかいない。けれども、この分解酵素はタンパク質だから、これをつくるには原材料として窒素が必要だ。だから、カビやキノコは土壌中に菌糸を張り巡らせて、せっせと窒素を集めている[3]。窒素は貴重だから、古くなった菌糸体は自己融解し、その成分は菌糸を通じて新たに成長する部分へと送り込まれている[1]。

興味深いことにリグニンを分解する酵素ペルオキシターゼは強い酸性で活発となり、この酵素がつくられるスイッチは窒素欠乏だ[3]。つまり、過剰な窒素は菌糸によるリグニンの分解を妨げる。前述したエノキタケやシイタケといった真菌類は他の生物が見向きもしないリグニンを分解することで独自に繁栄を成し遂げてきたと言える[1]。

とはいえ、いくら分解できるといってもリグニンから滲み出す茶色い水が微生物によって分解するのには数年かかる。その一部は土壌中に浸透していく。粘土と吸着し、植物の根や微生物の残骸とともに数百年も分解されずに残る。これが土を茶色や黒色に染める腐植となっていく[3]。そして、分解されずに残ったリグニンも数十年から100年以上もそのまま地表にとどまって土に混じっていく[2]。

第7章では、貴重な窒素を回収するためにクロロフィルがアントシアニンやカルテノイド等へと分解されるのが秋の紅葉だと書いたが、こうした予備知識があれば、気温の変化や窒素をめぐって、文字通り彩り豊かな四季が織りなす、細菌やカビ、ダニ、キノコといった役者たちの名演技を楽しめる。落ち葉ひとつとっても、役者たちは自分に見合った役回りを果たしながら、おのれのもち分に見合った資源をカスケード利用している。

引用文献

[1] 大園亨司『生き物はどのように土にかえるのか』(2018) ベレ出版
[2] 小川眞『作物と土をつなぐ共生微生物〜菌根の生態学』(1987) 農文協自然と科学技術シリーズ
[3] 藤井一至『大地の五億年』(2022) ヤマケイ文庫

［4］マーリン・シェルドレイク『菌類が世界を救う』（2022）河出書房新社

コラム⑨ 炭はなぜ効果があるのか

山火事を防ぎ森林を守る伝統的な焼畑農業の知恵

アマゾンの土壌は、砂、泥、シルトが堆積した黄色土で、pHが4〜4・5と酸性で、有機物もほとんどない。こうした土地で焼畑を行なうと表土まで焼け焦げる。病害虫や雑草はなくなるが、雨が降れば表土は流される。陸稲やマメを植えても収量は低く2、3年もすれば取れなくなる。イネ科の草が繁茂して、二次林が復元するまでには15年以上かかる。そして、この焼畑以上に問題なのが、広大な森林を皆伐して飼料作物を栽培する大規模畜産業だ[1]。

東南アジアも状況は同じで、広大な森林を企業が焼き払って、農園を造成するやり方が一般化している。養分が流亡するから、3年で収穫ができなくなる。表土が失われた後では、痩せた土地に強いアカシアすら育たず、イネ科のアランアランしか生えない[1]。

有機農業の先駆者、埼玉県の金子美登（1948〜2022年）氏は、1982年にこう指摘している。

「高度成長以来、食物は安ければ外国から買えばいいという国際分業論が主流となりつつあった中で、三井、三菱、伊藤忠などの商社が、インドネシアでそれぞれ5000haぐらいを開墾して、そこで作ったとうもろこし等を、日本の豚とか鶏の餌に持ってこようという『開発輸入』が昭和44年から始まった。これだけは何としても見ておかなくてはと、昭和48年に見る機会をつくった。見た瞬間というか直感で、もうこの農法では駄目だなということがわかった。たとえば『ミツゴロ農場』は、大規模な荒地の雑草、アランアランを焼いてしまう。そして、肥えた表土をブルドーザーで全部圧して中の心土を出して、微生物のいない土地にしてしまう。無機化学肥料の技術でとうもろこしだけの単作で、地力の消耗は日本以上にひどい。二年、三年経つとまさしく何も採れないような病気の大発生。こういうマイナスの伝承はきちっとやっておくべきだ」[2]

ここまで読むかぎりでは、焼畑はまさに環境破壊の元凶だ[1]。けれども、火は両刃の剣であって環境を破壊もすれば再生もする。先住民は後者の代表で何千年も、世界各地で豊かで生産性が高い森林や草原を育てるために積極的に火を活用してきた。その手法のコツは、山火事が起こりやすい場所では、時期を選んで弱い火を慎重に用いることで燃えやすい下草を取り除いておくことだ[3]。

北カリフォルニアのノースフォーク・ランチェリア・モノ族が、自分たちの火入れを「良い火」と呼ぶように、北米西部の先住民も数千年にわたって、火災のリスクを下げながら、先祖代々、焼畑を活用してきた[3]。

インドネシアのカリマンタンの奥地に暮らすダヤック族の焼畑も同じで、場所を決めて小面積を伐採して、雨季に入る前に火をつける。雨で自然に鎮火するからちゃんと消し炭が残る。雑草の種が消え、害虫もいなくなり、灰に含まれているミネラルが肥料となる。こうした伝統的なやり方であれば、焼畑であってもさほど問題は起こさない[4]。

一方、アマゾンの先住民は、炭を活用した土壌「テラプラタ」を人為的につくりだすことで、養分もない痩せた土地で持続的な農業を営んできた[4]。

それではなぜ、炭には農業を可能とする効果があるのだろうか。

菌根菌で減肥料栽培を実現し古樹も蘇らせる炭のパワー

第7章でも書いたように、化学肥料を多く使わない方が、窒素固定菌や[5]リン吸収を助けるアーバスキュラー菌根菌は活動する[6]。そこで、前出の小川眞博士は減化学肥料に炭を加えてダイズを栽培してみた。すると、20分の1から40分の1の施肥量で同じ収量が得られた[5]。キュウリ、トマト、ナス、トウモロコシなどでも、炭を施用すると菌根の形成率が高くなり、化学肥料をかなり削減できた。一方、ハツカダイコン、ダイコン、コマツナ、ホウレンソウのように菌根菌が付かない作物では効果がなかった。この経験から、炭の効果は直接的にではなく、アーバスキュラー菌根菌や根粒菌等の共生微生物を活性化することでもたらされると小川博士は考える[5]。

島根県出雲市の須佐神社には推定樹齢1200年の須佐の大杉がそびえ立つ。「弱っているので助けてほしい」との相談を受けた小川博士は、樹勢回復のために炭を埋めてみた。すると、無事に回復し、古樹は大量の若い根を伸ばした。根を調べてみると炭があるところでは根の量が若いスギよりも4倍も多く、かつ、菌根が増えていた[1]。樹勢が強くなったのは、炭を介して菌根が形成されたからだった[4]。

炭は300〜700℃と高温で焼かれているため、通常の微生物の餌となる有機物が含まれず、ミネラルも乏しい[1、6]。だから、有機物を分解する微生物は増殖できず、アゾトバクターのように窒素を固定でき、わずかな栄養源があれば生きられる独立栄養微生物しか繁殖できない[5]。加えて、pHが8・0〜10・0とアルカリ性が強い[2、5]。弱アルカリ性でも育つバクテリアや放線菌は繁殖しやすいが、酸性を好む糸状菌は追い出される[5]。

多孔質で、保水性、通気性が高く、敵がいない炭内の空間は、アルカリ性にも耐えられる菌根菌にとっても適しているわけで[2、5]、競争に弱い共生微生物が繁殖するにはおあつらえむきなのだ。こうして、10㎛以下の細孔には根粒菌や放線菌が棲息し、それ以上の穴にはアーバスキュラー菌根菌が居住することになる[5]。

さて、日本では戦前は化学肥料が高価であったことから、微生物の特性を生かした農業技術開発が望まれていた。そこで、東京帝国大学の麻生慶次郎（1875〜1953年）教授らは、北海道から台湾に至る各地の畑地土壌を採取し、アゾトバクターを分離培養した。1921年に農商務省に出された報告書によれば、北海道、東北、北陸では10～15％、関東、東海、中国四国では36～48％、九州、沖縄、台湾では59～66％となっている。とりわけ、頻度が高かった地点では「木灰使用」という註が付いていた。熱帯や亜熱帯においては、寒冷地と比べて多くの窒素固定菌が生息しているために焼畑農業が可能なことは戦前にも研究されていた[4]。

中国や韓国でも「火田」と称される焼畑耕作は最近までは一般的な農法だったし、日本でも九州や四国等、比較的温暖な地方では焼畑でソバやマメ等が栽培されてきた[4]。そこには、自分たちが依存する生態系から最大の利益を引き出すための深い洞察があった[3]。自然の中で試行錯誤を繰り返してきた先住民や篤農家は、ゲノム解析技術が進展する以前からちゃんと自然の摂理を知っていたのである。

引用文献

[1] 小川眞『森とカビ・キノコ─樹木の枯死と土壌の変化』（2009）築地書館
[2] ジュリスト増刊総合特集：日本の食糧、風土・農政・食文化〈座談会〉青年農業者からみた食糧問題─土・仲間・暮し─（1982）有斐閣
[3] Paul Hawken, Regeneration Ending the climate crisis in one generation, PENGUIN BOOKS, 2021.
[4] 小川眞『菌と世界の森林再生』（2011）築地書館
[5] 小川眞『作物と土をつなぐ共生微生物～菌根の生態学』（1987）農文協自然と科学技術シリーズ
[6] 齋藤雅典『菌根の世界』（2020）築地書館

第8章

大地再生農業とタネのつながり

植生が豊かだと無肥料でも植物がよく育つ謎

そもそもなぜ多様な生物種がこの地球上に存在するのだろうか。生態学者たちは、ずっとその答えを探し求めてきたが、ようやくその謎がわかってきた。森林や海洋、湖の生態系は巨大で複雑だし、研究にとりかかるのも大変だが、草原では小面積での短期間での実験が可能だ。だから、2〜4㎡の小区画に何種類もの植物を混植し、その区画のバイオマス量を測定する実験が、スウェーデン、イギリス、アイルランド、ドイツ、スイス、ポルトガル、ギリシア、米国と世界各地でなされてきた[1]。

結果として見えてきたのは、植生が多様な方が土壌養分等の資源を効率的に使えることから、モノカルチャーよりも生産性が高いことだ。養分だけではない。根が深い種と浅い種とがあれば、与えられた場所で互いに水も競合しない。土壌の形成、栄養分の循環、受粉といった数多くの生態系サービスも、生物多様性が豊かな方が多く受けられる。だから、多様性が高い方が、外的な攪乱に対して回復する力（レジリアンス）も高く、侵入種があっても撃退し、環境変動を受けても、生態系の機能がちょっとやそっとでは失われないことも判明してきた[1]。

その好例が、米国のミネソタ大学のデイヴィッド・ティルマン（David Tilman）教授が、1994年からミネソタ州の7haの圃場に9m×9mの168プロットを用意。ランダムに選んだ1、2、4、8、16種類のタネを播き、その生態系の変化を10年間も観察した研究だ。マメ科植物が窒素固定することはよく知られているが、第7章で記述したように窒素固定細菌は非窒素固定細菌とも助け合っている。だから、単独で栽培をした場合よりも混植した方が成長速度が数倍速い。バイオマス量も植生が多様なほど多く、なおかつ、生態系の安定性が高く、旱魃への耐性もあることから、各年ごとのばらつきも小さい。つまるところ、土壌へのカーボンのストック量も増えていく[2、3]。

ドイツのテューリンゲン州イェーナでも2002年から長期にわたって優れた実験がなされている[4、5]。マメ科8種、非マメ科8種と16もの植物種について、バイオマスの生産量、微生物の活動量、益虫の有無、水収支、カーボン循環が詳細に調べられている[6、7]。この研究の結果も同様で、植生の多様性が高いほど、バイオマス量も土壌カーボン量も増し、微生物活動も高まり、昆虫も多様化して害虫が減り、鳥類の多様性も増す[5]。前述したティルマン教授の研究と同じで、旱魃への耐性も高まるが、それは、地下深くまで団粒構造が改善されるためであることもわかった[5、6]。

第7章の後半では、森林生態系でも草原と同じく多様性が豊かなほど病害虫被害を受けにくい――いうならばレジリアンスが高まると、記述したが、それを理解するために、食い食われる関係である食物網を、エネルギーや栄養分が流れる複雑なパイプのネットワークだとみてみよう。必要最低限なものだけでなく、余裕がある状態を専門的に「冗長性」が高いと表現するが、同じ機能を果たす生物種が何種類かいてパイプのネットワークが重なっていれば、ある生物種が失われたとしても迂回路があるから、生態系全体としては安定してびくともしない。迂回路がない高速道路で渋滞に巻き込まれることを経験したことがある人ならば、代替え経路の重要性がわかるだろう[1]。

とはいえ、海洋、淡水、陸上と各地の実際の食物網を調べてみると、たしかに多くの代替え経路があるとはいえ、エネルギーや栄養分のほとんどはいくつかの主要経路に沿って流れていることがわかってきた。ごく少数の生物種が支配的なわけで、これらは「強い相互作用種」と呼ばれる。人為的に生物種を除去して比較実験すれば、食物網での各生物種間の相互作用の強さを定量化できる。それでは、強く相互作用する種が支配的なときと、弱く相互作用する生物種が集団的に協働しているときとでは、どちらの生態系が安定しているのだろうか。答えは、後者だ。というのも、強く相互作用する生物種は、資源を酷使しがちとなるため、ときには暴走して、生態系の機能やサービスを大きく変動させたり崩壊させたりすることがあるからだ[1]。

さらに、興味深いのは肥料との関係だ。イェーナの研究では、1、2、4、8、16種類の植物を単独で育てるか、混作するかに分けて、かつ、施肥と無施肥との比較試験がなされたのだが、無肥料であっても8種類あるいは16種類の植物種があれば、年間に200kg/haを施肥して1種類か2種類を栽培したよりもはるかに成長がよかった[5、7]。

米国やドイツ以外でも同じ結果が再現されている。カナダのオンタリオ州の研究では、モノカルチャーで栽培したダイコンでは、窒素、リン、カリを施肥しても、養分が不足気味であるのに対して、エンバク、ヒマワリなどと混植したものではそれがない[4,7]。オーストラリアのニューサウスウェールズ州ではモノカルチャーで栽培されたライムギが水不足で枯れそうになっている隣で、エンバク、大根、ヒマワリ、エンドウマメ、ソラマメ、ヒヨコマメ、キビ、アワなどと混作したライムギ畑ではまったく問題がなく育った。カリフォルニア州メンドシノ郡のブドウ農場、チェイス・ソーンヒルでの試験ではモノカルチャーでは施肥してもよく育たないし、マメ科植物でさえ窒素が不足気味となるのに、12種類のカバークロップを播種して混作すると栄養不足の兆候がまったくなくなった[5]。

多様性が豊かだと病害虫に強く家畜も健康になる謎

畜産農家の減肥料を応援するためスタートしたアイルランドのサイレージ用の牧草研究プロジェクトも興味深い[7]。前述のイェーナの試験では、草、マメ科植物、丈が高いハーブ、丈が低いハーブと最低でも4タイプの機能が異なる植生があれば無肥料でも施肥した場合よりも成長がよかったのだが[5,7]、アイルランドでもモノカルチャー栽培での収量は、350kg/haの窒素を施肥しても、4タイプの機能が備わる植物群落よりも低く、植生を多様化すれば完全に無肥料経営が可能なことが判明した[7]。

さらに興味深いのは、収量ではなく、栄養面からみた牧草の生産性だ。たとえば、涼しい季節には、無肥料では窒素を施肥した場合よりも成長が見劣りし、丈も半分にしかならない。けれども、栄養価は倍になっている可能性がある。草丈が低くても、タンパク質やビタミン、微量ミネラルなどの栄養分がたくさん含まれていれば、家畜飼料はごく少量でいい[7]。興味深いことに、植生の多様性は家畜の健康にも好影響を与える。チコリやオオバコ等には、バイオフラボノイド、カロテノイド、ポリフェノール等が豊富に含まれているが、ユタ州立大学のフレッド・プロヴェンザ（Fred Provenza）名誉教授の研究によれば、こうした植物を家畜が消費すると腸内細菌の多様性が高まり、飼料の消化力が向上。結果として、多くの肉や乳へと変換され、家畜の免疫機能も改善されるという[5]。

オーストラリアのニューサウスウェールズ州中央高原で牧草を栽培する先駆的な綿羊農家、コリン・サイス（Colin Seis）氏の実践も面白い。氏は、ウールの生産を目的として飼育されるメリノ種の子羊を2グループに分けて55日間放牧したのだが、オオムギの作付け地での放牧では153g／日の体重増が、複数種の混作地での放牧では300g／日と倍増した。結果として収益性も2倍になった。同州では別の事例として、マウント・ガンビアで農業を営むある研究者が、ライグラスだけの牧草地と複数種からなる牧草地を比較したところ、後者では牛1頭当たり4〜5ℓ／日も乳量が増えることを見出している[5]。

栄養素は家畜だけでなく、作物の病害虫や旱魃耐性、霜等のストレスに対する抵抗力アップにも欠かせない[6,7]。尿素を施肥すればごく短時間でよく成長するが、根系が十分に育っていないから、最初に倒伏する。無肥料の方が丈夫でストレスに強い[7]。

オーストラリアの主要作物はコムギだが、さび病菌の被害を受けやすい。病原体の胞子は風に乗って飛来し、葉に付着する。耐性品種の開発にも取り組まれているが、たえず変異し、新たな菌が発生するから始末に負えない。けれども、同じ品種でも、カバークロップを用いて、植物の多様性が維持されている場所では、まったくさび病が発生しない[7]。これも不思議なことではないか。

ホロビオントとして微生物とセットで生きている植物

いま、世界各地では、気候変動の影響で、大規模な旱魃や浸水等が多発している。それだけに、前述したようなことが本当ならば、実現できるに越したことはない。なぜこのようなことが起こるのか。第4章でも取り上げたテーマとも関連する謎を解き明かしてみよう。

この世界では、前述したようなさまざまな環境ストレスが常に存在している。気候変動で深刻化しているとはいえ、ストレスそのものはいまに始まったことではない。生き抜くために植物はずっとストレスに対処してこなければならなかったし、それは土壌中に棲息する微生物にとってもいえる[6]。

植物と微生物とは地上部でも地下でも無数のやり方で相互作用している。この相互作用には、ネガティブなものもあれば、ポジティブなものもある。ネガティブな事例としては、植物に由来する二次代謝産物がある種の植物を生育できなくするアレロパシー、土壌伝染性病原体の蓄積、土壌養分の枯渇などがあげられるし、ポジティブな事例といえば、同じ作物種を連作するほど土壌伝染病が抑制される「抑制型土壌」がその代表格といえよう。特定の微生物群集が増えることで、土壌伝染性病原体の増殖を抑え込み、連作をするほど病気が発生しなくなる現象だ[8]。

前述したように、植生が豊かであれば無肥料でも植物はよく育つ。多様性が豊かであれば病害虫に強く、そうした飼料を食べた家畜も健康になる。これは、まさに動植物が微生物とセットで表裏一体となって生きていることにほかならない。第2章でも少しだけふれたこの概念を「ホロビオント」と呼ぶ。連作回避は植物と微生物との相互作用を視野に入れなければ理解できないわけで、こうした最近の発見から、植物もホロビオントとして捉える見解が芽生えつつある。とりわけ、重要なのが、2008年のユトレヒト大学のサスキア・ヴァン・ウイース（Saskia C. M. Van Wees）教授らの研究から、植物が微生物を認識したうえで、自分の免疫を活性化する他の微生物を動員し、抵抗性を高めていることが見えてきたことだ[8]。

ホロビオントとは、複数の共生関係にある生物が切り離せないひとつの全体を構成している状態のことをいい、リン・マーギュリス教授が提唱した。

人間を含めて、どの生物も、それ自身の細胞よりも多くの微生物と共生している。この生物の体表面や腸内に存在している微生物コミュニティのことをマイクロバイオームと呼ぶ[5]。腸活が話題になるように、健康には腸内細菌が欠かせないことが人口に膾炙されつつあるが、牛は人間以上にわかりやすい。牛が完全菜食で筋骨隆々としているのはルーメン内に微生物がいるおかげであって、ルーメンと微生物を取り除けば、牛は草を消化できないし、生きてはいけない。植物も同じだ。根圏微生物、つまり、土壌マイクロバイオームを取り除くと、生理機能が健全に機能しない。牛が微生物とセットで生きているように、植物も根圏微生物と共に生きている[4]。

これまでも何度も登場してきたクリスティン・ジョーンズ博士は、いまから40年以上も前の1982年に早くもそのことに気づいた。当時はまだ、どのように土壌が機能しているのかもいまほどにはつまびらかになっていなかったのだが、米国のある研究から見出されたのは、放牧がなされるとわずか数分後に齧られた植物が再成長する必要があることを認めたためか、根圏内に棲息する窒素固定菌数が爆発的に増殖し、いきなり土壌中に窒素が放出されはじめたことだった。これは、植物から窒素固定菌に対して「なんとかしてくれ。窒素が足りん」との非常事態生化学信号が送信されていることを意味している。

植物は土壌マイクロバイオームとともに、まさにホロビオントとしてセットで生きている。だから、根圏に棲息するすべての微生物との間で常にこうした会話を取り交わしている。擬人的に言えば、微生物も植物も相互に健全に成長できているかどうかを気にかけていることになる[4]。

コモン菌根菌ネットワークと栄養分やミネラルのわかちあい

植物には、植物細胞よりも多くの微生物が棲息している[5]。根、葉、茎、花、果物とあらゆる場所を住処としている。内部にすら入り込んでいる。これをエンドファイトと呼ぶ[4、5、6]。おまけにどの植物も土壌マイクロバイオームとも共に生きている。とはいえ、モノカルチャーでそこに1種類の植物だけしか栽培されていないとき、すべての植物はよく似た土壌マイクロバイオームをもつ。このとき、栄養素の獲得ではネガティブなフィードバックが生じる。というのは、マイクロバイオームは、隣接するマイクロバイオームが「自分と同じだ」と認識すると、隣接するマイクロバイオームとは協力しないからだ[5、6、7]。逆に異なるマイクロバイオームがあれば、自分と似ていないことが直ちに検出され、ポジティブなフィードバックがもたらされる[7]。相違点が多ければ多いほど、微生物は協力しあうわけで[6]、これが、異なる機能をもつ多様な植物、すなわち、植物の多様性があれば無肥料でもできる理由の説明でもある[7]。

なぜなのだろうか。一見すると不可思議にも思えるが、微生物の立場になってみれば理由がわかる。すべての植物は菌根菌のネットワークによって地下で接続されている。これが「コモン菌根菌ネットワーク（common mycorrhizal network）」だ。したがって、ただ1種類の植物しかその空間にないとき、地下の微生物のネットワークには、その植物だけからしかエネルギーが流入してこない。仮にその植物が1年の特定の時期にしか生育していなければ、それ以外の時期にはネットワークは食料不足に陥ることになる。蓼食う虫も好き好き。逆に暑い気候、寒い気候、湿気、乾燥と異なる環境条件を好む植物が混植されていればどうなるか。自然の草原のように多様な植物が一緒に生えている植物群落であれば、そのなかにほぼ通年成長できるものがある。だから、微生物は飢えない[6]。

ソーラーエネルギーの利用効率についても同じだ。メヒシバは、細い葉が垂直に伸びているだけで、見かけほどには多くの光をキャッチできていない。一方で、ヒマワリのように大きく開いた葉があれば多くを集光できる。その土地に多様な植物種が群生していれば、葉の構造にもバリエーションが生まれる。多彩な葉構造が地表にあることで、より多くの光がキャッチされ、面積当たりの光合成量も増す。より多くの滲出液が根から土壌中へも提供され、それを餌とする微生物も増殖できる。

よく知られている一例が、ブリティッシュコロンビア大学のスザンヌ・シマード（Suzanne Simard）教授が明らかにした樹木間でのコモン菌根菌ネットワークの働きだ。ダグラススギとシラカバが同じ場所にあると考えてみよう。ダグラススギは、常緑のままで、年間を通して光合成を行なえる一方で、シラカバは冬には葉を失う。けれども、夏にはダグラススギよりもはるかに多くの光をキャッチできる。これらの樹木はコモン菌根菌ネットワークによって地下でつながっていて、光合成エネルギーをやり取りしている。ダグラススギが苗木のときは、夏の間には、シラカバの葉の下で日陰におかれているから、ネットワークからのエネルギーで生かしてもらえないかぎり、生き残れない[6]。

それでは、なぜネットワークは、ダグラススギをわざわざケアして生かそうとするのかというと、シラカバが葉を落とし、光合成をしていない冬の間に、ネットワークに入ってくる唯一のエネルギーは、ダグラススギからのものになるからだ。これはわずか2種の生物種の非常にシンプルな事例にすぎないが、コモン菌根菌ネットワークがなぜこのように立ち振る舞うのかのわけを垣間見せてくれる[6]。

ここで重要なことは、どの木が生き伸びることができるのかを決めているのは、樹木ではなくネットワークの側であることだ。多様な種類の植物を生かした方がマイクロバイオームの利益になるからこそ、まるでジグソーパズルの組み合わせを解くように、さまざまな要因を考慮して、可能なかぎり多くの時間に自分たちの側にエネルギーが供給されるように最適にコントロールしている。イニシアティブは微生物の側にある。だから、微生物群は、異なる微生物叢があって、異なる化学メッセージが用いられているときには、互いにサポートしあい、ポジティブなフィードバック効果を生み出す[6]。

必要な微生物をリクルートすることで旱魃耐性を身に付ける

窒素固定をしたり、耐病性、耐寒性、耐湿性、耐旱魃と植物を保護する効用をもったりする微生物がなぜ数多く存在し、可能なかぎり植物を保護しようとしているのかも同じ理由からわかる[6,7]。

今度は、植物の側になって、栄養不足や旱魃や病害虫といったストレスにいま晒されているとしてみよう[6,4]。状況を打開するために植物が試みるのは、課題解決に寄与する微生物を土壌中から取り込むことだ[4,6,7]。たとえば、いま旱魃に苦しめられている植物がさほど旱魃に対して強くなく、その隣に強力な旱魃耐性を備えた植物種が生えていたとしよう。植物は隣のマイクロバイオームから自分に役立つ根圏微生物をリクルートし、必要な一部をエンドファイトとして取り込むことで旱魃に対応する[4,6]。

より具体的に説明してみよう。水分不足の状況におかれると、その植物は微生物側にシグナルを発する。このシグナルを受けて根の周りに役立つ微生物が引き寄せられる。根から内部へと取り込まれた微生物は、取り組まれる以前の植物ではできなかった生理学的変化をもたらす。たとえば、細胞壁を厚くする酵素が生成されるようになる。これだけで、通常では起きない細胞壁の肥厚化が可能となり蒸散で失われる水分量を減らせる。こうした有益なエンドファイトが実際にどのようにして植物に旱魃耐性をもたらすかについては数多くの文献がある。このような現象をラトガース大学のジェームズ・ホワイト（James White）教授は「内在化（internalize）」と呼ぶ[6]。

生物的・非生物的ストレスを受けた植物は、自分に有利な微生物叢を選択し、体内に蓄積するが、これは、植物と土壌間でのフィードバックを通じて、次世代の植物免疫にも影響を及ぼす。このプロセスを説明するため、韓国生命工学研究院のコン・ヒョンギ（Kong Hyun Gi）博士らは「微生物が誘発する土壌遺伝（Microbiota-Induced Soil Inheritance: MISI）」との新たな用語を提案している[8]。

次頁の図1をご覧いただきたい。MISIには3ステップがある。最初のステップは、植物の細胞膜にある受容体様キナーゼが生物的・非生物的ストレスを検知し、このストレス情報を活性酸素やカルシウムイオンを用いて、細胞内・細胞間シグナル伝達ネットワークを介して全体に伝えることから始まる。地上部が病原菌に感染したり、草食動物に齧られたりすると、そのストレスに対して、アブシジン酸、サリチル酸、ジャスモン酸、エチレンなどの植物免疫ホルモンがつくられて、これらを含んだ滲出液が根から分泌される。サリチル酸は病原体の感染に対して一般に有効だし、植物免疫シグナル伝達経路での全身獲得抵抗（Systemic Acquired Resistance: SAR）の主要な調節因子でもある。そして、ジャスモン酸とエチレンは壊死性病原体や害虫に対して有効だ[6]。

第二ステップでは、植物の免疫反応によって根からの滲出液の組成が変化することで、根圏微生物叢が影響を受けて、特定の微生物群が優勢となって増え、植物の防御システムが強化される。

つまり、根から滲出液を分泌することで、植物が前述した「抑制型土壌」につながる微生物叢をリクルートすることがわかってきた。植物は病原菌に感染したり草食動物にかじられたりすることに対して、我が身を守るため特定の微生物を勧誘・獲得するという積極的な戦略を展開している[8]。

とはいえ、協力する微生物側から見ると植物はかなり身勝手だ。こうした微生物が土壌からリク

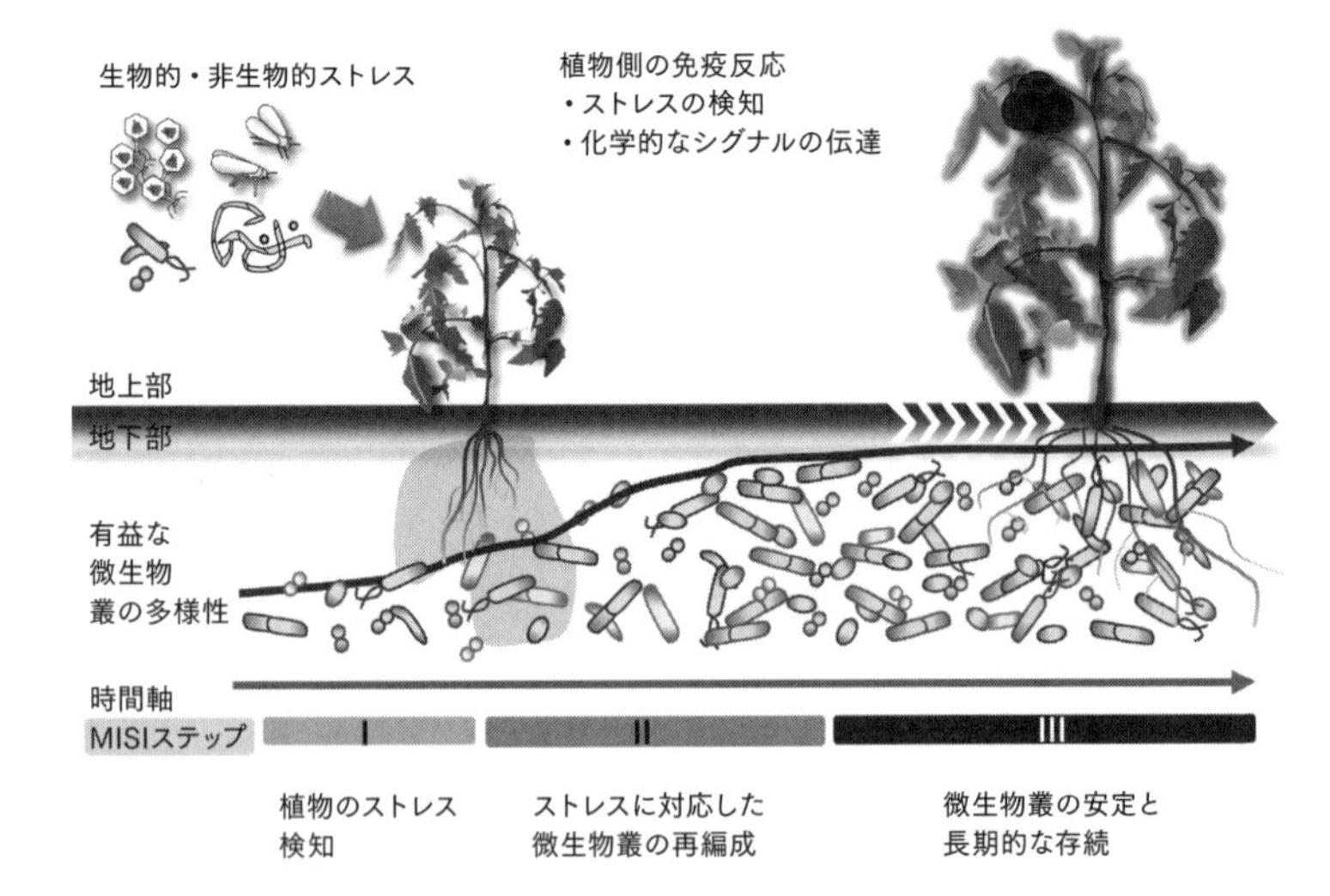

図1　微生物が誘発する土壌遺伝の概略図

ストレスに対して地上部では植物が検知・反応し、地下部では、土壌微生物叢とのやり取りがなされる
ステップⅠ　植物は生物・非生物ストレスを検知し、植物側の免疫対応としてサリチル酸やジャスモン酸等のシグナル伝達物質が分泌される
ステップⅡ　植物側の免疫対応として、防御システムの強化につながる特定の微生物が優位となるように根から分泌される滲出液の組成が変わる。これによって、微生物叢が再編成される
ステップⅢ　植物の健康増進に役立つ微生物叢へと変化し、長期的に安定的に存続し、次世代にも継承されていく

出典：Hyun Gi Kong, Geun Cheol Song, Choong-Min Ryu, Inheritance of seed and rhizosphere microbial communities through plant–soil feedback and soil memory, 04 May 2019.

ルートされるのは、必要な場合だけだ。前述した水不足の場合でいえば、取り込む微生物に対して必要な栄養をすべて提供することで、その見返りとして、生理機能を変えてもらって旱魃耐性を高めるわけだが、水分が十分にあれば、もはやその微生物を養おうとはしない。微生物に対するサポートは植物側から一方的に打ち切られる可能性もある[6]。

第三ステップは、植物の健康を促進するために変化した微生物叢が安定化し、長期的な微生物叢の継承を維持することだ。植物病害を抑制する微生物叢は、発病した植物が圃場から取り除かれた後でも土壌中に蓄積される。いわば、土の記憶だ。

2015年のクイーンズランド大学のリリア・カルヴァアイス（Lilia Costa Carvalhais）博士の研究や同じ2015年のミシガン州立大学のサラ・レベイス（Sarah L. Lebeis）准教授の研究から、根圏において特定の微生物がずっと継承されることがわかっているし、2010年のコロラド大学のキャサリン・エイラース（Kathryn G. Eilers）の研究によれば、微生物叢が継承されれば、周囲の土壌のミネラルや栄養塩の濃度も変化し、徐々に特定の微生物が選択されるようになっていく[8]。

植物を健全に育てる微生物はタネの中に仕込まれている

トマトのタネを播けばトマトが育つ。そのトマトの形質はDNAが左右する。何をいまさら、当たり前のことを、と思われるかもしれない。けれども、まだ常識とはなってはおらず、さほど着目されていないのは、タネの中に棲息している微生物のDNAの役割だ[5]。

植物の健康や生産力には微生物が深く関与する[9]。こうした微生物が果たす重要な役割が解明されてきたとはいえ、根圏に存在する微生物群は、タネが発芽する以前からそこにあるものだと考えられ、タネ内部の微生物叢については、これまでほとんど着目されてこなかった。それどころか、タネは、植物病原菌のキャリアとして機能する。だから、無菌状態にあるタネこそが健康だと考えられ、タネを消毒し、滅菌するためのさまざまな手法が長年にわたって開発され続けてきた[6]。

第2章で詳述したように、微生物や真菌類と植物との密接な関係は4億年以上も前から続いてきたとの地質学的な証拠もある。だから、「植物とその子孫へと微生物をつないでいるのはタネではないか」とのアイデアも以前から出されてきた[10]。そして、次世代シークエンス等の分析技術が急発展したことから、植物の成長促進に役立つ微生物、主に真正細菌と真菌類がタネの外皮や花粉、花の蜜から侵入し、タネを介して世代を超えて継承されていることがわかってきた[5、6、9]。たとえば、2019年3月には、イギリスのサウサンプトン大学のトミスラフ・チェルナヴァ（Tomislav Cernava）准教授らが、次世代シークエンス技術を活用して、トマトの葉や根、果実等の各場所にあるマイクロバイオームを解析することで、成長促進に役立つ微生物がエンドファイトとしてタネに含まれ、タネを介して次世代へと継承されることを見出した[9]。

ヨーロッパやスウェーデンの森林に最も多い樹種のひとつは、オークだが、そのドングリ中にある微生物種も、窒素を固定し、成長を促進し、植物を病原体から保護し、有毒な環境汚染物質のデトックスや生分解に関与していることが示されている。そして、ストックホルム大学の生態環境植物科学部のアーメド・アブデルファッタ（Ahmed Abdelfattah）博士は、無菌状態でオークの苗木を育てる装置を使って、オークのマイクロバイオームがドングリ由来で継承されていることを2021年に実験的に実証した[10]。

「葉と根には別の微生物群が存在することが最近の研究から知られてきたが、この研究から、その違いの少なくとも一部がタネによることがわかった」とアブデルファッタ博士は言う。そして、タネ由来の微生物はタネが採れた場所に存在している。だから、外から侵入してくる「よそ者」の微生物に対するバリアーとなる可能性もある[10]。

たとえば、腐植を食べる微生物群が定着すれば、バイオフィルムを形成し植物表面での病原体のコロニー形成が抑制される。いわゆる、自然免疫が高まる。このように、植物は、病原体や昆虫の攻撃による不利な条件を克服するため共進化してきたわけだ[8]。

タネの中に封印されていたマイクロバイオームは、発芽後の根の発達によって土壌中へと移動して初期の根圏微生物叢を形成するうえで、重要な役割を果たす。それが、どうやら、植物の健康を促進する有益な微生物叢を構築していることがわかってきた。まだ、研究は途上だが、タネ内に存在するエンドファイトが、宿主の根圏微生物群に由来することも確認されてきた[8]。

植物にとって重要なエンドファイトは土壌微生物に由来するとの研究もある。けれども、前述したとおり、有用微生物はタネを介して根圏に提供されている[9]。だから、土壌のマイクロバイオームは、根圏のマイクロバイオームと大きく異なっているのだ。

市販の有用微生物を土壌に加えることはたやすい。けれども、まったく違った環境におかれると、おそらくその微生物たちは生き残れない。先住の微生物から食料源と見なされ、おそらく食われてし

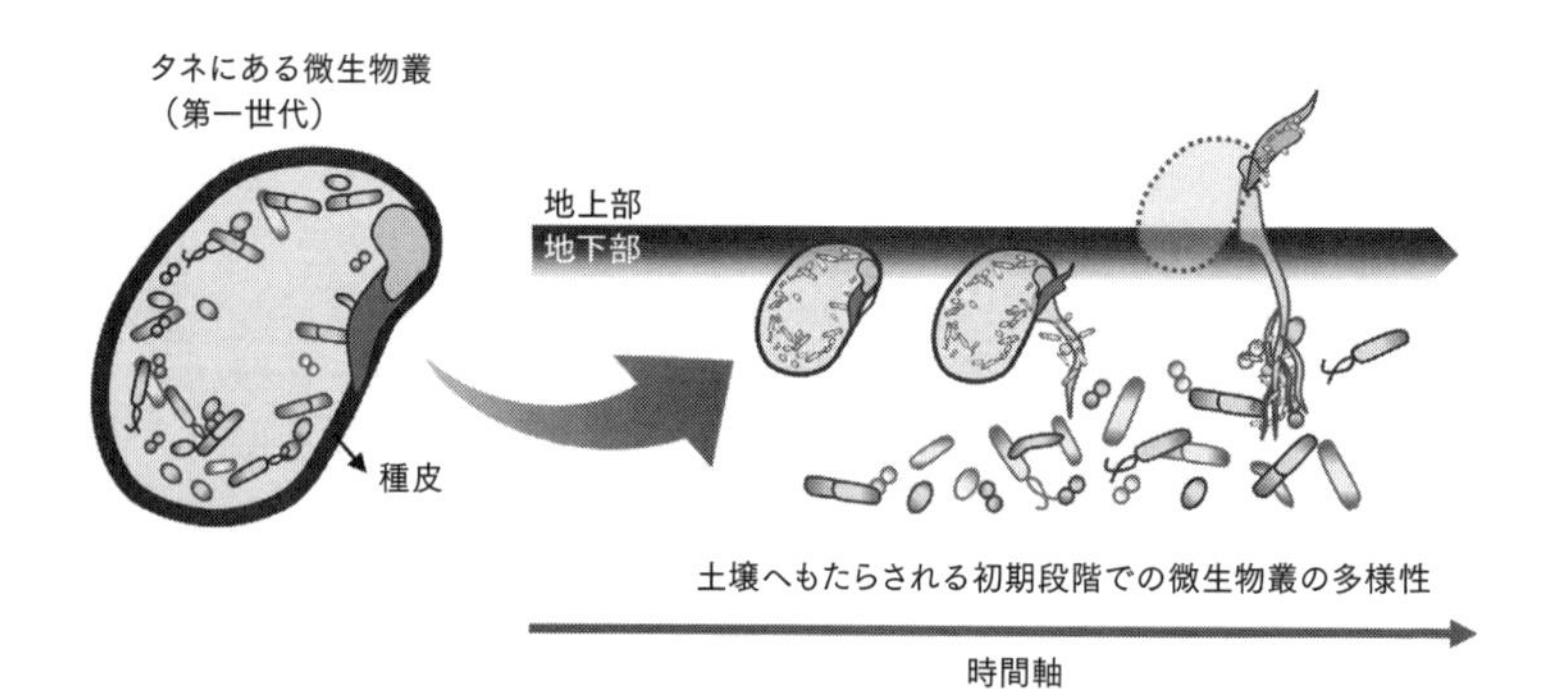

図2　タネの微生物叢（マイクロバイオーム）とその根や根圏への導入

タネの中の微生物叢は、発芽とともに根圏にいる在来の微生物にさらされる。そして、植物の健康促進にとって有益な根圏微生物叢を確立するうえで、重要な役割を果たす
出典：Hyun Gi Kong, Geun Cheol Song, Choong-Min Ryu, Inheritance of seed and rhizosphere microbial communities through plant–soil feedback and soil memory, 04 May 2019.

まう。では、次にタネを土壌に入れてみよう。どうなるだろうか。タネの内部に棲息している微生物たちは、とりあえず安全圏にはおかれている[5]。

そして、周辺土壌で見出される微生物叢と根圏微生物叢との違いは、タネの発芽から始まる[4]。

発芽すると、幼根（radicle）と呼ばれる最初の根が土壌中へと送り出され、タネからの微生物がそこに定着する。そして、窒素を固定したり、リンを可溶化したり、病害虫から身を守るなど、植物にとって役立ち必要とされる微生物種へ選択的に化学信号が送られ、それらを保護し、餌を与えることで養っていく[図2]。

根圏とは植物の根の周囲に形成される領域のことだが、それは、植物自身のコアとなるマイクロバイオームから形成されている。植物は自分が都合が良い微生物を根圏で繁殖させ、こうした微生物が根圏に住み続ける間、ずっと養い続けている。要するに、自分たちにとって有利な独自の根圏をつくり出そうと努力している。タネに由来した微生物は、根や茎にも居住し、植物が成熟し、最終的にタネが形成されれば、そのタネの中に、コアとなるマイクロバイオームをカプセルとして封印していく[5]。タネは次世代にとって非常に重要なコアとなるマイクロバイオームを形成するが、このマイクロバイオームは親からゆだねられている[4]。ここで起きているのは、まさに、タネを介して次世代へと微生物が移動する垂直伝播（vertical transmission）だ[5]。

たとえば、1粒のオオムギのタネには、最大90億もの微生物が含まれている。そして、タネが発芽すると、この微生物たちはタネから土壌へと移動するが、そこで、まさに斥候の任務を果たす。探偵のように植物に多くのメッセージを送り返す。そして、新たに発芽した植物に対して、いま我が身がどのような環境におかれているのかを伝える。たとえば、岩場なのか、肥沃な土壌なのか。タネは置かれたあらゆる種類の環境――旱魃、暑さ、寒さ、霜――に対応する必要がある。だから、こうした微生物が送り出すメッセージを受けて、植物はいまの状況にどう対処するかを決める[5]。微生物は、葉の表面積や葉の寿命、シュートと根の比率といった重要な生理特性はもちろん、タネの発芽率、苗の生育、養分や水分の補給、成長促進、病原菌の抑制、ストレス耐性、ホルモン調節と生理・代謝の強化といった生理機能にも影響するからだ[11]。

植物は親から遺伝子を取得するが、マイクロバイオームもタネを介して親から次世代へと受け継がれている[4]。その植物がその生涯を通じて本当に必要とするものを立ち上げるための青写真は、そのタネの中にカプセル化されている。つまり、タネには、植物種を決定するＤＮＡがあるだけでなく、植物の一生を通じてその植物と共生して伴侶となるコアとなるマイクロバイオームも含まれている[5]。

もちろん、土壌微生物と相互作用する場合もあればしない場合もある。微生物がタネに再び取り込まれる場合もあればない場合もがある。これは、その土壌がどれほど肥沃かといった環境にもよる。ただ、重要なのは前述したとおり、多くの決定は、植物によってではなく微生物側によってなされていることだ。実際にその植物が生きたシステムとして機能することを可能としているのは、コアとなるマイクロバイオームなのだ[5]。

トマトにはトマトを、ヒマワリにはヒマワリを特徴付ける微生物種がいる。こうした微生物種から、それがどの植物種かも特定できる[5]。植物にいるコアとなるマイクロバイオームが、その植物の健康や生産性、そして、それがどのような品種の植物であるかを実際に決めているとも言える[4、5]。

化学肥料や農薬でホロビオントではなくなったいまの植物

根の周囲に多様な微生物が生息しているとき、植物は最高の状態を発揮する[6]。多様なマイクロバイオームを備えた多様な植物があるとき、その根は混ざり合い、コモン菌根菌ネットワークによって、窒素の利用可能性が劇的に増え、リンの利用可能性もかなり増えることがわかっている。カリウムも言うまでもなく、カルシウム、マグネシウム、銅、コバルト、亜鉛、ホウ素等、土壌分析試験では確認できない微量栄養素でさえポジティブなフィードバックが働くことで獲得されていく。このことに関しては、いまも数え切れないほどの研究が進行中だ[5]。

擬人的に表現すれば、自然な植物の根は混ざり合うことを望んでいるとも言えるだろう。必ずしも根同士が互いに接触している必要はないとしても、コモン菌根菌ネットワークでつながれる距離にあって、多様な微生物を共有できる距離で根が混ざり合えるかどうかが鍵となることがおわかりいただけただろうか[6]。

けれども、このコアマイクロバイオームは場合によっては枯渇する。ひとつは肥料だ。ローザムステッドでの研究が示しているように、多くの化学肥料を使用すると、微生物の多様性が減少し、次世代のための独自のマイクロバイオームをタネに組み込むことができなくなる[5]。もうひとつは除草剤だ。最終的にタネへと取り込まれる微生物は、そのほとんどが根圏から獲得されている。では、栽培されるトウモロコシの列間で大量の除草剤が散布されたらどうなるか。あるいは、畑の大半が裸地におかれていたらどうなるか。微生物の寿命はとても短い。たとえば、2分間しか生きられないかもしれない。滲出液という食料を与えてくる植物が除草剤で枯らされてしまえば、微生物たちはたちまち飢え死にしてしまう。だから、こうした環境では、微生物が生き残れないのは、言わずもがなだ[4]。

科を異にする植物群集があるときには植物同士をつなぐコモン菌根菌ネットワークが存在する。ネットワークによってつながることができれば、別の植物の微生物がもつ遺伝物質をストレス耐性や栄養素の獲得のために使えるから、生産性の向上はもちろん、病害虫やストレスへの耐性等、すべてが改善される。そう記述した。けれども、これも「化学肥料や農薬を使わないかぎり」との条件が付くことも、これで説明がつく[5、6]。植物が健全に育つためのマイクロバイオームが存在しなければ、タネに含まれるコアマイクロバイオームも出来損ないとなる。植物の健康状態は時の経過とともに悪化し、世代を重ねるごとに植物は健康ではいられなくなっていく[4]。

こうした植物は、ホロビオントではない。あえていえば、それは本来の植物の半分、半分の生物にすぎない。こうした植物は、残りの半分しかもっていないため、人工的に施肥しないかぎり、うまく成長できない。こうした植物は、外部から強制的に餌を与えないかぎり、植物が生き残る術はない[4]。栄養素の獲得力が大幅に低下しているから、投入資材が必要となってくる[5]。それがいまの農業で実際に起きていることなのだ[4]。

健全なマイクロバイオームを備えておらず、機能不全になっているのが、いまの植物ならば、ヒトも同じだ。いま、誰もがますます健康ではなくなってきているが、それは、機能性が低いマイクロバイオームを親から継承し、その子どもたちが、さらに機能性が低いマイクロバイオームを継承するという負の連鎖に陥っているからだ。それでは、この状況を改善するには、具体的にどうしたらいいのだろうか[4]。

バイオスティミュラントでホロビオントを取り戻す

意外なことにその鍵もタネにある。結論からすると、化学肥料を使う代わりに、魚の加水分解物(fish hydrolysate)や堆肥等を使う[4]、あるいは、微生物が入っていないタネに、ミミズの腸内や堆肥等で微生物が生成する微生物の化学シグナル伝達分子をバイオスティミュラント(biostimulants)として付着させればいい[4,6]。バイオスティミュラントとは、生物(Bio)と刺激剤(Stimulants)を組み合わせた造語で、植物の生理状態を改善し、植物が本来もつ能力を引き出す各種ミネラルやビタミン、アミノ酸等の資材で、欧州を中心に世界的に着目されている。

葉面散布剤の植物生理上の意味については第3章でも少しふれたが、こうした資材になぜ効果があるのかを、第7章で記載したクオラムセンシングと微生物から説明してみよう。

土壌は実は社会的な世界だ。植物と微生物との間は、もちろん、微生物と微生物との間でも数多くの相互作用がなされている。もちろん、微生物は目が見えないし、聞くことも嗅ぐこともできない。人間が環境に反応するために使う五感はもちあわせてはいない。けれども、生化学的なシグナルに反応することで、土壌のどこにどのような隣人がどれほどいるのか、そして、何が必要なのかを知ることはできている。こうしたシグナルは非常に複雑で、何千もの種類があり、それを生成した微生物とそれを受け取る側の別の微生物の受容体の部位に適合することで、信じられないほどの生化学的なメッセージのやり取りがなされている。そのうえで、クオラムセンシングを介して微生物は実際に行動を調整し、団粒構造を構築したり、植物に栄養素をもたらしたりと、あらゆる種類のことを達成している[6]。

微生物がこうしたさまざまなシグナルをどのようにして生成し、このシグナルをどのように伝達しているのかについては、いまようやく理解されはじめたばかりだが、微生物たちが非常に複雑なシグナル伝達メカニズムをもち、実際に何をすべきかを知っていることはわかっている[6]。

生化学的なシグナル伝達によって土壌がいかに機能するかが決められていると聞くと驚くべきことのように思えるが、実は、ヒトの体内も同じように機能している。何百ものさまざまな生化学物質が何をすべきかを肝臓や腎臓に伝えていて、いちいち頭ですべきことを考える必要はない。これと同じ方法で、土壌中においてもシグナル伝達が行なわれている[6]。

羊や牛やヒトの腸内細菌叢もクオラムセンシングを用いているし、それ以外の生態系で見出せる化学シグナル伝達も、昆虫と植物、昆虫同士でなされている伝達も同じだ。化学シグナル伝達の複雑さには並外れたものがあるが、目に見える大きなものであれば、ある程度は理解されてきている。花粉に向けて飛ぶハチたちは何㎞も離れていても帰り道を見つけることができるし、かつ、同僚にどこにその花があるのかを伝えているではないか[6]。

土壌中の微生物のほとんどは休眠状態にあって活動していないが[6,8]、こうした休眠集団が微生物の多様性にも寄与している[8]。だから、土壌を活性化する秘訣のひとつは、休眠中の微生物をバイオスティミュラントを使って活性化することにある。その最適な場所とは、播種する前のタネだ[6]。

植物も微生物も生化学シグナル伝達分子を介してそこに微生物がいるかどうかを感知している。植物は、生化学的シグナル伝達分子を使ってコミュニケーションしている。だから、微生物の生化学シグナル伝達分子をタネに加えれば、実際にはそこに微生物が存在していなくても、発芽したタネは、シグナルを検出することで「ほう。ここにはかなり多くの微生物がいる環境だな」と判断して、そこに数多くいるであろう微生物たちを養おうとして大量の滲出液を分泌することで対応する。土壌中にはこの滲出液によって活性化される休眠中の微生物が多く存在するから、それらが次々と反応していく[4,6]。

このポジティブな連鎖反応を立ち上げるだけで、光合成は盛んとなり、より多くの滲出液が生成され、より健康な植物ができるようになっていく[6]。タネにも次世代に向けた健全なマイクロバイオームが形成され、優れた根圏マイクロバイオームが継承されることで、植物は再びホロビオントとなりうる[4]。

ボカシであれ、ミミズ堆肥であれ、バイオスティミュラントは、こうした微生物の社会的バイオームで使われているシグナル伝達分子として機能する。とりわけ、低酸素環境におかれていた発酵堆肥やミミズの腸を通過したミミズの糞（ミミズ堆肥）や尿（ミミズ液肥）では、微生物から分泌される化学物質の濃度も高く、含まれる化学シグナル伝達分子も多い[6]。この抽出物質をタネに付着すれば、リン酸肥料とは直ちに縁を切ることができるし[4]、空中窒素を固定する真正細菌と古細菌もタネを介して組み込まれるから、窒素施肥から脱することも可能となっていく。こうした見解を主張する研究者もいる[6]。

地表の植物の多様性を確保すれば地底世界も自ずから整う

人間の腸内細菌叢から牛のルーメンまで、どの生態系であれ、それが効果的に機能するための重要な要素は生物多様性だ。土壌も同じだ。土壌を健全に機能させ、収益性を高めることは、土壌微生物の多様性を高めることにほかならない。微生物の多様性が団粒構造のみならず、栄養循環、病害虫への耐性、生産性、さらには、洪水や旱魃耐性と景観全体にも影響する。物事がシンクロするとき、還元主義では想定ができない創発的な特性が生じる[5]。

逆に、草であれ、作物であれ、果樹であれ、モノカルチャーであっては、病害虫への抵抗性は期待できないし、大量の資材を投入しなければ機能しない。モノカルチャーになったから、病害虫に対する抵抗力やストレス耐性が低くなり、生産性も低下し、肥料が必要となったのであって、土壌機能が回復すれば、それは必要なくなる[5]。そして、機能回復を達成するために最も簡便にして最善の方法とは多様な植物群落を確立することだ[5、6]。

作物であれ、牧草であれ、土壌保護のためのカバークロップであれ、地表を被覆する植生が多く、多様なほど光合成量も滲出液もともに増す。多くのエネルギーが餌として提供されるから、微生物の存在量も増す[5、12]。

逆に高収量のトウモロコシだけが生産されていたとしても、モノカルチャーでは土壌は劣化する。時間の経過とともに団粒構造は失われて締め固められる。地上部だけを見て、ある植物のカーボンを捉える能力が高いからといって、その植物だけを栽培するだけでは、土壌はとうてい修復できない。植物と微生物との橋渡し役として、土壌中でのカーボン移動や団粒構造の構築で重要な役割を演じるのは菌根菌だからだ。なればこそ、土壌マイクロバイオームと植物群集のコモン菌根菌ネットワークの存在が、土壌再生研究のフロンティアとなっている[6]。

菌根との共生が効果的に機能していれば、光合成で固定された炭素の実に20～60％がコモン菌根菌ネットワークに送られる。その一部が生物的に固定された窒素と結合して、安定した腐植へと変換されていく[8]。前述したように根からの滲出液と微生物とが協働して団粒構造を形成していく[6]。滲出液が多くなればなるほど、窒素固定微生物も増えるから、多くの窒素も固定される[5]。有機リンも獲得され、養分が循環して、植物は健康になっていく*[4]。

それでは、実際に土壌生態系へとエネルギーが放出されていて、コモン菌根菌ネットワークが健全に機能しているかどうかは、どうすれば知ることができるのだろうか。これも、簡単だ。根に土粒子が付着しているかどうかで判断できる。付着していれば、大量の糸状菌の菌糸がある[6]。深く根を張る植物が下層土にあるミネラルにアクセスし、植物はコモン菌根菌ネットワークを介して栄養素を交換し、互いに助け合えている。だから、すべてが協働するための適切な条件をつくりだすことが必要なだけで、それだけで、望ましい結果が得られる[7]。

だから、農家がする必要があるのは、コモン菌根菌ネットワークや土壌微生物のマイクロバイオームをサポートすることだけだ。これが土壌の秘密なのだ[12]。これまで述べてきたようにある特定のエリート微生物だけではうまく機能しないのだから、健康な生きた根圏にある微生物一式をもってくればいい。複雑に思えるかもしれないが、難しいことではない。そのために、必要なことは、年間を通じて地表を被覆して、地上の植生に多様性をもたせることだけだ[4]。

植物の多様性が、カーボン隔離を含めて、すべてにプラスの効果をもたらす。植生の多様性こそが、微生物を多様化させる鍵であって、それ以外では多様化は達成できない[7]。

逆にそれをすれば、大量の堆肥を投入しなくても、土壌改善の効果はすぐにでる。たとえば、カナ

＊──クリスティン・ジョーンズ博士は、本書でコモン菌根菌ネットワークと称したネットワークについて、以前には「液体炭素経路（liquid carbon pathway）」と呼び、いまは、「真菌エネルギーチャネル（fungal energy channel）」と表現している[4]。拙著『土が変わるとお腹も変わる』（2022、築地書館）ではこの表現を採用した。

ダのサスカチュワン州のデレック・アクストン農場は、デュラムコムギを生かして約30㎝の深さで土壌を構築している。コロラド州東部の不耕起農家、スコット・レイブンキャンプ農場も、地元の習慣である休閑を止め、コムギとカバークロップを通年作付けすることで、砂質土壌を信じられないほど改善してみせた。土壌には植物残渣等、有機物が一切加えられていない。団粒構造は糸状菌だけで改善された[6]。

オーストラリアは土壌の風化が進んで痩せている。過去20年、土壌科学者たちは、ほぼ全員が、オーストラリアでは土壌にカーボンをストックすることが不可能だと言ってきた。けれども、事実は違った。できないとされた土壌にわずか2年で6・7t／haものカーボンを蓄積した有機農家ニールス・オルセン氏のことは第6章でもふれたが、彼の秘訣は、ソイルキーリノベーターと呼ばれる機械を発明したことにある。自然界はある程度攪乱が必要だ。ソイルキーリノベーターは、放牧するように、数㎝とごく浅い表面だけを耕す。これによって、地表の草に多様性をもたせることができている[4]。

オーストラリアのニューサウスウェールズ州のテンターフィールドシャイアは、標高が高く、寒冷で、禿げた岩山からなっている。土壌も花崗岩に由来する砂がほとんどで、分析してみても、事実上何も含まれていない。この土地で農業を営むサイモン・マッコンヴィル（Simon McConville）氏が作付け前に土壌を分析したところ、ほとんどのミネラル、とりわけ、窒素、リン、カリウム、銅が不足していた。けれども、混作をした後で、チコリの葉を分析してみると、すべてのミネラルがあり、なおかつ、作物を育てるのに十分な量だった。これは、微生物の存在こそが栄養素の確保の鍵であって、初期条件としての環境はさして重要ではないことがわかる[5]。

土壌、植物、動物の健康はひとつ――微生物を介して循環するワンヘルス

収量にだけ目を向ける工業型近代農業によって農作物の生産性は20世紀後半に倍増したが、地球全体の温室効果ガスの排出量の4分の1を農業が占めるにまで至った。大量の農薬が使用されているにもかかわらず農作物の20～40％が病害虫で失われ、肥料の使用量は700倍になったにもかかわらず、世界全体の農業生産高は頭打ちとなり、かつ、生産された食料の3分の1は廃棄されている。FAOによれば、毎年世界では、根菜、野菜、果物では、40～50％、魚では35％、穀物では30％、ダイズやナタネ等の油糧種子、肉、乳製品の20％が廃棄されている[13]。

温室効果ガスの約10％程度にあたる食料がフードロスになっているのだから、フェイクミート（代替え肉）で食料を増産するよりも、まずは手に付けるべきは、フードロスの削減とその結果、不要となる農作物の減産であろう。イギリスで廃棄物削減に取り組むNPO「廃棄物・資源アクションプログラム（Waste & Resources Action Program: WRAP）」によれば、フードロス削減に1ドルを投資すれば、14倍のリターンが見込めるという。マニトバ大学のバーツラフ・シュミル特別栄誉教授は「これほど説得力のある話はそうあるものではない」と重要性を指摘する[13]。

アルバート・ハワード卿は、1930年代に有機農業によって健康が促進されると考えた。有機栽

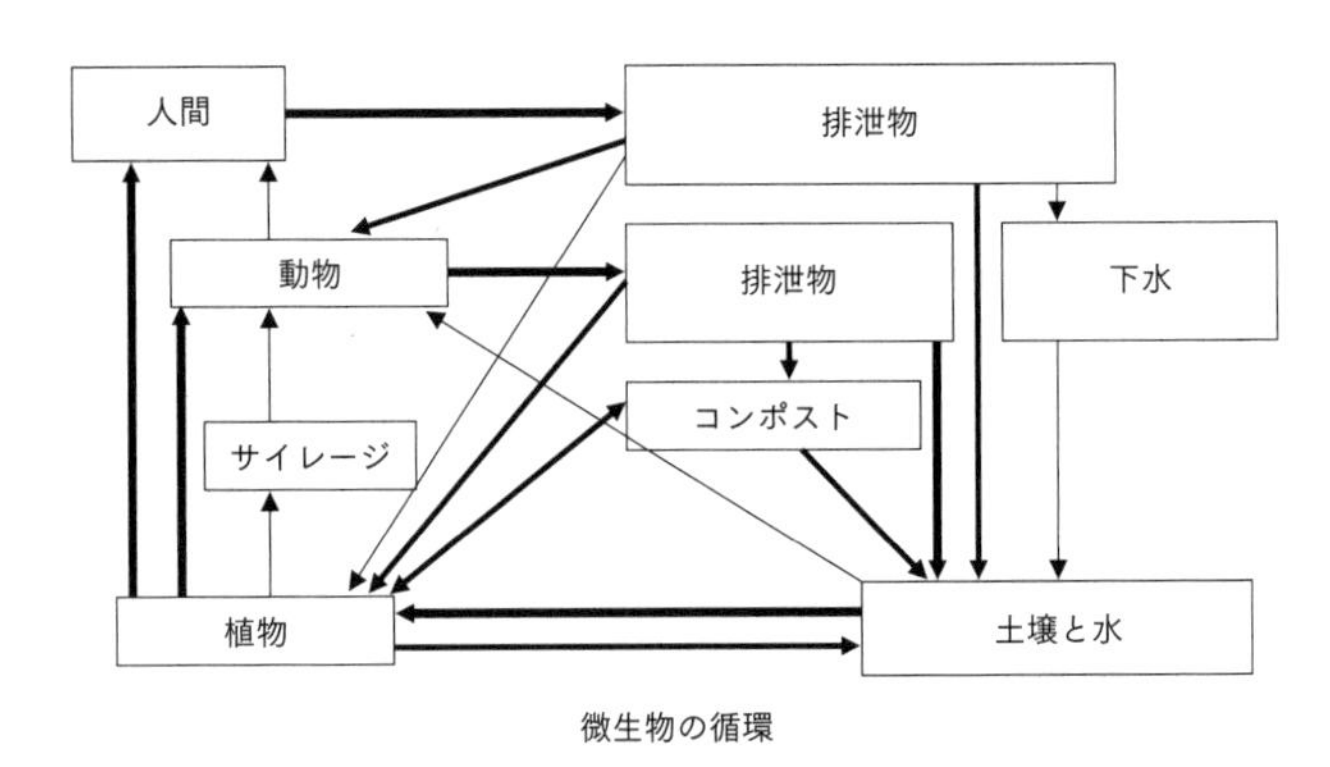

図3　マイクロバイオームでつながる生態系
出典：One Health - Cycling of diverse microbial communities as a connecting force for soil, plant, animal, human and ecosystem health (2019) Science of The Total Environment

培した野菜を食したロンドン近郊の男子校の生徒たちが風邪や麻疹にかかりにくくなっていたからだ。ハワード卿のこの考え方を支持したのが、女性として初めて大学で農学を学び、１９４６年には土壌協会を設立、有機農業の母と言われたレディ・イヴ・バルフォア（Lady Eve Balfour、１８９８〜１９９０年）だ。バルフォアは、いまから70年も前に「土壌、植物、動物、そして、人間の健康はひとつであって、切り離せない」と述べている。

当時はこのメカニズムを説明することができなかった。けれども、カリフォルニア大学サンタクルーズ校の村本穣司准教授は「いまようやく科学が追い付いて土壌と健康との関係が説明できるようになってきた」とフロリダ大学のアレイナ・ヴァン・ブリュッヘン（Ariena H. C. von Bruggen）名誉教授の２０１６年のワンヘルスの研究を紹介する。

ワンヘルスとは人と動物の健康と環境の健全性は、生態系の中で相互に密接につながり、強く影響し合っているとの概念で、国連や日本の公官庁の公式なワンヘルスの定義には植物やその健康は含まれていない。けれども、図3をご覧いただきたい。矢印は微生物が循環していることを示したものだ。最先端の研究では、ワンヘルスには植物も含まれ、すべての健康をつないでいる鍵はミネラルの循環だけでなく、微生物の循環であることがわかってきた。腸活を一歩掘り下げた「内臓と土」とのつながりまではこれまでも指摘されてきたが、土壌、動植物、ヒト、環境間を循環する微生物群を介して、生態系の健全性は維持されている[14]。植物を健康にする微生物は土壌からタネを介して親から子へと継承されていて、そうした健全な植物を食べる動物も健康となる。東洋医学で言われてきた医食同源や身土不二の科学的な根拠がゲノム解析技術の進歩でようやくわかってきたのだ。

そのことを第6章でとりあげた内水博士も気づいていた。内水博士は、水、餌、環境と三要件をすべて理想的にする必然性はない。ひとつが突出して素晴らしくなると他の二つもそうなると、循環の図を描きながら、こう説明していた。なので、内水博士の言葉でこの章を閉じることとしよう。

「その中には、まっとうな土壌微生物が生きておると。まっとうな生き様をしておると言った方がいい。そういう糞尿を原料に発酵肥料なりで、また出だしの素晴らしい土壌改良に戻ることによって、いい耕作農業ができる」

「自然の特性をもった素晴らしい水を利用すれば、農業生産力の効率が大変によくなる。その一部が、牛であれ、鶏であれ、豚であれ、シャモであれ、餌になる。いい土にいい水を使って作った農産物。これはいわゆる中国古来の医食同源もしくは『上薬』に相当する食品、もしくは餌で、これが大変に健康にいい。飲み水を良くして飲ますもよし。餌を土壌菌で発酵させて発酵飼料として与えるもよし。踏み込み豚舎やスノコ豚舎で、素晴らしい環境を状態をつくってもいい。いずれにせよ、ようは健康に育つ」[15]

引用文献

［1］オスワルド・シュミッツ『人新世の科学―ニュー・エコロジーがひらく地平』（２０２２）岩波新書

［2］２０２３年３月25日、仲野晶子・仲野翔 SHO Farm「不耕起再生型農業実践報告会」

［3］David Tilman et.al, Biodiversity and ecosystem stability in a decade- long grassland experiment, Nature, June 2006.

［4］Christine Jones, "The Phosphorus Paradox" with Dr. Christine Jones（Part 2/4）, Green Cover Seed, 6 April 2021.
https://www.youtube.com/watch?v=lSjbVxTyF3w&t=7s

［5］Christine Jones, Profit, Productivity, and NPK with Dr Christine Jones, Lower Blackwood LCDC, 7 July 2022.
https://www.youtube.com/watch?v=EX6eoxxoWKI

［6］Christine Jones, Humic Acid: Soil Restoration: 5 Core Principles,Eco Farming Daily, July 2018.
https://www.ecofarmingdaily.com/build-soil/soil-restoration-5-core-principles/

［7］Christine Jones, "The Nitrogen Solution" with Dr. Christine Jones（Part 3/4）, Green Cover Seed,13 April 2021.
https://www.youtube.com/watch?v=dr0y_EEKO9o

［8］Hyun Gi Kong, Geun Cheol Song, Choong-Min Ryu, Inheritance of seed and rhizosphere microbial communities through plant–soil feedback and soil memory, 04 May 2019.

［9］Plant seed research provides basis for sustainable alternatives to chemical fertilizers, News Release, 25 Mar, 2019.
https://www.eurekalert.org/news-releases/860986

［10］Seeds transfer their microbes to the next generation, Stockholm University, Jan 21, 2021.
https://phys.org/news/2021-01-seeds-microbes.html

［11］Samiran Banerjee and Marcel G. A. van der Heijden, Soil microbiomes and one health, Nature, 2022 Aug 23.
https://www.nature.com/articles/s41579-022-00779-w

［12］Christine Jones, "Secrets of the Soil Sociobiome" with Dr. Christine Jones（Part 1/4）, Green Cover Seed, 30 March 2021.

https://www.youtube.com/watch?v=Xtd7vrXadJ4
[13] バーツラフ・シュミル『世界のリアルは「数字」でつかめ!』(2021)NHK出版
[14] 吉田太郎「微生物と植物の共生・ワンヘルス・百姓力」(2022)耕、№152、山崎農業研究所
[15] 土と水の自然学―理論編 1989年5月、一般社団法人BMW技術協会(2013年4月)

コラム⑩ 雑草論

除草剤を散布するほど雑草は増える

雑草は除去すべき邪魔者だとの発想が農業では根強い。除草剤が大量に散布される背景にあるのは、この敵視思想だ[1]。けれども、もちろん、作物と雑草とは競合する[2,3]。けれども、農家が厄介な雑草だとするシバムギは、たとえば、放牧されている家畜からすれば大切な餌だし、そのタネは鳥の、葉はチョウの幼虫の餌となる。アザミの花もハナバチやチョウが訪れ、そのタネはスズメ等の好物となり、何十種類もの昆虫がその葉を食べて、鳥の獲物となっていく[3]。

イギリスでは農村に普通に見られたヨーロッパヤマウズラが1967年以降92%も減少した。カッコウも77%減少しているが、この主因は除草剤だ。除草剤で雑草が減れば、それを食べる昆虫が激減する。昆虫が減れば、それを餌とする野鳥も玉突きで減る。農地から1本も残さず雑草を駆除して、モノカルチャー栽培すれば、そこはほとんどの生物にとって住めない空間と化す。サイレント・スプリングを引き起こすのは農薬だけではない[3]。

おまけに、除草剤も農薬と同じで生態系の攪乱を引き起こす。農薬散布で病害虫が多発し、さらに散布しなければならなくなるのと同じ悪循環が、除草剤と雑草との関係でも見られる[1]。第4章で記述

した病害虫と同じく、雑草を除去すべき敵と見なしたとしても、それは除草剤の散布によっては駆除できない。こう書くと、除草剤が効かない耐性雑草の出現をイメージされるかもしれない[4]。たしかにグリホサートの過剰散布で米国では撒いても効かないスーパー雑草が197種類にも登るという[5]。けれども、フランシス・シャブスーは除草剤そのものが雑草を増やしていることの原因だと考える[4]。

除草剤は、植物内の酵素活性に影響を及ぼす。ペンシルベニア州立大学のエルンスト・バーグマン（Ernest L. Bergman、1922～2020年）名誉教授らは、すでに1972年に除草剤が植物体内のカルシウムを減らすことを確かめている。除草剤によってカルシウムやリン酸、マグネシウムが減少するとどうなるか。広葉雑草、アザミ、コシカギク、ミチヤナギ、イヌノフグリが繁茂し、スズメノテッポウ、ギョウギシバ、カラスムギ等のイネ科の雑草も繁殖する[4]。ハコベが肥沃な土地で、ギシギシが痩せた土地で生えるように、雑草が土壌の肥沃度を示す指標植物となる背景にはちゃんと理屈がある[1]。

除草剤は土壌微生物、とりわけ、アーバスキュラー菌根菌にも悪影響を及ぼす[4,6]。アーバスキュラー菌根菌は、絶対寄生菌であるため、寄生植物となる雑草がいなければ生きられない[6]。除草剤によって微生物が死滅し、植物に提供される栄養分が変化することが雑草が増える理由だと考えれば、なぜ散布するほど除草剤が効かなくなるのかの説明がつく。たとえば、ムギとマメとを輪作すれば雑草が減っていくが、それは、マメが窒素だけでなく、カルシウムも増やすからだ[4]。

雑草は不健全な土壌を健全化する

前出のエアハルト・ヘニッヒやシャブスーによれば、有機農業に切り替えると、雑草の種類が増えたとしても、カラスムギやギシギシのように厄介な雑草は減って消えていく[2,4]。始末に負えない雑草が多いのはまだ土が痩せているからで[1]、肥沃になれば雑草同士の競争も強まり、作物を邪魔するような草はあまり生えない[1,2]。また、生育期間の最初の3分の1だけ雑草を管理すれば最終的に収量は低下しないとの研究結果もある[2]。

畑と同じで水田でも除草剤を散布すると、一年生雑草が主に枯れ、ミズガヤツリ、マツバイ、クログアイ等の除草剤に強い多年生雑草だけが残って、一年生雑草に邪魔されることなく水面で繁茂することになる。除草剤散布を止めれば、厄介な多年草雑草が減り、コナギ等の一年生雑草の割合が多くなり除草作業は楽になる[1]。

人手が入っていない天然林に雑草のタネを播いても成長しない。川岸を見るとよい。ヨシは生えていても水田に生える雑草は1本もない。東海大学の片野學名誉教授は、この世に雑草が存在しているのは、不毛な土地を肥沃な土壌に変え、化学肥料を施肥したことで不自然化した土壌を健全化しようとしているのではないかと考え、熊本県阿蘇郡の久木野村（現在、南阿蘇村）で自然農法稲作を実践している帆足洋子氏の圃場を調べてみた[7]。

そこで判明したのは、稲藁堆肥しか使わないのに反収が9俵もあり、なおかつ、高収量の水田ほど雑草が生えていないことだった。（公財）自然農法国際研究開発センターが行なった研究でも収量が高い水田ほど雑草が生えない。この理由のひとつは土壌構造にある。水田土壌は、表面から1~数㎜の酸化層、その下に還元層があり、さらにその下の鋤床と三層の構造からなっている。これは東京大学の塩入松三郎（1889~1962年）教授が明らかにしたことだが、岩手県奥州市（旧衣川村）で自然農法を行なっている水田はこれとは違う構造をしていた。表面から5㎝ほどにはトロトロ層があり、埋没した雑草のタネは芽を出せなかったのだ[7]。

『だれでもできる有機のイネつくり』（2024、農文協）の著者で、前出の自然農法国際研究開発センターの三木孝昭専門技術員も「雑草には役割があると思っている」と語り、コラム④で書いたC_3植物とC_4植物の切り口からこう述べる。

「日本人は田んぼをつくってきましたが、イネと同じようにその環境に適した種類の草だけが選抜されて生き残ってきたともいえます。ですから、根絶できないほどイネと寄り添っている。それだけ近い間柄ですから喧嘩しないで仲良くなった方がいいと思うのです。ヒエは湿生雑草で酸化的な環境を好むため、深水管理や米ぬか除草が効果的と言われます。C_4植物であるヒエは、C_3植物であるイネよりも光合成能力が高い。なので、同一条件で競争したら確実にヒエの方が勝ちます。ですが、たくさんの二酸化炭素を身体に溜め込みますから、それが枯れれば、結果的に、そこは炭素が多い還元的な土壌になっていく。するとヒエが生存するのには好ましくない土壌に変わってしまう。ある意味で、ヒエはその土地が痩せていることを教えてくれているようなものなのです」[8]

痩せた土地を肥沃にするのが雑草の役割だとの片野名誉教授と同じ見解を自然農法の指導者、露木裕喜夫氏もとり、こう語る。

「農民から大学の先生まで雑草を敵とみなし目の敵にしているが、雑草は荒れ地復興の主役である」「オオバコ、ニワホコリ、オヒシバ、チラカシバは、乾燥した固い土壌を好み、痩せ地を肥やすトップバッターで、その後、土が肥やされると役目を終えて別の草に移っていく」「現代農業技術では、石灰分が欠乏した酸性土壌を石灰を投入することで酸度調整するが、自然は酸性土壌を矯正するためにスギナを生やす。スギナはその使命を帯びて根を深く伸ばして地下深く溶脱しているカルシウムを集めている」[9]

虫の食料源として生態系を安定させソバの増産にも役立つ雑草

雑草によって農地が多様化すれば食物連鎖もより複雑になって、作物だけしかない場合より害虫被害が減っていくという副産物もある[2]。

日本では天敵を活用した生物農薬が数多く開発されているが、害虫が発生すれば天敵で殺せばよいとの発想は、農薬での防除と同じだ[1]。

高知県の篤農家、田村雄一氏は、捕食関係にある生物だけを利用する天敵活用では、まだ本当に自然を利用しているとは言いがたく、生態系のピラミッドの最下層、肉眼では目にすることができない土壌微生物や土壌動物から、在来の天敵が常時生息できる環境を整えることが大事だと主張する[10]。「田んぼの生きもの全種リスト」によれば、害虫約１００種、益虫約３００種に対して、「ただの虫」は約２０００種もいる[11]。間作や緑肥作物の作付けを行なうことで土壌を裸にしなければ、一番多い「ただの虫」が生息でき、限られた種類の害虫しか食べない狭食性・単食性の天敵だけでなく、ただの虫を食べる広食性の天敵が季節を問わず安定に保たれることになる[1]。

　そして、雑草も緑肥と同じ役目を果たす。どのような土地であっても真っ先に生えて裸の土を緑で覆っていくのは雑草だ[1]。「ただの虫」は、雑草、野草、落ち葉等も食べている。つまるところ、雑草も天敵のための間接的な食料源であって天敵の生存を担保しているとも言える[1、2]。なにより害虫そのものも作物と同じくらい雑草も食べているし、土壌生物のかなり多くは雑草の種子を食料源として活用している[2]。

　セリ科の雑草の花が咲けば、それは、天敵のヤドリバエやヒメバチの食料となり、ハコベは歩行性のオサムシや徘徊性のクモ類の住処となる[2]。圃場の内外に実のなる木や花の咲く木を栽植すれば、広食性の捕食者である小鳥も集まり生態系がより安定していく[1]。

　土壌生態学者、福島大学の金子信博特任教授も、植生の多様性を増やしていくと病害虫被害がでない実態をデータをもって説明する。それも、陸上生態系ではなく土壌に生息する天敵によってである。そして、「裸の地面が見えているのは自然ではない。深い所にいる土壌動物や微生物も光を感じているので、こうした土壌には住みづらい」と土壌生態系も考慮して、除草を控えることを薦める[12]。

　広食性の天敵は圃場に隣接した近隣の林野や田畑から侵入するが、害虫は天敵よりも移動能力が高い。だから、どうしても、大規模なモノカルチャーの圃場では移動能力が低い天敵が棲息できず、害虫が増えやすい。これを避けるには、畑の近くに天敵が生息できる林地をつくったり、作付けを単純化しないことが求められる[1]。

　圃場周辺に雑草を残すことは生産そのものにもメ

リットがあると、東京大学の生態学者、宮下直教授は、2020年11月13日放送のNHKスペシャルの「超進化論」でも放映された研究結果を披露する。

ソバは、播種してから急成長する作物なのでもとから除草剤がいらないが、短花柱花と長花柱花が授粉しなければならないため、昆虫の送花粉サービスが欠かせず、虫が少ないとほとんど結実しない。教授が長野県飯島町で行なった研究によれば、100種以上の多様な昆虫がソバの花粉媒介を支え、かつ、その虫は畦畔にある雑草を餌場やねぐらにしていた。開花前1カ月に草刈りをした場合と控えた場合とを比較したところ、刈らない方が昆虫が増え、結実率も2〜3割アップした。しかも、根元から刈る場合、7〜15㎝で中刈りする場合、20㎝以上で高刈をする場合で比較すると、中程度の草丈では絶滅危惧種の昆虫も増えることがわかってきた[13]。

このように害虫も益虫も自然生態系の一員としてバランスを保って共存している。冒頭の話題に戻せば、雑草も自然界の一員としてむやみに敵視するべきではない[1]。皆殺しにするべき敵としてよりも、土壌を保護し、生態系を安定させる同伴植物として見るべきであろう。そもそも有機農家であれば雑草が生えていない畑にこだわる理由はない[2]。

もちろん、労力軽減のための創意工夫は必要で、金子特任教授はローラー・クリンパーも試作している。「クリンパー」の名のとおり、機械的に雑草を押し倒すことでマルチの代わりにする新兵器だ。興味深いのは、機械以上に人力で倒すフットクリンパーが人気があることだ。機械と違って身の丈にあった農機具だから「自然との対話ができる。小規模な農業が面白くなる」と特任教授は体験談を語る[10]。

この見解は、過去には、草取りをしながら草と対話する豊かな時間や世界観があったと語る宇根豊博士の主張とも重なる。博士は病害虫と同じく、化学的な除草も農家の悲願だったというのは間違いだと続ける[11]。たしかに、虫も飛ばず鳥もさえずらず、広大なモノカルチャーの圃場をドローンが除草剤を散布していく世界は、工業型農業の最終局面であっても味気なさすぎる。

引用文献

[1] (財)自然農法国際研究開発センター技術研究部編『無肥料・無農薬のMOA自然農法』(1987)農文協民間農法シリーズ
[2] エアハルト・ヘニッヒ『生きている土壌―腐植と熟土の生成と働き』(2009)日本有機農業研究会
[3] デイブ・グルーソン『サイレント・アース~昆虫たちの沈黙の春』(2022)NHK出版
[4] フランシス・シャブスー『作物の健康』(2003)八坂書房
[5] 拙著『土が変わるとお腹も変わる』(2022)築地書館
[6] 小川眞『作物と土をつなぐ共生微生物~菌根の生態学』(1987)農文協自然と科学技術シリーズ
[7] 片野學『雑草が大地を救い食べ物を育てる』(2010)芽生え社
[8] 2024年3月15日、三木孝昭氏、筆者聞き取り
[9] 露木裕喜夫『自然に聴く―生命を守る根元的智慧』(1982)露木裕喜夫遺稿集刊行会
[10] 田村雄一『自然により近づく農空間づくり』(2019)築地書館
[11] 宇根豊『農は過去と未来をつなぐ―田んぼから考えたこと』(2010)岩波ジュニア新書
[12] 2023年6月1日、金子信博「世界のリジェネラティブ農業への取り組みの紹介」リジェネラティブ農業ウェビナー、ソリダリダードジャパン主催での講演より筆者聞き取り
[13] 2023年4月13日、宮下直「日本の農地景観の特徴と生物多様性の活用」「リジェネラティブ・オーガニック・カンファレンス2023」パタゴニア・インターナショナル日本支社の主催での講演より筆者聞き取り

終章

過去の篤農家の叡智をいまの目で見なおす

大地再生農業の先駆者たち——最先端科学で蘇る篤農家の叡智

「はじめに」で書いたように、スマート農業やＡＩ農業こそが未来の農業だとする見解がある。デジタル・デバイスの急進歩によって、食や農は「フードテック」へと収斂されようとしているようにも見える。けれども、数十億年の進化を積み重ねてきた地球生態系との向き合い方としては底が浅いし、ちょっと違うのではないか、との違和感がどうしてもつきまとう。とはいえ、ＡＩやゲノム技術の進展を頭ごなしに全否定する必要はない。大事なのは使い方。次世代シークエンス技術をはじめとする「観測技術」の目覚ましい進歩によって、これまで科学的だとされてきた近代農業のパラダイムが塗り替えられつつあるからだ。一方、序章でも指摘した近代農業の矛盾に対峙して、何もないなかから有機農業の歴史を築いてきた碩学や先駆者の言葉は半世紀前のものでもまったく古びていない。それどころか、最先端の科学がようやくベールを剥ぎつつある自然の摂理に対して正鵠を射ていたとさえ思える。前章まで記述してきた無農薬・無化学肥料農業の原則やそれに基づくテクニックは、先人たちがとっくに気づいて実践してきたことなのだ。

そこで、この終章では、鬼籍に入られた方を含めて、筆者が会ってきた先覚者を中心に彼らの言葉にあらためて耳を傾け、その洞察とこれまで述べてきたこととの重なりを皆さんとわかちあいたいと思う。ただし、引用にあたっては読みやすさを配慮し、筆者の責任で編集してある場合があることをおことわりする。関心をもたれた方は是非、原著作にあたられることをお薦めする。なお、直接会った人は「氏」ではなく、「さん」で呼びたい。

腐植を介した森・里・海の循環の再生——魚住道郎

日本の有機農業の先進地のひとつ、茨城県旧八郷町(現在、石岡市)の有機農家、本書の「はじめに」で登場した日本有機農業研究会の理事長、魚住道郎さんは50年にわたる実践を踏まえたうえで、健全な森から流れ出す腐植が海藻を育てることに着目する。森・里・海をつなげる必要性、輸入飼料に依存する畜産ではなく山地酪農等の国内資源を活用した循環型畜産への転換を提言する[1]。

「インドでの30年に及ぶアルバート・ハワード卿の研究の結論は『腐植とミネラルが作物の健康には不可欠であり、作物の健康が家畜、人間の健康につながる』というものだ。作物で病害虫、家畜で病気が生じるのは、農法や飼育のあり方に問題があるからであって、つくり手の誤りをむしろ指摘してくれている。つまり、健全な農業を営む鍵は菌根菌と腐植にある」と本書と重なる見方を示し「農業だけでなく、健全な森や豊かな海にとっても腐植は欠かせない。山から流れ出す腐植を含む水にはフルボ酸と鉄とが結合したフルボ酸鉄が含まれ、これがプランクトンや海藻を増やすことで海の沙漠化を防いでいる」と海の重要性についても付け加える。魚住さんは、こうした腐植の働きに着目して、森・里・海の流域全体を腐植を通じて有機的につなげる「自給縁農運動」を提案する[2]。

「私たちの命は腐植が繋ぐ森里海の生き物の命をいただくことで、維持、存続できているのです。言わば、私たちは森里海そのものと言えます。森里海はあらゆる生物の命の基盤です。そこを生業とする人々のものではなく、宇沢弘文さんの言う社会的共通資本であり、万人の共有財産です。その健全性を子どもたちに残していかねばなりません。戦後の近代化は農業基盤を壊しただけでなく、国民の農業軽視、農民と都市住民との分断を生じさせました。化学肥料と農薬で微生物が死に絶えバラバラになった単粒構造の砂のようにです。これを回復するには、微生物で団粒構造がつくられるように、有機農業運動が展開してきた農民と都市住民との提携。すなわち、社会においても、小規模家族農家を核とした信頼のおける人々の強固なつながり、小さな団粒構造がたくさんあって、それが、菌根菌ネットワーク化のようにゆるやかにつながっていくことが必要不可欠だと思うのです」[3]

土を裸にせず草を生かす農場を営む
――三浦和彦、久門太郎兵衛

筆者が有機農業に興味を抱いたのは半世紀も前の大学院生の時代だ。当時は、まだ有機農業の実践者といっても全国に数えるほどしかなかった。その数少ない人たちの一人が魚住さんだった。首都圏の消費者たちは、「自分たちで安全な食べ物をつくろう」と1974年に茨城県の石岡市（旧八郷町）に「たまごの会八郷農場」を発足する。創設メンバーで中心となったのは、魚住さん、明峯哲夫（1946〜2014年）さん、[4]三浦和彦（1946〜2015年）さんだった。

序章は、化学肥料を使わずになぜ作物が育つのかのメカニズムがブラックボックスになっていることが、有機農業に対する無理解や誤解を生んでいるという元有機農業学会長の谷口吉光さんの指摘から始めたが、谷口さんがメカニズムを解明するうえで「非常に参考になった」と言及するのが、明峯さんと三浦さんが、茨城大学名誉教授の中島紀一さんとともに2010年に提唱した「低投入・内部循環・自然共生」という考え方だ[5、6]。

三浦さんは、NPO法人秀明自然農法ネットワークから依頼され、自然農法技術の実態を解明するプロジェクトに参加する。2013年から調査するなかで、無農薬・無化学肥料はもちろん、堆肥すらいれなくても、ちゃんと収量があがり、美味しい作物が健全に育っていることに衝撃を受ける[6]。有機農家兼在野の研究者として、本書と同じく40億年に及ぶ生命史に立脚したうえでなぜ自然農法が可能なのか、その解明に三浦さんは力を注ぐ。

太古には目の前にある食料源を独占して、自分たちだけで使い切ろうとする単純な生態系しかなかった。けれども、白亜紀に花と昆虫が登場。恐竜が絶滅した以降に幕開けした新生代、つまり、第三紀の自然生態系になると、植物の光合成によって生み出された「ごちそう」を昆虫や土壌小動物、糸状菌、微生物がそれぞれの得意分野を生かしながらわかちあい、おすそわけしながらカスケード利用していく共生的な世界が生まれる。窒素成分が多い有機物の分解プロセスは効率的で急速だが単純だ。これに対して、炭素成分が主体の有機物の分解過程は遅い。

「落葉や枯れ草が堆積したリター層にはカビの菌糸が伸びていく。その菌糸が絡み合い食い込んだ落葉や枯草を土壌動物が齧っていく。そこに核心がある」。三浦さんは、この点に着目し、土づくりには「消耗型土壌管理」と「内部循環・増殖蓄積型土壌管理」の二つのモデルがあると提言する。後者の視点に立てば、有機物は、速く分解することだけが良いわけではない。腐植形成という視点から見れば、有機物がなかなか分解しないことにも大きな意味がある。農作物の多くは一年生の草だから、農耕とは、草原生態系での物質循環と類似した人為的生態系だ。

　三浦さんは、草原の生態的な仕組みを模倣して、農場内や周辺の雑草を刈り取り、積んだままで生かす「敷草農法」を開発する。「ぼかし」や「発酵堆肥」が、太古からいる細菌群を活用したややもすると人工的で強引な技術で、「高速」「単純」「効率的」「独占」を特徴としているのに対して、新生代の自然摂理を模倣した敷草農法の特徴は「ゆっくり」「複雑」「非効率」「わかちあい」だ[6]。

　1980年年代に大阪府の南河内郡河南町にある「あおげむら農場」に筆者が訪れたときに三浦さんが実践されていたのは、まだ前者の堆肥を使う有畜複合の有機農業だったが、三浦さんには同じ南河内郡の持尾にある久門太郎兵衛（1921〜2014年）さんのミカン園も案内してもらった。言われるままに長い金属棒を大地に刺すと、なんら抵抗がなくスルスルと果樹園の農地に吸い込まれていったときの衝撃はいまも鮮明に脳裏に刻まれている。

篤農家だけに太郎兵衛さんは、戦後、真っ先に除草剤2、4－Dを使ったし、1952年には農薬のホリドール（パラチオン）も使った。そのため、ひどい農薬中毒にかかる。百姓を止めようかと思うほどの症状を抱えながらも、金剛山の原生林や京都の比叡山の山中を歩き廻り、山中で夜を明かしながら自然の荘厳な姿に感動する。と同時に、軍隊では衛生兵であったため、顕微鏡を使えた。そして、農薬を撒いた土壌では菌がみな死んでしまっていることに気づく[4]。

「以来、農業をやっていくうえで、微生物の働きがいつも私の頭の中にある」と太郎兵衛さんは語る。

1953年、太郎兵衛さんは32歳で無農薬で農業を行なうことを決意する。有機農業ではまず堆肥づくりが出発点とされるが、山里で育った太郎兵衛さんは、枯れ枝や落ち葉が、土壌昆虫や原生動物、カビ、微生物によって分解され、それでミネラルが循環していることをよく知っていた。だから、山を使うにしても、雑木を残し切株も掘り起こさない。

「私は山を開墾しないいんです。雑木を伐して、切り株はそのままにしておいて、その間に苗木を植えるんです。切り株が腐って肥料になると思っていましたから」

太郎兵衛さんは、ミカン山には緑肥のタネを播き、「土を裸にはしない」を持論とし、表土を大切にすれば施肥は不要だとした。1995年11月にオーストラリアから来日したパーマカルチャーの創始者、ビル・モリソン（Bill Mollison、1928～2016年）が太郎兵衛さんの農場を訪問するが、自分の経験と実践から、モリソンとは初対面でありながらも意気投合したという[4]。

1933年にアグロフォレストリーと山地畜産を提唱——賀川豊彦

太郎兵衛さんは、幼少の頃から、協同組合運動の創始者、賀川豊彦（1888〜1960年）と会う機会があり、『乳と蜜の流るゝ郷』（1935、改造社）を賀川からもらって読んでいた[4]。賀川は稲作と養蚕へのこだわりが強かった当時の山村において、危機を克服しようとする農民の姿を同書のなかで描いた[7]。「乳と蜜の流るゝ郷」とはひと口で言えば、酪農を基本とした「農、畜、林、加工」の四者一体の組み合わせだった[4]。賀川は、米国の農学者、J・ラッセル・スミス（Joseph Russell Smith、1874〜1966年）が1929年に書いた『Tree Crops: A Permanent Agriculture』を1933年に「立体農業の研究」（恒星社）という題名で翻訳出版し[4、7]、カシ、シイ、クリ、クルミ、同じくクルミ科でナッツが多く採れるペカンを山に植える運動に着手している[4]。

スミスの本が出版された当時、米国では土壌流失が深刻だった。欧州で栽培される穀物は地面をカバーし、その根が土壌をしっかり抑えるのに対して、米国で栽培されていたトウモロコシ、ワタ、タバコなどは、根が浅い。丘陵地で栽培すると土壌流失が起こったし、1930年代には、米国中西部では「ダストボウル」も起きていた。そこで、スミスが提案したのが、傾斜地での耕起の廃止と、実のなる樹木を植えることだった。スミスは、樹木の下に一年生作物を植え付ける「二階農業」も提案した。スペインのマジョルカ島では、イチジクの樹の下で、コムギやヒヨコマメが栽培され、ヒツジも放牧されていたからだ[7]。

日本でも、1929年からの世界恐慌で当時の日本農業の二大商品だった米と繭の価格が急落。これに1931年と1934年の二度にわたる東北の冷害が追い討ちをかけた。農村は貧窮の淵に喘いでいた。だから、賀川は都市の巨大化に反対し、「私は森林と、畑と、果樹園を小都市の傍らに並べておきたい。出来ることなら、小都会をも田園都市の形において設計したい」と述べ、疲弊した山間の農村部では、スミスが提案する「立体農業」こそが実践されなければならないと主張する。日本の林野面積が2289万町歩(ha)(昭和2年当時)にも上ることから「日本はけして狭くはない。ただ山を有用に食糧資源にしようとしていないことが我々の誤謬である。我々の理想は木材と食糧と、衣服の原料が、三つとも山からとれるようにすることである」と述べた[7]。

賀川は全国を歩くなかで、縄文人がドングリやトチの実を主要食物としていたこと、そしていまもなおその風習がよく保存されている地方があることを知っていた。「立体農業は立体的作物だけを意味しない。地面を立体的に使はうという野心が含まれている。我々は、樹木作物の間に蜂を飼ひ、豚を飼ひ、山羊を飼ふことは容易であり、その傍らを流れる小川に鯉を飼ふことはさう困難ではないと思つている。その他、土地を有効に、多角的にまた立体的に組合わせて日本の土地を利用すれば、今まで棄ててあつた日本の原野が充分に生き返ると私は思つている」[7]。

賀川が言う「立体農業」は単なる樹木農業ではなく、スミスが提案したようなより総合的、複合的な農業経営も意味していた[13]。それを実践し、賀川の提案の体系化を試みたのが久宗壮氏(1907〜1985年)だ。久宗氏は岡山県の貧しい山村の出身で、1930年5月に賀川の伝道説教を津山で聞く。賀川に励まされた久宗氏は、以来故郷で農業に従事しながら、没するまで立体農業の研究に没頭した。そのことを、筆者は久宗氏を義父にもつ「もったいない学会」の会長、東京大学名誉教授の石井吉徳（1933〜2020年）さんから教えていただいた。

　終戦直後の農村は「食糧不足」で「百姓成金」が各地に出ていたが、久宗氏はこの好況は一時的なものにすぎず、早晩安い外国産農産物の輸入が本格化し、不況に暗転するだろうと予測した。その備えとして久宗氏が考えたのが、農家が「拝金主義」から脱却し、立体農業を核に自給経済に立脚した農業経営を確立することだったという。具体例として、草木灰の活用、ミミズの活用、小家畜（綿羊、山羊、豚、鶏、兎、アヒル、蜜蜂および鯉等）での有畜農業、樹木農業、庭園農業、換金作物と農産加工をあげ、協同組合と食の改善（台所の改善、調理の工夫、食品と栄養、食卓の礼儀）を掲げた[7]。

『日本再建と立体農業』（1950、日本文教出版）で久宗氏は、「体力と智力と夢を必要とする科学である農業は、自給を中心とした栄養豊かな食生活を実現し得るのだ。副業にもゆとりができ、趣味豊かな生活が実現する。住環境の改善により、家族の独立が保障され、幼いうちから自治独立の精神が養われ、民主主義の教育はおのずから開いていく」と書き記し、自給を中心に据えながら、物資循環においても農業経営面においても地域に根差した農村生活の樹立を提言。天災的凶作や経済変動にも十分耐え得る農業経営を実現するには、一人ひとりの自覚のみならず、多角的な経営を支える協働の力が必要だとした[4]。

　同書の序文には賀川豊彦がこう寄稿した。

「樹木作物とそれに平行したる農産生物工業を通じて、人口の収容力は、現在の数倍に達しても、少しも心配するところがない」[4]。

いま、有機学校給食が着目されるなか、『有機給食スタートブック』(2023、農文協)では、島根県吉賀町で自給型の有機での山村自立を目指す福原庄史さんの取り組み事例が掲載されているが、福原さんは久宗氏の農場を視察し参考にしたという。賀川から久宗氏へと継承された自給の精神は有機学校給食としていまも島根の山村で息づいている[8]。

自然の摂理に基づいて腐植を重視するのが有機農業――一樂照雄

立体農業はアグロエコロジーそのものだし、久宗氏が必要だとした協働の視点、すなわち、協働組合から有機農業に着目したのが、賀川と同じ徳島県出身の一樂照雄(1906~1994年)さんだった。米国で1970年代に有機運動を立ち上げたJ・I・ロデールの著作『ペイ・ダート(Pay Dirt)』を『有機農法―自然循環とよみがえる生命』(1974、農文協)として訳し、「有機農法」という言葉をつくりあげたのは一樂さんだ。

一樂さんは日本有機農業研究会を立ち上げただけでなく、CSA(Community Supported Agriculture)につながる「提携」をつくりだした。だから、米国でCSAを立ち上げ、『CSA 地域支援型農業の可能性―アメリカ版地産地消の成果』(2008、家の光協会)を執筆したエリザベス・ヘンダーソン(Elizabeth Henderson)氏は「1971年に哲学者であり農業協同組合の指導者でもあった一樂照雄は、農業で使用される化学物質の危険性を警告し、有機農業運動を始めた。懸念した主婦たちが農家と協力して最初の『提携運動』を立ちあげた」と哲学者・思想家として一樂さんを評価する[9]。

本書との関連でいえば、一樂さんの思想家としての凄みは、半世紀も前に腐植の重要性に着目し、それをベースに、経済性を超えたところに有機農業があることを明言していたことにある。

「地球の資源は有限である。地球は無限ではない。ひとつの惑星である。にもかかわらず、経済学者は、資源は無限であるかの如く考えてきた」と一樂さんは問いかけ「現在は、自由競争こそ一番能率が上がるよいものだという自由主義が、人間行動の基本原則として世界中を支配している。そうした弱肉強食も、今のように企業が国を超えて多国籍企業になるとメリットよりもデメリットを考えざるを得ない。それをどう変えるかというと、エコロジー的に考えることだ」と書く。

そして、有機農業の原理が生態学にあることを次のように説く。

「有機農業においては、自然の循環が基本であり、その法則に沿って自然の運航を人間が手助けするにすぎないという考え方に立つ。だから、有機農業の技術は、厳密に自然を観測することによって開発される。土の中を生物社会として認識し、その培養のために必要なものとして有機物を土に還元する」

「有機物は土壌中の腐植質となって微生物の繁殖を盛んにするとともに土壌を団粒化し、通気や保水をよくし、作物のための物理的条件を向上させ地力を培養する。土壌中の腐植質の増加に応じて微生物や昆虫が繁殖する。ミミズ自身が土地改良をして沃土を造成する。クモは偉大な天敵であって、害虫駆除に最もよく貢献する。そこで、有機農業は、ミミズやクモを重視する農業であると表現することもできる」[10]

このように本章で記載してきた土づくりや食物連鎖についてきちんと認識してふれている。そして、畜産も生態系で欠かせない要素だと見なす。

「作物や家畜の健全な生育のためには、多種類のものを栽培し飼育すべきであって、有機農業は当然有畜多角経営を志向する。広い土地で放牧するのであれば、畜産専門の農業も成り立つが、狭いところで購入飼料に依存するわが国の畜産は、排泄物の処理に困るほどで、本来無理な形態だと思う。最もふさわしい形態は、作物栽培との複合による有畜農業だと考える」

一樂さんは、岡田茂吉が提唱した「自然農法」、福岡正信の「無の農法」、土壌菌を活用した長野県の内城本美（1912〜1980年）氏らの農法をあげたうえで「最もオーソドックスなやり方の代表としては、奈良県五條市の医師、梁瀬義亮（1920〜1993年）氏をリーダーとする慈光会がある。農薬と化学肥料は厳禁で、植物性廃棄物と動物の排泄物で堆肥をつくり、十分に熟成させたうえで土に混ぜ、熟成不十分な堆肥や生の廃棄物は土の上に置くというやり方である。この方法が、海外の諸国で行われている有機農法と最もよく似ている」と書く。

日比谷の松本楼で日本有機農業研究会の設立総会が開催されたのは1971年10月17日のことだが、これに先立ち、一樂さんは、農薬を使わずに農業を行なっている3人――広島県の久保正夫氏、愛媛県の福岡正信、奈良県の梁瀬義亮氏――をやっと見つけ出し、1971年2月にセミナー「近代化農法の反省と今後の農業」を開催している。

一樂さんが梁瀬氏と初めて会ったのはこのときで、そのときに梁瀬氏から「個人の努力だけでは影響力があまりにも乏しい。全国的に運動を展開する組織体でもできればよい」との提言を受ける[10]。

一樂さんは「私が有機農業研究会の結成にとりかかったのは、この言葉を聞いた翌日からであった」と後に書いている。したがって、日本有機農業研究会が梁瀬氏の一言から生まれたことがわかる。梁瀬氏の有機農業への貢献はこれにとどまらない。いまでも、RNA農薬等のゲノム編集技術が有機農業を拡大するための技術として認められるかどうかが物議を醸しているが、研究会が発足した直後の幹事会でも、農薬を極力抑制するとしても、過渡的には必要だし、化学肥料も堆肥と併用するのであれば、有機農法の範囲にいれてよいのではないかとの意見が出され、それに追随し同調する発言が相次ぎ、この趣旨での決議がなされそうな形勢になったという。

「このとき独り、おだやかながら敢然と反論されたのが梁瀬さんであった。それは60歳の手習いながら、農業高校の教科書や近所の農家から学びつつ実地に作物の栽培を試みた実験に基づく、信念からの発言であった。おかげで、論議は何もなかったかの如くに収まったがもし、あのときに梁瀬さんの発言がなく妥協していたならば、今日の本会はどんな性格の存在になっているだろうか。思えばゾッとする」

この発言から、無農薬・無化学肥料という2006年の「有機農業の推進に関する法律」での原則の根底は、梁瀬氏の一言によって築かれたことがわかる。最晩年に一樂さんは、故郷の徳島をはじめ、和歌山、滋賀、愛媛、岡山、埼玉と同志を訪ねているが、五條市の梁瀬氏の墓前にも詣でている[10]。

土から出たものは土にして返せ――梁瀬義亮

世界で最初に農薬の危険性が広く指摘されたのは、米国のレイチェル・カーソン（1907～1964年）の『サイレント・スプリング』（1962）によってだ。このベストセラーは『生と死の妙薬』（1964、新潮社）として翻訳されるが、その3年前の1959年に、梁瀬氏は冊子「農薬の害について」を書いている。では、なぜ梁瀬氏がカーソンよりも早く農薬の危険性に気づけたのかというと、梁瀬氏の食生活指導にしたがった人ほどホリドールによる農薬症状を引き起こしていたためだった[11、12]。

梁瀬氏は1万件もの食事の調査データを集め、肉類を過食せず、ダイズや野菜や海藻を多く食べるほど健康であるという、いまの「健康食」の知見につながることを見出していた。けれども、野菜食が体によいとのアドバイスは、農薬が普及する以前の経験則から導きだされたものだった。よかれと思って患者にした指導が裏目にでた[12]。この反省もあって、梁瀬氏は医師でありながら農法の研究をする決心をし[10]、さまざまな農業書を買い漁って調べる。また、各地の田畑を見て廻って教えを受けた。多くが化学肥料の礼賛者だったが、数少ない篤農家は堆肥の重要さを強調する。堆肥づくりの要領を「土から出たものは土へ返せ」と梁瀬氏に教え諭した[12][写真1]。

また、一民間農業研究家の著わした書物を梁瀬氏は手に入れる。そこには、「化学肥料を使うから土が死に、病害虫が発生するのだ」「有機質で土を肥やすことこそ真の農業である」と結ばれていた[2]。梁瀬氏は一縷の光明を見出したように思い、希望に胸を躍らせて、化学肥料を全廃し堆肥を使い、1957年に栽培実験に挑む。けれども、その結果は悲惨なものだった。有機物の投入量が足りないためだと考える梁瀬氏は、さらに入れる堆肥の量を増やすことで挑戦を続けたが、イネはいもち

写真1　右：1960年、41歳のときに自宅の畑で有機栽培の実験をする梁瀬義亮氏／左：レイチェル・カーソンの『沈黙の春』の3年前、1959年に梁瀬氏が40歳の時に出した冊子「農薬の害について」（後）。2024年4月10日（一財）慈光会の梁瀬義亮記念資料室にて筆者撮影

病、キャベツ畑も害虫被害に見舞われる。梁瀬氏にできたのは、ただ途方に暮れて呆然と畑に立ち続けることだけだった[12]。

けれども、翌年の夏に梁瀬氏は、まるで天から啓示を受けたかのように病虫害問題を解決するヒントを得る。以下、梁瀬氏の著作からの文章を抜粋してみよう。

「昭和35年の初夏であった。町から6キロほど離れた山の上の農家へ往診に出かけた私は、山の麓で単車を乗りすてて、往診鞄をさげながら雑木林の中の小路を登って行った。私の頭はうまくゆかない農法のことで一杯であった。心が重かった。ふと、雑木林の緑はなんと美しいのだろう、と思った。『こんなに密生しながら、これらの木々はすごく元気だなぁ。一体このエネルギーはどこからくるのだろう』私は考えた」

「私はしゃがんで落葉を掴んでみた。腐蝕した小枝や白い菌糸がでてきた。その時、パッと私の心に閃いたことがある。この時、私は、無農薬有機農法解決の端緒を得たのである。自然界の堆肥は落葉や枯枝が地上に積もって、その一番底の、大地に接する部分からできあがる。そこは空気が十分通うから好気性微生物が活動して堆肥をつくる、いわゆる好気性堆肥である。これが植物の本来のたべものである。それだのに、今まで私は生の有機質を土の中へ埋めていた。それでは空気が十分通わない。すなわち、腐敗が起こり、植物の生命力を弱らせる。だから病害虫が発生するのだ。篤農家が教えてくれた『土から出たものは土へ返せ』は一言足りなかったのだ」

「『土から出たものは土にしてから土に返せ』だ。『完熟堆肥は土の中、未熟堆肥は土の上』。大声で叫びたいような衝動に駆られて、私は香ばしい大気を深く深く吸い込んだ。緑の木々は讃歌をうたって祝福してくれるようだった」[12]。

いささか長い引用となったが、第6章でヘニッヒや内水博士が指摘した土壌形成の原則に梁瀬氏も自力で辿り着いていたことがわかる。前述した太郎兵衛さんも山で啓発をされたし、自然農法の木村秋則氏が山からヒントをもらったことは有名なエピソードとして流布している。また、木村氏を師として仰ぐ高橋丈夫氏も無農薬の熱帯雨林からインスピレーションを受けている。優れた先駆者には共通する着眼点と自然への視座があることを想起させる。

梁瀬氏は敬虔な仏教徒であることから、自然界のバランスを「生態学的輪廻の法則」と呼び、こう続けて書く。

「害虫とは人間と同じ農作物を食物とする草食性昆虫であり、益虫とはその草食性昆虫を食べる肉食性昆虫である。正しく生態学的輪廻の法則が守られた時、人間と害虫、益虫の生態学的バランスは、害虫がその農作物の5％前後を食べるくらいの数に止まるようになっていることが、いろいろの実験でわかった」[12]

梁瀬氏はこの陸上生態系でのバランスの崩れが土壌に由来することを見抜き「化学肥料を施すと、土中生態系は破壊されてしまって、植物はそこから正しい養分を吸収することが出来なくなる」と述べ、その結果として、害虫が増殖。これに対処するための農薬散布がさらに害虫の農薬抵抗性をもたらし、ますます状況が悪化することを述べている[12]。さらに、こうも続ける。

「健全な土壌に育った健康な農作物、それは人間にとって美味、芳香、栄養豊富、且つ日持ちのよい理想的な農作物であるが、これを害虫は好まないのである。異常成分、或いは成分に欠乏のある農作物——不味で無芳香、且つ日持ちがしない——を害虫は好むのである。この意味で害虫とは、不適当に栽培された、従って人間の健康によくない農作物のインディケーターと見なすことが出来よう。病原微生物についても同様のことがいえるのである」[12]

化学肥料の使用によって農作物の生理バランスが歪むことで病害虫が発生。結果として、それが農薬の使用につながる。虫は不健康な農作物を突き止める警察官であるとするシャブスーの理論の詳細は第3章でくどいほど説明したが、梁瀬氏もほぼ同じことを別の表現で述べていることがわかる。驚くべき、先き読み力である。その洞察は雑草にも及ぶ。

「『農業は雑草との戦いである』。こんなことが昔から現在に至るまで無条件に信じられている。『雑草に養分を吸い取られるから作物ができない』このように人々は信じているが、これは必ずしも正しくない。はたして雑草は『農業の敵』であろうか。否、私の結論によれば、雑草こそは人間の食用作物の生育に必要な肥えた土をつくるための有難い自然の贈り物である。痩せた土、そこには私たちの食べる植物は生育しない。そこには、まず痩せた土を好む雑草が生育する。それは実に強靭な生命力を持っていて、どんな痩せ地にも生い茂るのである。そしてそれが次々と枯れて積み重なり、堆肥化して土を肥やす」[12]

梁瀬氏は除草剤散布を批判し、雑草を肥料源と見なす。その洞察は前述した三浦和彦さんの結論と重なる。また、梁瀬氏は下肥についても「この方法は、正しくさえ行えば野蛮不潔どころでない、生態学的輪廻の法則に適った実に立派な科学的農法である。古来行なわれてきたように、これを野壺に溜め、度々掻き混ぜて空気を入れながら、3～6カ月放置すれば、すべてのバイキンも寄生虫卵も死滅してしまって、清潔で、悪臭もない立派な好気性完熟有機質肥料に変わるのである」と述べる。この結論も内水博士のそれと同じだ[12]。

台北帝大の教授から継承した土壌微生物の知恵——金子美登

引用した梁瀬氏の1978年の著作は、先見性もあって1998年に地湧社から再版された。『組織を作り、世直しを!』という梁瀬先生の提言から、日本有機農業研究会が生まれ、『有機農業』という言葉が誕生。それから半世紀。有機農業のバイブル、梁瀬先生の著作復刻に感謝」との推薦の帯文で、その業績を端的に言い表わしたのは金子美登さんだった。

30頭の酪農牛を飼育していた父親の後を継ぐため、熊谷農業高校で酪農を学んだ美登さんが、新設された農業者大学校に入学したきっかけは自分の家で飲む絞りたての牛乳と市販の牛乳とでは味に違いがあることだった[14]。

1968年、農林省（現在の農林水産省）は新たな農村のリーダーを育成するため、農林大臣と東畑四郎（1908〜1980年）事務次官の肝いりで3年間の全寮制の学校、農業者大学校を設立する。校長は水産庁長官の久宗高（1915〜1990年）氏だった。授業科目には、土壌学、栄養学、生物学等の自然科学や佐久総合病院の若月俊一（1910〜2006年）医師の農村医療だけではなく人文科学もあって、農林水産省の農業総合研究所の内山政照（1919〜2002年）氏が農村社会学を説けば、一樂さんは協同組合論を論じ、その後、日本有機農業研究会の事務局長となる築地文太郎（1919〜1992年）さんは有機農業を説いた[15、16]。

美登さんは日本有機農業研究会にすぐに加わり、1971年に農業者大学を卒業すると土づくりに力を注いだ[15]。日本有機農業研究会を介して、出会った土壌微生物学者、玉川大学の農学部長であった足立仁（1897〜1978年）教授に入門し、有機農業をしながら、毎週1回、農学部長室で講義を受ける生活を数年続けた*[17、18]。

足立教授は、北海道帝大農学部を卒業後、同大助教授となり、その後、在外研究員として2年間独、英、米の3カ国に遊学し、応用菌学に関する調査研究に従事した研究者である。1928年の帰国後に台北帝大助教授に着任、1937年教授に昇任し、終戦まで応用菌学講座を担当した[19]。

台湾時代には広大な面積で土壌微生物を活用して8倍もの増収をあげた実績をもち「植物の栄養は単純な肥料成分の吸収ではない。土壌生物、主にバクテリアが複雑微妙な仕組み、チームワークを組んで、必要なものを合成したり、分解・抽出・化合さえもしているので土壌微生物が地力を決定している」と述べている[14]。

この足立教授の教えを受けた一人、前出の露木露裕夫氏は、さっそく山に入って、落ち葉を一枚、一枚めくりながら、ていねいに観察を続けた。そして、植物が働いている状態でのみ、土は「生きている状態」を保て、土を植物から切り離したならば、植物も土もなりたたないことに気づく。足立教授は、土が生きているのは土壌微生物によるものであって、イネと協力関係にある微生物群とはまったく違うと教えたという。露木氏はこれを受け、「現在の鉱物学や土壌学は、土壌の物理的な形態や化学的な成分を見ていたにすぎない。死んだ土の状態で実験をし、半死状態の田畑で応用してきた。実際の土壌の中では微生物が植物の地中活動に呼応して、互いに助け合って、必要な栄養分を創り出している。だから、一番大切なことは、植物と土とが一緒になってどういう働きをしているのかをしっかり確かめることである」と述べている。まさに本書で記載した「ホロビオント」の概念が別の言葉で表現されていることがわかるだろう[20]。

そして、「堆肥でなくても地力はできる。例えば、川の泥は微生物の巣であって、その土だけでも米が作れる」とも語っている。これも、前述した三浦氏や内水博士の主張を想起する[20]。

それでは、どのような微生物群が土としては望ましいのだろうか。足立教授の教えを受けた美登さんはこうまとめている。


*――自然農法の指導者、露木裕喜夫氏は、第3章で記載したとおりウンカやニカメイチュウの被害が一律ではなく多く施肥した水田ほど多いことから、その理論的な根拠を求めて、1957年から大阪府立大学で教鞭を取っていた足立仁教授を訪ねた。足立教授が玉川大学農学部に転任したのは1963年で、農学部長となったのは1967年である。

「足立先生の研究の結論は、土の中に微生物の数と種類が多く、バクテリアが100に対して、抗生物質をつくる放線菌が40〜50、カビが5〜6、原生動物が0・00以下という順の土壌であればいい作物ができるというものでした」[18]。美登さんが人生で一番大切にしてきたのは、足立教授のこの言葉だという[17]。「ですから、有機農業を始めたときから力を入れてきたのはこういう土壌を作ることだったのです」[18]。

美登さんは有機農業の基本がなによりも土づくりだとして、こう語る[18]。

「山の木々は秋冬に落葉し、小動物や微生物がそれらを分解して、100年に1㎝ほどの腐葉土をつくって木々を茂らせてくれます。畑の土づくりは、これを人間の働きで100年から20年へと早めてやる仕事なんです」[17、21]

「こういう自然により沿った農業をすれば、化学肥料も農薬もいりません」[21]

小川町では、第5章で紹介した横山和成教授の助けを受け、微生物の多様性をベースに「OGAWA'N Nature BIO」という町独自の認証制度を設けているが、美登さんはこう語っている。

「横山和成さんに土壌微生物の多様性活性ということで、土の良し悪しを診断していただいているのですが、土づくりができると、農業が決定的に違います」[21]

「土のことは、化学分析だけではわからないことが多いと感じていましたので、土壌微生物多様性・活性値分析の話を聞いて、『これだ』と思いました。結果を見て、土壌中の微生物の種類と数が確実に増えていることがわかり、自分たちがやってきたことが間違いではなかったと実感しています」[22]

検査結果は、全国の圃場の上位0・2％に入る素晴らしい値だったという[22]。

美登さんは有機農業学校も開いていたが、そこで苗づくりの指導をしている最晩年のビデオが残されている。育苗ポットに植える苗を手にしながら美登さんはこう語る。

「この土ができるかどうかなんです。土壌微生物が億とかいて、土をつくっているんです。肥料でつくると見かけはいいけれども弱くなっちゃう。この真っすぐなのが水道管みたいだけれども根毛。この根毛から養分が入る。この根に、菌根菌というのが入っているんですよ。それで土の養分を橋渡ししている。サインを出して、ちょっとカルシウムが少ないと『ちょっとカルシウムを入れてよ』というと菌根菌が取ってきてくれる。そんな凄い世界までわかってきている。山の木が根っ子になにもくれなくても育つのは菌根菌のおかげなんです」[23]

前出の足立教授は1965年に北海道大学より農学博士の学位を授与されているが、その独語での学位論文は、根圏微生物の研究だった[19]。第2章では浅井東一熊本大学教授の戦前の菌根菌の研究、コラム⑨では東京帝国大学の麻生慶次郎教授の研究を紹介したが、戦前からの智の伝統が、美登さんへと継承されていることが読み取れる。

タネは五里四方から採れ――在来のタネが里山を健全化する

有機農業の基本技術として美登さんが強調する二番目はタネだ。「先輩の篤農家から大事な格言を二つ頂いています。巨峰を開発された大井上康（1982〜1952年）さんから教えていただいた品種に勝る技術なしということと、タネは五里四方で採れということです。だいたい20㎞圏でその地その地にぴったりあったタネを見つけることがいいのだと。そこで、農家の自慢のタネを交換する場をつくればいいのだろうということで1982年から種苗交換会を第1回目に私のところで実施しました」[21]。

2018年に種子法は廃止されるが、その33年前の1985年、37歳のときに美登さんは次のような文章を書き残している。

「いま種子は戦国時代にある。次の投資先をさがしていた資本は、農産物種子に目をつけはじめた。種子は少なくとも年一回は使わなければならない。新たにバイオテクノロジー（生命工学）技術と食糧戦略をからめつつ、資本のあくなき利潤追求がはじまった。そのゆきつく果てはどうなることかさだかではないが、ほとんどの企業がバイオテクノロジーを利用した新品種開発、種子ビジネスに投資を開始している。現行では『種苗法』という法律があり、発明者の権利は種子の販売業者だけに及び、農家の自家採取は農業者保護のために認められている。だが、この種苗法はそのうち消滅するとみたほうがよい。ビッグビジネスの種子独占は一挙に植物種子を絶滅する危険がある。自然の環境で大きな成果を収めるような品種はそう簡単にできるものではない」[24]。

「有機農業の種苗交換会のスタートを全国各地に燎原の火のごとく起こそう」と美登さんが種苗交換会を始めた背景にはこんな理由がある[24]。

美登さんの霜里農場のある小川町下里地区では、集落レベルがすべて有機農業に転換した。2010年11月の農林水産祭「むらづくり部門」では天皇杯を受賞し、2014年11月には天皇皇后両陛下が行幸啓。美登・友子さん夫妻は、2021年にはIFOAM（国際有機農業運動連盟）から「生涯功労賞」も受賞する[25]。

2014年11月に星寛治（1935〜2023年）さんから招かれた美登さんが、山形県高畠町で行なった講演を紹介したい。この講演会には筆者も同行して聴講させていただいた。講演では前述した土壌微生物のバランス。そして、宇根豊さんの虫見板を使った調査事例を例にあげながら、陸上生態系でも野鳥やクモ等の天敵がうまく棲みつく農場や集落をつくることができれば被害はでないとして、こう話を続けた。

「鳥や虫との共存が大事だと思います。戦後69年になりますけれども、戦前の里山というのはどこも公園のようにきれいに手が入っていました。なぜかというと落葉は厩肥にする、あるいは温床に使う。そして、薪や枝はお湯を沸かしたり、ご飯をたいたりと、戦前の里山は鳥が翼を広げて飛べるくらいきれいに手入れされていました。そこにはだいたい200種類くらいの野鳥がいて、そのどれかが、里山とつながって田んぼや畑の害虫のバランスをとっていたといわれています。ですから、有機農業とは里山を含めての循環農業かなと思っています」[21]［写真2］

話題は第6章でもふれた海との循環もふれながら里山の再生へと移っていく。

「私の集落はおかげさまで平場は有機農業になったので、次は里山かなぁと。森は海の恋人という畠山重篤さんの話もありますけれども、集落の水田を潤す里山をどう再生保全していくかがこれからの私の晩年の仕事になるので、2013年に『下里里山保全百年ビジョン』というのを村の仲間とつくりました」

写真2　来日したアグロエコロジーの泰斗、カリフォルニア大学のミゲル・アルティエリ名誉教授および同校講師クララ・ニコールズ夫人に農場の説明をされる金子美登さん。2016年5月17日筆者撮影

美登さんは、地盤工学を専門とする東京大学の三木五三郎名誉教授や自然修復再生学、森林保全学、治山砂防学を専門とする信州大学の山寺喜成教授から、その土地の岩盤にまで深く根を張る直根苗の育て方のアドバイスを受けるのだが、苗づくりについてこう述べている。

「直根苗を育てる場合、そのタネは檜でもカエデでも、近くに生えている樹のタネを植えるのが一番いいと。こうしたタネで育てた直根苗を里山に植えるとまさに強い。里山の再生も百年かけてやり直していかなければならないんですけれども、少しずつ、いま里山に入っているところです」[21]

第8章では、健全に育つオークの苗のマイクロバイオームがドングリ由来で継承されているとの2021年のスウェーデンの最先端の研究の知見を紹介したが、美登さんはそれをちゃんと予見していた。そして、賀川や久宗氏が理想とした立体農業とほぼ重なる構想も語っている。

「目指す姿は、強く美しい里山です。美観を考えてモミジとかカエデも入れますが、なんとしても大事なのは可食果実です。栗、トチ、イチョウとかですね、実のなる樹も一緒に植えて、やがて、その水がすくって飲める里山が手入れされれば、きっとイノシシもシカもそこに戻っていくと思うんですね。そして、やがて植えた可食果実が、食べられるようになったときに次の日本の明日が見えて来るのではないかと思っています。百年後は夢でしか見てないんですけれども、そういう山づくりもうちの集落から始まっています」[21]。

そして、有機農業を始めたきっかけが畜産であったことから、山に牛を放牧することも夢にみていた。

「自分が今までやってきた有機農業はそろそろ第二ステップに入っていいと思うんです。この農場の目の前、川向うに2町歩の山がある。そこに牛を放し飼いにして山地酪農をやってみたい」[26]

二人三脚で一樂とともに見ていたのはビジネスを超えた世界

美登さんは一樂さんと農業者大学校で出会って以来、「つかず離れずの二人三脚をして来た」。こう語るのはレンヌ日本文化研究センターで賀川や一樂さんの協同組合思想に着目する雨宮裕子さんだ[27]。一樂さんの協同組合思想は、外国の文献と国内の先学に学び、実践の集積と自己の経験をもとに形成された独自のものであったことから外部の人にはわかりにくかったが、それを放り投げず、反芻しいつのまにか自分のものにしていたのが美登さんだったと雨宮さんは見る[15]。

一樂さんが美登さんに寄せていた信頼の深さを思わせるのが、「なくなる数日前に私のところに電話をくれましてね。『金子さん、僕はもうだめだよ』と言われたので、『頑張ってください』とお願いしたんですけれども『頼むよな』というのが一樂先生の最後の言葉でした」という美登さんの回想だ

[15、27]。

これに応えるためにも、美登さんは実践による世直しモデルをつくることを肝に銘じ、コツコツと小さな実践を積み重ねた[15]。美登さんは「実践」という言葉を愛用され、酒が回ると上機嫌でその言葉を口にされていたが、それも一樂さんの影響だったことが次の美登さんの回想からわかる。

「先生には本当に御指導をいただいたというか、かわいがっていただいた記憶があるんですけれども、一番最初に出会ったのは農業者大学校のときで、農業協同組合の思想が大事だということを教えてもらったんですが『本は読むな』と言われたんです。自分の実践のなかからしゃべれと。これはなかなかできなかったんです」[21]

下里の農村センターでの結婚式に参列した一樂さんは、帰り際に美登さんに「本は読まないこと。実践するなかで自分の言葉で話しなさい」と告げた。美登さんは大変な勉強家であった。1979年に書いた「農的世界の幕開け」という農業者大学校への寄稿論文は、ハイデッカーやエントロピー等カタカナ用語に溢れた農業文明論だった。それが、一樂さんの目には、知識偏重のきらいがあると映ったのかもしれない。そこで、自らの体験のなかで考える思考の自立が大切であることを伝えようとしたのだと雨宮さんは推察する[15]。

一樂さんから言われたことで美登さんが困ったもうひとつは「つくったものはタダでくれろ」だった[21]。一樂さんは農民の自立を基点にあるべき農業を追求していた。「タダで消費者にあげろ」との極論な「タダ論」を展開した背景には農産物を商品にしてはならないとの思想があった[15]。生産者と消費者が共に生命の糧をつくるところから再出発しないかぎり、高く売りたい生産者と安く買いたい消費者との対立関係には解決策はない[27]。

美登さんには、その本質を理解できたし[15]、高畠ではその実践結果をこう披露している。

「だんだんわかってきたんですけれども、朝市で売れ残った有機野菜は全部、朝市に参加してくれている肉屋やお菓子屋さんにくれるんですよね。くれると絶対に何かが返って来る。お互いにハッピーなんですよね。ですから、ある程度、安定収入の目途がついたら売らないでくれる方がいいと思っています。

アメリカやヨーロッパでは日本よりも早く認証制度が始まったんですけれども、金儲けの有機農業というのはごまかしているんですよ。ごまかすと同じ有機農業者同士でたたき合いが始まって、結局、アメリカの先を見た消費者は『検査・認証制度では駄目だ』というので、ＣＳＡ運動がものすごい勢いで広がっています。

あらゆる消費者がその地域の有機農家を支えながら安全な食べ物と環境を守っていく。贈与経済を軸に単なる商品にしないでやっていくのがこれからの提携。日本は海外の提携運動の中から学び直して第二期の提携をスタートさせる必要があるんじゃないかなと思います」

そして、こう未来の展望を語る。

「お金では地域は再生しません。『いのち』が見えない都市や工業には展望がないと思います。もう一回、農業農村の文化を土台に新たなコミュニティをつくる、新たな共同体を『共創』するといってもいい時代に入ったんではないかなと思っています。そして、各地域、各地域で食べ物だけでなく、エネルギーも、福祉も、介護もケアも自給する、その石を各地域で積み直すことからしか、この国の再生はないのではないかなと思っています」[21]。

いま、ビジネスとしての有機農業が着目される時代となっているが、美登さんはこれも見通したかのように、「農業志願者への友へ」として次のような言葉を書き残している。

「人間の思いやり、優しさ、気前の良さといった心のあり方は、どの時代、人種、そして言葉をも超えた共通の価値基準でしょう。と同様に不誠実、利己心、嘘つき、といった面は間違いなく忌み嫌われるところです。

有機農業運動はいわば前者の確立に重きを置いたもので、『農法』の問題は単にそこから付随して起こってくる当然の帰結論にすぎません。『こんな時代にたかが有機農業程度でこの傾向に歯止めをかけられようもない』と分かっていながらもなお、『だからこそ』この運動が今や世界の潮流になってきている事実を知るべきです。

さてさて、それで有機農産物はあっちでもこっちでも垂涎の的。消費者の数はうなぎ登り、十数年前に比べ生計の目処もはるかに立ち易くなっており、これからという人にとっても心強い限りだと思います。

有機農業は金になる、の時代到来と言えます。でもここで待ってください。もしあなたが有機農業なら〝喰いっぱぐれはない〟とか、〝高く売れるから〟というような理由で始めるのだとしたら即刻中止すること。これは最初に書いたごとく、誰からも嫌われる万国共通の法則です。無化肥、無農薬といったって、仏つくって魂入れずでは……。作物の出来、不出来よりも、あなた自身がどうか……。常にそう考えているあなたといつかお会いしたいと思います」[28]

創発特性を起こさせるのは百姓のデザイン力

先達たちの残した宝のような言葉からの抜粋はこれで終わる。本書の「はじめに」で書いた疑問、汎用性のあるビジネスとしての有機農業か、風土に根差しフランチャイズ化できない脱市場経済型の有機農業かという対立点を超える道は、美登さんが、後者にしかないことを見事に答えてくれていると筆者には思える。ただ美登さんの「気前の良さが大切で、利己心は忌み嫌われる」との主張には共感できたとしても、人間は所詮は利己的な存在だ。美登さんのような傑出した理想主義的リーダーがいるところでしかオーガニックの実現はできないのではないかとの反論もあるかと思う。そこで、金子美登・友子さんの仲人を勤めた内山政照氏が[15]米国の土壌学者、カリフォルニア大学サンタクラ校准教授の村本穣司さんに与えたという書物をヒントに、ごく普通の一介の庶民がつつましい利己的動機から有機農業への関心をもったとしても、この本のテーマであるローカルなつながりの回復に立脚すれば、コミュニティとして利他に向かうこともありえるとの可能性を、この書物のテーマであった土から示唆してみたい。

村本さんは、持続可能な農法は、概して地域性が高く、知識集約的で、マニュアル化も困難だと指摘する[29]。それだけに、アグロエコロジーが教える原理原則だけでは作物はできないが[30、31]、世界に共通する生態学的な原理を理解することは、個々の農場環境にあった持続可能な農法を開発し、農生態系をデザインしていくうえで役立つと述べる[29]。

表1　アグロエコロジーへの転換レベル

レベル	規模	事例
1　工業的技術の効率性を高める	農場	非効率の向上、農薬の定着率の向上
2　代替え技術と資材の置き換え	農場	化学肥料の有機質資材、農薬のフェロモンによる代替え
3　農生態系全体の再デザイン	農場・地域	輪作、間昨、カバークロップ等
4　生産者と消費者との連携によるフードシステムネットワークの構築	地域・国	地産地消、提携、CSA、スローフード、半農半X等
5　すべての人に持続可能で公平なフードシステムの再構築	世界	脱成長社会、食料主権運動、フード・コモンズ

出典：スティーヴン・グリースマン『アグロエコロジー
──持続可能なフードシステムの生態学』（2023）農文協

「はじめに」で、本書は、化学肥料や農薬を使わずになぜ作物が立派に育つのか。ブラックボックスになっているそのメカニズムを明らかにすることを目指すと書いた。

そして、村本さんは、翻訳した著作、アグロエコロジーのパイオニアの一人、カリフォルニア大学サンタクルーズ校のスティーヴン・グリースマン（Stephen R. Gliessman）名誉教授が、アグロエコロジーへの転換の尺度として、カナダのマギル大学のスチュワート・ヒル（Stuart B. Hill）教授の見解を参考に5段階を設定していることにふれる。上の表1をご覧いただきたい[32]。

レベル1は投入資材の効率性を高めること、レベル2は現在の投入資材を代替えすることだ。けれども、この段階ではまだ問題は解決されていない。問題そのものが生じないように農生態システムをデザインしなおすことができてようやくレベル3となる[32、33]。名誉教授の尺度に従えば、化学肥料を有機堆肥やミネラル資材に代替えするものは、まだレベル2段階にすぎない。ではレベル3にはどうすれば進めるのだろうか。

「はじめに」では、最先端での科学で、どうすれば土壌生態系が復旧できるのかのサービスもなされ、熟練農家の匠の技も見える化され、農業生態系もエンジニアリング化される時代が来ていると書いた。ゲノム編集せずに最も能力が高い土着微生物を検索して培養。土壌に付加する等は素晴らしく思えるではないか。とはいえ、こうしたノウハウも行きすぎれば、土壌や微生物の診断はＡＩが行ない、農家はコンサルタントの指導どおりに土づくりを行なう作業員になってしまう。東京大学准教授の斎藤幸平さんは「マルクスが何よりも問題としていたのは、構想と実行が分離され、人々の労働が無内容になっていくことだ」とＡＩ化によるやりがいの喪失を指摘する。構想力とは、長年の修練によって身に付けた技や洞察力を総動員して自分がつくろうと思ったものをつくりだす力だ[34]。本書の文脈でいえば、まさに篤農家の百姓力だ。

東京農大教授の宮浦理恵さんは、「はじめに」で紹介した創発特性について、それが発現する多様性を生み出す「システムダイナミックス」の出発点は、歴史や伝統を通じて農業者自身が選び抜いてきたデザインであるとする[35、36]。そのため、農業者がアグロエコロジカルな原理を理解していることが農生態系や農業景観を形成するうえできわめて重要と付け加える[35、37]。

たとえば、土壌細菌もその95〜99％はいまだに何をしているのかわからない[30]。だから、科学は完璧ではない[31、33]。そこで、科学には限界があることを認めたうえで、科学的な知だけでなく、農民の五感や経験に基づく各地域に根差した固有の知恵を尊重し、研究の受益者である農業者と対等の立場で知識を共創していく「参加・行動型研究」による「超学際的な知の共創」が重要になる[29、30、31、32、38]。

「参加・行動型研究」による「超学際的な知の共創」はアグロエコロジーの中心的な概念であるが、欧米や中南米での実践のなかから生まれてきたものであるとはいえ[34]、村本さんは日本で50年以上実践されてきた有機農業運動の理念と重なる部分が少なくないことも指摘し[26]、その事例として、科学には限界があることを認識したうえで、科学では得られない解答を農家とともに考えて解決する道を探る「トランスサイエンス（trans-science）」を提唱した新潟大学の土壌学者、野中昌法（1953〜2017年）教授や経験知、暗黙知、情念、情愛、いきがい等の「土台技術」を評価する宇根豊さんの言う「天地有情」の考え方にも重なると述べる[29、30、31、38]。

その宇根さんは、「ドローンを飛ばして作物の生育や病害虫を撮影して、診断して、施肥や防除を行なう技術が開発されている。百姓が作物と顔を合わせて会話する習慣はどうなるのか。『そんなもの不要です』と言われた時に、一挙に農業技術がもっている醜い本質が露わになり、それを自覚できる。そういう感性のもち主が増えることに賭けるしかない」と述べる[39]。「九州農業試験場（現在、九州沖縄農業センター）では、粘着板によって虫の数を調べていた。確かに、粘着式の方が虫の数を正確に知ることができる。けれども、一度しか使えないから農具というよりも実験器具である。現場では厳密な虫の数よりも、何度も田んぼに入って、農薬をふるか否か、自分自身で判断する百姓の心根の方がはるかに有効である」と語る[40]。

遠くの優れた技よりも足元の参加協力で収量をアップ
――利己から出発してみんながよくなる

それでは、宇根さんの「虫見板」の土壌版はあるのだろうか。虫見板と同じで、たとえ有益土壌微生物がシークエンサーで同定される時代が来ても、百姓が土くれや作物の出来を見ながら、地下の世界も目利きできるカンを磨くことの方が大事なのではないだろうか。そう思っていたところ、村本さんから「この本は元東京農大農村社会学教授の故内山政照先生からいただいたものです。ご承知のように、内山先生は金子美登さんの農業者大学校時代の先生です。先生は『農者大の学生は、金子美登さんを含め、血の出るような卒論を書いてきた』とよく回想しておられました。そして、内山先生がこの本の扉に『部落の範囲で1、2、3……と勝手に皆さんでclassをつくってやれ』という本文の記述を抜き書きされ、『こういうadviseは他の著書にない。学問的には、これがホントに高級なのだ』とメモを残されています」とのメッセージとともに1967年に出版された一冊の本、井利一『土壌細部調査のすすめ』(1967、家の光協会)を紹介していただいた[41]。

著者の井利一(1920〜1980年)博士は、東京帝国大学農学部卒業後、1947年から新潟県農業試験場に勤務した土壌の専門家だ。土壌調査を作物栽培に生かす理論が1957年に東京農業大学の横井利直(1902〜1974年)名誉教授によって『土壌細部調査』として提唱されたことから、教授の指導の下に現場での実証研究を行なう。その成果のひとつが、新潟県高田市鶴町集落での

1964年から1965年にかけて反収で6%、実収量で30kgの増収だ。しかも、「集落全体がまるで一人がつくったようだ」と評されるほどにまでよくそろった[38]。

農業には、気象や病害虫はもちろん、施肥量や土壌から、農家の技とあらゆるファクターが複雑に絡む。同じ集落でもある篤農家が10俵を穫れ、別の農家は及ばなかったとしても、それがはたして腕のせいなのか、地力のせいなのかわからない[38]。

けれども、各農家は自分の農地のクセはよく知っている。「お寺の裏の田んぼは作りにくいから注意しろ」とか「あそこの田んぼはいくら肥しをやっても大丈夫」とか、各圃場毎の特徴や作り方のコツが祖先から伝授されているからだ。「田んぼは一枚毎に違いますからね」という言葉は、農家の自信のほどを示すものと言える。けれども、よく知っているのは、イネの姿や病気といった地上部のことで、地下の根の張り具合や土のことになるとさっぱりだ。田んぼを掘ってみた人は案外少ないし、地元の農家同士で話し合いをすることも少なく、田んぼを掘って互いの土を比較することはまずされていない。

そこで、井利博士が行なったのは、水田のクセから、農家の話し合いによって、上・中・下とか、1、2、3、4とか命名して地力等級区分をマップ化していくことだった[38]。

きちんとした公式がないなかで、話し合いで決めるというのは非科学的に思えるが、井利博士は「元来、公式や数字で表し得ないものを科学的、学問的という言葉にごまかされて、無理に一定の枠にあてはめようとすることのほうがかえって非科学的だし、無意味なばかりでなく、ときには有害でさえある」と書く。

そして、「田のクセを探し得るのは現状では科学ではなく、農民の知恵だけである。地力は、農家の知恵によってのみ把握できる。実際にやってみると、その結果は立派に科学的なのである。それを『農民の知恵など』と頭からばかにしてしまう風潮が学者の間にもあるのはまことに残念なことである。よしんば科学的でなくてもいっこうにさしつかえない。農家は学問をしているのではなく、耕作し、生産するのである」と続ける[42]。

こうして得られた「地力等級区分」は、他の村や集落と比較したものではないから、気象等の土地の条件はほぼ一定で、水田のクセとは、土壌の性質の差を反映しているものだと見なせる。同じ等級区分となった水田であれば、何百筆あろうと、同じ栽培法でつくれば、全部同じようなイネの姿になり、収量も同じになってよいはずである。ところが、同じ等級区分で収量差を比較してみると、普及所や農協の人たちも驚くほど大きい。それまでは、反収差の原因は土の違いだと逃げられていたが、こうはっきり出されてみるとその口実は使えない。「同じ品種を使いながら、なぜ、反収が450kgから600kgまで差がでるのか」を追求しなければならない。

井利博士が展開した「土壌細部調査」は、土壌調査と言いながら、参加した農家のなかで、最も良いやり方を発見する方法なのだ。そして、集落で一番よい栽培法を取り入れれば、誰もが同じ地力等級での最高収量までとれることになる。

はるか遠方の篤農家のやり方を無批判に真似することは、土壌だけでなく、気象も違うのだからあぶない。効果が確実な具体的改善策は足元にある。

井利博士が、この参加型の土壌調査研究を手掛けたときに、一番気にかけたのが、各自の秘伝みたいなものが公開されることで上手下手がはっきりしてしまい、集落に紛争の種を播くのではないかということだった。下手な人は満座のなかで恥をかき、上手な人は自分のよいところを皆他人に取られて自分の学ぶべきものがなにもないという不満をもつのではないか、との不安を抱いていた。ところが、この懸念は実際にやってみると杞憂に終わった。

これまで腕の悪い人は、自分の欠点が何に起因しているかを知ることができた。こうすればよいのだという具体的な改良法をつかみ自信をもつことになった[42]。

一方、うまくやっていた人たちも多少の迷いがなかったわけではない。それが「ああ、やっぱりあれでよかったのか」と自信が得られた。同じことでも自信をもってやれるのとそうではないのとでは大きな違いだ。だから、自分の技術の内容が公開されて、皆に吸い取られたという不満よりも、自ら自信を獲得した満足感の方がはるかに大きいと、口をそろえて語ったのだった[38]。

こうして、仲間意識が高まり、話し合いがいっそう盛んとなれば、それは、より良き村づくりへの大きな一歩となっていく。横井利直名誉教授は「これは収量が増加したとか、生産費が減少したという結果以上の大成功である」「農家は初めは互いに自分の利益を求めて出発したが、調査の進行にともない全農家の意志の統一がなければ所期の目的が達成できないことを体得した」と評価する。

井利博士の著作の末尾は「ひとりだけでなく、みんなで伸びていこう」の言葉で結ばれている[42]。

＊　＊　＊

「はじめに」で書いたように、本書は「農民の主体性を伸ばしながらローカルな解決策を目指す可能性を探りたい」として旅を始めたのだが、この篤農家の知恵を囲い込まず、皆で百姓力を伸ばす可能性がまさにこれまで扱ってきた足元の土にあった、というのが本書の結論だ。

生命の本質がその誕生以来、囲い込みではなく、わかちあいであったことから当然の帰結といえる。もちろん、食や農は、流通や消費も関係し、生産だけにとどまらないが、本書は生産の仕組みを深掘りすることを主眼としてきた。334頁に示した表1のグリースマン名誉教授のスケールで言えば、レベル3までの内容だ。有機農業は一人のためのものではなく、皆のためのものだとの先人たちの想いは本章で少しだけ記載したが、地産地消や有機学校給食、スローフードや提携といったレベル4の大切さについては一切ふれてこなかった。

「有機農業を広めて環境を守るためには四六時中エシカルな倫理をもたなければならないが、経済的な余裕がない人には有機のようなブランドは高値の花で、一握りの意識高い系だけでは広がらない。原理原則を聞いても役に立たない。どうすれば有機農業が広まるのか」との現実的な批判と疑問の声はよく耳にされる。そして、本書の鍵となったもうひとつの課題はテクノロジーだった。そこで、エシカルな倫理観を上から目線で押し付けるよりも、より豊かで楽しい人生を一人ひとりが謳歌することが、結果として、誰しもが幸福になる。そして、それが実は深くテクノロジーとも絡み合うという一見逆説的なイタリアの経済学者の最先端の知見——これもまた経済学的・社会学的な原理原則ではあるのだが——を最後に紹介することで本書の結びとしたい。

引用文献

[1] 2024年1月19日、魚住農園にて魚住道郎氏から筆者聞き取り
[2] 魚住道郎『森・里・海を腐植がつなぐ流域自給「提携」ネットワーク』(2000)日本有機農業研究会
[3] 2023年11月6日、魚住道郎氏、筆者あて私信
[4] 三浦和彦・九門太郎兵衛『生涯百姓』(1999)創藝出版
[5] 2023年12月9日、谷口吉光、有機農業学会発表「みどりの食料システム戦略と有機農業を見る7つの視点」オンライン会議、筆者聞き取り
[6] 三浦和彦「草を資源とする―植物と土壌生物とが協働する豊かな農法へ」秀明自然農法ブックレット 第3号
[7] 2012年10月21日、石井吉徳「立体農業」シフトムコラム、もったいない学会 https://shiftm.jp/%E7%AB%8B%E4%BD%93%E8%BE%B2%E6%A5%AD/
[8] 2023年7月6日、広島県廿日市市のアンテナショップ「かきのした」にて、福原圧史氏から筆者聞き取り
[9] CSA History: Elizabeth Henderson, Keynote for Urgenci Kobe Conference 2010, "Community Supported Foods and Farming" February 22nd, 2010. https://urgenci.net/csa-history/
[10] 一樂照雄『暗夜に種を播く如く―協働組合・有機農業運動の思想と実践』(2009)農文協
[11] 梁瀬義亮『有機農業革命―汚れなき土に播け』(1975)ダイヤモンド現代選書
[12] 梁瀬義亮『生命の医と生命の農を求めて』(1978)柏樹社
[13] 2024年4月10日、奈良県五条市(一財)慈光会にて、筆者聞き取り
[14] 金子美登『未来を見つめる農場』(1986)岩崎書店
[15] 2022年9月、アンベール・雨宮裕子『金子美登と一樂照雄の二人三脚』月刊むすぶ、620号
[16] 2023年11月30日、金子美登氏と農業者大学校で同窓であった島根県旧美都町の寺戸和憲町長から筆者聞き取り
[17] 天野礼子『おいしく安全な食を求めて「有機な人びと」』(2010)朝日新聞出版
[18] 2022年、5月30日、霜里農場にて、金子美登氏から筆者聞き取り
[19] 陳喩「台北帝国大学理農学部農芸化学科に関する研究」(2007)兵庫教育大学東洋史研究会、東洋史訪

https://core.ac.uk/reader/70292680

〔20〕露木裕喜夫『自然に聴く──生命を守る根源的智慧』（１９８２）露木裕喜夫遺稿集刊行会

〔21〕２０１４年11月９日、山形県高畠町たかはた共生塾にて「確かな未来、内発的発展の村づくり」金子美登氏講演会、筆者聞き取り

〔22〕有機農業のカリスマが納得する土壌微生物多様性・活性値分析（インタビュー当時２０１０年）
https://dgc.co.jp/biodiversity/case/case03.php

〔23〕２０２２年12月、金子美登さんを偲ぶ会での放映動画、平岩寿之氏撮影・編集

〔24〕金子美登「わたしの土づくりと種子選び」天野慶之、高松修、多辺田政弘編『有機農業の事典』（１９８５）三省堂

〔25〕金子美登・金子友子『有機農業ひとすじに』（２０２４）創森社

〔26〕森本和美「霜里農場と牛」未定稿より抜粋

〔27〕２０２２年11月、アンベール・雨宮裕子『金子美登と一樂照雄の二人三脚続き2』月刊むすぶ、６２２号

〔28〕今百姓三人衆＋自然食通信編集部編『百姓になるための手引き』（１９８６）自然食通信社

〔29〕２０２３年12月９日、村本穣司「アグロエコロジーとは何か『アグロエコロジー：持続可能なフードシステムの生態学』の発刊に寄せて」有機農業研究者会議２０２３ 資料集

〔30〕２０２３年12月12日、村本穣司「『アグロエコロジー：持続可能なフードシステムの生態学』の発刊に寄せて」農文協での聞き取り

〔31〕２０２３年12月13日、村本穣司「アグロエコロジーとは何か」東京農業大学講演

〔32〕スティーブン・グリースマン『アグロエコロジー──持続可能なフードシステムの生態学』（２０２３）農文協

〔33〕２０２３年12月10日、「アグロエコロジーとは何か『アグロエコロジー：持続可能なフードシステムの生態学』の発刊に寄せて」会議での発言聞き取り

〔34〕斎藤幸平『ゼロからの資本論』（２０２３）集英社

〔35〕２０２３年12月９日、宮浦理恵「アグロエコロジーとは何か「アジアの食農の理解にアグロエコロジーの視点を」の発刊に寄せて」有機農業研究者会議２０２３資料集

〔36〕２０２３年12月10日、宮浦理恵「アグロエコロジーとは何か『アジアの食農の理解にアグロエコロジーの視点を』の発刊に

寄せて」会議での発言聞き取り
[37] 2023年12月13日、宮浦理恵「アグロエコロジーとは何か」東京農業大学講演
[38] 村本穣司「アグロエコロジーとは何か　近刊『アグロエコロジー持続可能なフードシステムの生態学』より」(2023)季刊地域、No.55、農文協
[39] 宇根豊「思想の方法に気づく時に身に付くもの」佐藤弘『振り返れば未来―山下惣一聞き書き』(2022)不知火書房
[40] 佐藤弘『宇根豊聞き書き―農は天地有情』(2008)西日本新聞社
[41] 村本穣司准教授からの私信
[42] 井利一『土壌細部調査のすすめ』(1967)家の光協会

おわりに

真のレジリアンスを求めて

エコロジーの危機を回避し幸せにもなれる鍵はわかちあいに

「エコロジストたちは、コレクティブ（集団的）な社会問題をプライベート（私的）に解決しようとしているが、コレクティブな問題にはコレクティブな解決策を導入しなければならない」

イタリアのシエナ大学経済学統計学部のステファノ・バルトリーニ（Stefano Bartolini）准教授はこう語る。*

＊――以下の発言は、ステファノ・バルトリーニ准教授の公開講演「幸せのエコロジー：持続可能な社会をつくるために、現在世代が幸せになる必要があるのはなぜか?」（２０２３年12月16日（土）於：立教大学池袋キャンパス、司会／通訳：中野佳裕）に参加した際の内容を、筆者が要約したものである。同講演では、イタリア語で刊行されたバルトリーニ氏の近著『Ecologia della felicità』（２０２１、Aboca）に基づいて議論が進められた。

そして、プライベートな解決策の事例としてテクノロジーをあげる。「気候変動対策の主流は新たなテクノロジーで、再生可能エネルギーによって解決できるとされている。テクノロジーを否定はしないが、これは間違った方向に人々を導いている」

准教授は、気候変動のような「コモンズ」の危機に対しては、「プライベート」な解決策は機能せず、より事態を悪化させることを数理モデルから導き出したが、講演では聴講者にも理解しやすいように、住民が協働しあう「コラボランディア（Collaborandia）」と財の私有化・民営化が進む「プリバトポリス（Privatopolis）」という対照的な架空都市を使って説明する。筆者なりに意訳すれば、前者が「協働に基づいた自治都市」、後者が「自分たちだけよければ由とする人たちが集まる都市」と言えるだろう。

いま後者は「自分たちだけがよければ」と書いたが、どちらの都市に住む親たちも、子どもたちをなんとか守ろうとしている点では違いはない。違うのは、前者が人々が互いを信頼しあって、公共の場で市長や市民同士が議論をし、地球温暖化や環境汚染といった直面する危機を乗り越える道を模索しているのに対して、後者は、お互いを信頼していないため、市民同士も協力しあわず、将来世代のことも考えながらも、親たちは子どもたちを守るにはマネーしかないと考えていることだ。だから、稼ぐために必死で働く。

いずれもおかれた条件はまったく同じだ。けれども、同じ条件から出発しても30年後のシミュレーションの違いは大きい。コラボランディアでは環境が改善されて、マネーがさして重要ではなくなった社会で誰もが豊かな余暇や暮らしを享受している。一方で、プリバトポリスは、金がなければ生きてはいけない社会となっていることから、負け組になるまいと誰もが必死で働いている。多くのマネーを稼げてはいるがストレスを抱え、住民間の格差も広がり、環境汚染もむしろ進んでいる。

プリバトポリスは現代社会の象徴だ。将来世代のことをせっかくケアしようとしていながら、プライベートという間違った解決策を選んでいるため、結果として、持続可能な社会が実現できず、人々も幸せにはなっていない。これとは逆に、わかちあいに力点を置けば、エコロジー的にも健全化して幸せにもなれる。シェアしあえる共有財が減れば、その貧しさを補填するために多くを消費しなければならない。モノを消費して所有しようとすればするほど環境汚染が進んで幸福度も下がっていく。逆にわかちあえる共有財を増やす政策へと舵を切れば、経済成長と環境悪化という悪循環を抜け出せる。にもかかわらず、そうはできない問題の根には経済を優先する価値観がある。

「だから、私有化や規制緩和は解決策ではなく、反資本主義的な文化を育み、集団的なアクションでわかちあいを増やすことが必要なんです」[1]

これは、終章で紹介した井利一博士の農民参加型の土壌比較調査とそれによる収量増大の話だけでなく、協同組合を通じた社会改革を追求した賀川豊彦や一樂照雄さん、そして「小利大安」を生き方の理想とされた金子美登さんらにも通じるのではなかろうか。「わかちあい」は、生きものの世界の基本原則であることも思い起こしてほしい。

テクノロジーと、自然と人間の関係をどう見るか

「水害の流木被害がやっと復旧したら、今度は90棟以上のハウスが豪雪で潰れる。翌年には台風で鶏舎が吹き飛ばされ、その翌年も直したハウスが強風で倒れ、続く大雨で畑も水没して野菜が全滅。もう、農業を続けていく気力をなくしました」。こう語るのは、兵庫県丹波市市島町で30年以上も有機農業を営む橋本慎司さんだ。「温暖化には懐疑論も抱いてきたのですが自分の農場被害からも疑いの余地がありません。これからは、安全・安心だけではなく、気候変動も視野に入れた農業が必要です」。橋本さんは、2021年5月に仲間と「西日本アグロエコロジー協会」を立ち上げた。

本書で述べてきたように食と農はカーボンの大きな排出源だ。その意味において食と農は環境破壊の当事者だが、同時にその犠牲者でもある。地球温暖化の原因となるカーボンをいかに隔離するか。同時に、不確実化する気候と国際情勢の中で農業をよりレジリアンスがあるものにするにはどうしたらよいのかという二重の問題に直面している[2]。レジリアンスについては第8章で少しふれたが、異常気象によって被害が避けられない以上、被災してもいかにすみやかに復旧できるかの力が鍵となる。レジリアンスの専門家で多くの著作がある枝廣淳子さんはそれを「しなやかな強さ」と訳する[3]。それでは、レジリアンスな社会はどうすれば実現できるのだろうか。

この問いを解く鍵もわかちあいだ。茨城県石岡市のJAやさとでは、農協内に有機栽培部会がある。部会は魚住道郎さんの弟子たちに技を学ぶことから25年も前に発足したが、最初は虫喰いだらけで苦

労したという。けれども、自分で工夫したり先進地で学んできた「技」を独り占めにせず、部会として農家同士でわかちあったことから、「こうすればできる」という技がナレッジ（共有の知）として年々ストックされていると部会長の田中宏昌さんは言う。

化学肥料や農薬を使う慣行農業とは違って、有機農業は、地元の地域条件に大きく左右されるが、この地域の新規就農者は先輩が育んだ技を教わるだけでいい。慣行農家の平均年齢は70歳だが毎年有機農業をやりたい若者が新規就農する有機栽培部会のそれは40歳代。高齢化で離農する農地は新規就農者が使うから、毎年少しずつ有機栽培面積が増えている。いま、日本の農山村はどこもかしこも遊休地とソーラーパネルばかりだが、それとは違う風景が見られる[4]。

いま世間的には、栽培技術や特許等の知的財産を保護し、海外等への流出を防ぐことが主流とされている。種苗法の改正がその象徴だ。中央集権的なこうした考え方は極論すれば、ゲノム編集でのRNA農薬のように全国どこでも一律で使える有機農業の栽培技術を国が開発し、各都道府県はそれを普及指導員に通知。農家や農協に対して「我々の指導どおりつくればできる」、となる。こうした枠組みでつくられる農産物は有機であっても、なんか味がない。農家も現場をみながらどうやって作物をつくるかを考える「百姓」ではなく、単なる作業員ということになるからだ。

けれども、JAやさとの有機栽培部会では「一人ひとりの有機農家が見出した技を囲い込まず皆でわかちあう」という連帯の精神のもと、自らの技を後継者におしげもなく伝えている。知をオープンにすれば、外国に無断転用されるリスクがあると恐れる人もいるかもしれない。けれども、心配ご無用。有機の技は風土と密着している。食に「郷土料理」があるのと同じで、農と食ほど反グローバル、ローカルを象徴するものはない。

本書で述べてきた土壌と微生物、そして動植物のつながりは世界的に再評価されつつある。元有機農業学会長の谷口吉光さんは「その潜在的な力に気づいた国々は新しい農業政策を打ち出し、大きな環境的・社会的成果をあげている」と述べる[5]。

著者が知っている一例をあげればタイだ。グローバル化と農産物価格の下落に苦しむなか、コーンケン県のポン市では、日本の百姓、菅野芳秀さんと山下惣一さんとタイの百姓との草の根の交流や日本国際ボランティアセンター（JVC）との関わりで、有機農農産物の朝市が誕生[6]。アグロエコロジーで生産された農林水産物が日本の提携と同じ発想で消費者に販売され、ポン郡やポン市も支援している[7]。国王のラーマ9世（1927～2016年）は1997年のアジア通貨危機から「足るを知る経済」を提唱。政府は、自給自足を高めるため、溜池を併用する複合農業、有機農業、アグロフォレストリーを推進する政策へと舵を切ったが、当時、重視されていた政策の柱は以下の4つだった。①モラル経済とソーシャル・キャピタル、②地元の知恵に基づく技術革新、③トップダウンの資源に基づく開発からボトムアップの知に基づく開発、④政策がリードし農民が従うから、農民がリードし政策が従うへ[8]。

いま、コロナ禍に直面するなか、あらためて「足るを知る経済」の重要性が再評価されているという[7]。

もう一例をあげればキューバだ。2019年4月10日。キューバでは新憲法が発効した。第77条は「全人民は、健全にして適切な食料を得る権利を有する。国家は、全国民の食料安全保障を強化するための条件を整備する」と書かれた[9、10]。

日本と同じくキューバの自給率も低い。食料の3分の2は輸入されている[11]。そこで、農業生産を増やし、輸入依存を減らし、国民の栄養教育を改善することを目指して、2022年2月に「食料主権・栄養教育計画」を提示。同年7月には法第148号「食料主権および食料および栄養の安全保障に関する法律」として公示された（3カ月後に発効）。100条からなる法律のキーワードは、アグロエコロジー、小規模家族農業、国民の参加、食への権利と食料主権、栄養と安全、学校給食、食品ロスと廃棄物等だ[10]。

井利博士の半世紀前の実践やJAやさとのいまの取り組みと同じく、2009年と15年も前に書いたキューバの有機農業についての拙文[8]も、バルトリーニ准教授が指摘する文脈で見直してみると深い意味があると思える。みどりの食料システム戦略には、無（減）農薬・無（減）化学肥料が重要と書かれているが、キューバの農林業技術開発協会の啓発パンフレットには、日本では必ず口にされる安全・安心のアの字も出てこない。それはなぜか。ベースとして紹介されるのはアグロエコロジーで、有機農業についても、知がプライベート化されるのが慣行農業、知が個人に独り占めされず社会によってわかちあわれて文化によって統合されるのが有機農業として定義されているからだ[12]。そして、法律では、持続可能性とレジリアンスを重視し、ローカルなフードシステムの組織化が食料主権と栄養の安全保障を達成するための鍵だとされたが[13]、アグロエコロジーの研究者、ルイス・バスケス（Luis Vázquez）教授も、ローカルが鍵となるとして、普遍的なフランチャイズ的な解決策に対してこう提言する。

「集約的な持続可能性アプローチに基づく精密農業、気候スマート農業ほかの国際的な提案には細心の注意を払ってほしい。それらはキューバの農業生態系の社会経済的および生態学的環境特性に適切ではないからだ」[14]

計画をつくるにあたり、アグロエコロジーと新たなテクノロジーとの関係について、ミゲル・ディアス＝カネル・ベルムデス（Miguel Díaz-Canel Bermúdez）首相や科学者や専門家との意見交換会のなかで、アグロエコロジーの研究者で農場も経営するフェルナンド・フネス・モンゾーテ（Fernando Funes Monzote）博士もこう述べた。

「アグロエコロジーは、機械化や水利用の最も効率的なシステム等の新たな実践とは相反しません。ですが、環境を劣化させたり農村環境を変えるというリスクをもたらす新たなテクノロジーの悪用とは相容れません。その発展の抜本的な柱として、まずなによりも、考慮されるのは伝統的な百姓たちの経験です。それは、農業の発展で無視しえない無尽蔵の知識の源です。近代化は多くのものを与えてくれはしますが、農民たちが長年にわたって実証してきた能力やレジリアンスをもたらしたりはしないのです」[15]

引用文献

［1］２０２３年12月16日、立教大学大学院21世紀社会デザイン研究科公開講演会中野佳裕准教授「幸せのエコロジー：持続可能な社会を作るために、現在世代が幸せになる必要があるのはなぜか？」

［2］吉田太郎『土が変わればお腹も変わる』（２０２２）築地書館

［3］枝廣淳子『レジリエンスとは何か—何があっても折れないこころ、暮らし、地域、社会をつくる』（２０１５）東洋経済新報

社
［4］ ２０２４年1月9日、ＪＡやさと有機野菜部会、筆者インタビュー
［5］ ２０２３年12月9日、谷口吉光有機農業学会発表「みどりの食料システム戦略と有機農業を見る７つの視点」
［6］ 山下惣一「タイ農村訪問から交流へ、地場の市場づくりへ」小規模家族農業ネットワークジャパン編『よくわかる国連「家族農業の10年」と「小農の権利宣言」』（２０１９）農文協ブックレット
［7］ ２０２４年２月20～22日、筆者現地聞き取り
［8］ 吉田太郎『１０００万人が反グローバリズムで自給・自立できるわけ』（２００４）築地書館
［9］ Randy Alonso Falcón, Oscar Figueredo Reinaldo, Lissett Izquierdo Ferrer, Claudia Fonseca Sosa,¿Por qué una Ley de Soberanía Alimentaria y Seguridad Alimentaria y Nutricional?,Cuba Debate, 22 marzo 2022.
http://www.cubadebate.cu/noticias/2022/03/22/por-que-una-ley-de-soberania-alimentaria-y-seguridad-alimentaria-y-nutricional/
［10］ Marcelo Resende, Perspectivas y desafíos de la transformación de los sistemas alimentarios en Cuba, Juventud Rebelde, Lunes 12 diciembre 2022. https://www.juventudrebelde.cu/cuba/2022-12-11/perspectivas-y-desafios-de-la-transformacion-de-los-sistemas-alimentarios-en-cuba
［11］ Laydis Soler Milanés, Plan SAN y los avances para la soberanía alimentaria en Cuba, CUBAHORA, 10/03/2022.
https://www.cubahora.cu/sociedad/plan-san-y-los-avances-para-la-soberania-alimentaria-en-cuba
［12］ 吉田太郎『「没落先進国」キューバを日本が手本にしたいわけ』（２００９）築地書館
［13］ Yaima Puig, René Tamayo,Soberanía y seguridad alimentaria y nutricional: la ley está, ahora lo que hace falta es trabajar y hacerlo bien, ANPP, 22 de Julio de 2023.
https://www.presidencia.gob.cu/es/noticias/soberania-y-seguridad-alimentaria-y-nutricional-la-ley-esta-ahora-lo-que-hace-falta-es-trabajar-y-hacerlo-bien/
［14］ Luis Vázquez, La agroecología, necesaria y también possible, IPS Cuba 29 diciembre, 2021.
https://www.ipscuba.net/economia/la-agroecologia-necesaria-y-tambien-posible/
［15］ Yaima Puig Meneses, Política para la Agroecología en Cuba: un aporte desde la ciencia, 17 de Marzo de 2021.
https://www.presidencia.gob.cu/es/noticias/politica-para-la-agroecologia-en-cuba-un-aporte-desde-la-ciencia/

あとがき

この本は完成されるまでに2年以上かかった。『土が変わるとお腹も変わる』（2022、築地書館）の内容をさらに時空間的に広げたものと言える。そして、わずか2年とはいえ、その間の社会の変化は急激で、冒頭で紹介した谷口吉光元有機農業学会長が指摘されたパラダイム変化が起きつつあるのではないかと日々感じている。そこで、誕生するまでの経過について話しておきたい。

本書で登場したBMWは、コロナの最中のためオンラインではあったが「第30回BMW技術全国交流会」で2021年11月30日に微生物と有機農業とのつながりについて話したことがご縁となっている。本書で登場した内水護博士については、旧知の農文協の田口均氏から耳にはしていたが、1984年のBMW技術の記録DVDを拝見して驚愕した。2022年春までは長野県に住んでいたことから何度も訪れ、かつ、退職後も座禅断食会で訪れる安曇野の旧穂高町に内水博士のアドバイスで浄化施設を建てる計画があったとは露も知らなかったからだ。

筆者は純粋な農業技術畑からは、文字どおり畑違いの異分野の出身だが、恩師、金子美登師から「農民の役に立つ仕事をしてください」とすすめられたこともあって、師の霜里農場のある埼玉県に農業土木職の技師として最初に就職している。土地改良事業では集落排水事業も実施されることから、排水処理については若干の予備知識はあった。有機農業ではなんといっても土づくりが鍵となるため、土壌についても多少は勉強してきたのだが、腐植と汚泥と閉鎖水域環境、そして、魚介類や家畜や人の健康とがつながっているというのは衝撃だった。そこで、内水博士のキャリアを調べてみると、農業とは門外漢の地質学、それも火山学が専門ではないか。

略歴をご覧いただければわかるように筆者も農学部出身ではない。学生時代にいまでいうＳＤＧｓでの地球環境問題から有機農業に関心を抱いたのだが、その前は地質学を専攻し、岩石学や鉱床学、地球化学を学んでいた。

谷口元学会長がいう「パラダイム」という言葉を最初に耳にしたのも、当時、筑波大学地球科学系の助教授だった同学の梶原良道名誉教授からだった。先生からまず教えてもらったのは、科学理論といえども思想的な影響の枠組みを抜けることができず、パラダイムに支配されている。「だから、自然はどのような仕組みで成り立っているのか。事実を前に謙虚に学ばなければならない」ということだった。トーマス・クーン（Thomas Samuel Kuhn、１９２２～１９９６年）のパラダイム論とともに、川喜田二郎（１９２０～２００９年）の「己を虚しゅうして事実をして語らしめよ」という言葉を最初に耳にしたのも梶原先生からだった。

当時、筑波大学大学院の環境科学系では川喜田先生が教鞭を取られていた。そんなご縁から、1985年に、川喜田先生が企画された山岳エコロジーキャンプに参加するのだが、初めて訪れた外国はネパールだった。滞在したアンナプルナ山麓のラムチェ村では納屋にトウモロコシがぎっしりと格納されていた。

「これはなんですか」

「『これはなんだ』はないだろう。これで私たちは生きているんだ」

見回せば、土壌の流亡を防ぐため急傾斜に営々とテラス畑がつくりあげられている。

「そうか。人は土、大地があるから生きていけるんだ」

生まれも育ちも東京で、農業のことをまったく知らなかった筆者が「土」のお陰でヒトは生きられるという「天空の城のラピュタ」的な厳粛な事実をまのあたりにして衝撃を受けたのはその瞬間だった。

「有機農業を本格的に学ばなければならない」

そこで、大学院を休学し、本書に登場した魚住道郎氏や三浦和彦氏をはじめ、各地の有機農家を訪ねたり、金子美登師の農場で研修させていただいた。

美登師を筆頭に、お会いしたり、本書の中で紹介させていただいたりした有機農業の篤農家の方々は、誰しもが「自然に対して謙虚」という共通する姿勢をもたれていた。そこで、内水博士から投げかけられた「腐植」という宿題をベースに、微生物や植物で関連する日本語の本から得られる情報を整理し、関連するトピックを英文や西文情報で模索して補完しては「自然はどうなっているのか」との事実を確認する作業に着手したのだが、賀川豊彦や梁瀬義亮氏をはじめ、半世紀も前に書かれた書物の中に最先端の知見によってようやく垣間見えてきた自然の仕組みがさり気なく語られていてあらためて驚かされた。一章を設けてその言葉を抜き書きしたのも、そのためだ。

さて、「パラダイム」をお教えいただいた前出の梶原先生からは、同時に「常にマイノリティの側に立て」とも教えられた。これは真理を探究する理学の徒としての姿勢を説かれたのだと思っているが、この教えどおり、世俗の農政畑に転じてからも「化学肥料・農薬パラダイム」に異を唱えるマイノリティである「有機農業パラダイム」にこだわりつづけてきた。とはいえ、「みどりの食料システム戦略」が打ち出されたことによって、いよいよ有機農業もマイノリティからマジョリティへとなりつつある。ではその「オーガニック」のなかの主流派は何かというと、認証やビジネスであり、あるいは、フードテクやゲノム解析技術を駆使することによって、フランチャイズ化できる汎用型有機だ。そして「オーガニック」のなかのマイノリティは何かというと、化学や数式でマニュアル化したり、言語化したりすることができず、生命に対する畏敬の念を払い「百姓の暗黙知」によってのみ体得しうる非汎用型で風土立脚型の有機であろう。

本書の底流に流れているテーマは「なんとまぁ絶妙な仕掛けを創りあげたものよ」という38億年の生命史に対する「畏敬（Awe）の念」なのである。

そして、執筆中の２０２２年9月24日に金子美登師は急逝された。12月18日には元研修生を中心にお別れ会が開かれたのだが、「そこで一言話して欲しい」と友子令夫人から依頼され、美登師が生前になによりも大切にされていた「タネ」「菌根菌」「放牧」「微生物」をキーワードに英文や西文を検索していてヒットしたのが、タネを介して微生物が循環しているという最近の研究上の発見だった。同時に「お別れ会」の会場では、美登師が最晩年に語られていた菌根菌についての言葉も研修生が動画記録していたことから、見ることができた。

そして、「パラダイムと原則はわかったものの実践は？」と悩んでいた次のステップについても「美登さんの恩師からいただいた本で、金子友子さんにお見せしたかったので」と来日した村本穣司准教授が土壌調査法というかたちでヒントを与えてくれた。これも美登師の縁がもたらしてくれたまさに奇遇である。筆が進まないなかで美登師が夢に出てこられ、朝目覚めるといいアイデアが浮かぶこともあった。

生前に美登師の農場を訪れたアグロエコロジーの泰斗、カリフォルニア大学バークレー校のミゲル・アルティエリ（Miguel Altieri）名誉教授は、集落の景観を目にして「パライソ（天国）」と称した。「はじめに」ではスピリチュアル的な要素を排すると書いたが、本書の執筆を師はいまも草場の陰から見守ってくださっている、いや天国から叱咤激励して手助けしてくれたのではないかと信じたい。

筆が遅いうえ，当初のBMWや腐植から海藻からタネまで関連ネタをすべて詰め込んだために、これだけの歳月がかかってしまった。一方で、このテーマに時代が追い付いてきたのかもしれないとも思っている。執筆を開始した段階では姿かたちすらなかった「大地再生」や「リジェネラティブ農業」といった新たな概念での農業へのアプローチも出現し、「アグロエコロジー」の翻訳本も出版された。とはいえ、こうしたアカデミックな類書はさておき、地球科学も生物学も農業も、そして、現場の農政もといずれも少しは齧り、かつ、在野のフリーランサーとして、好き勝手なことを言える人間にしか書けない本ができたのではないかと思っている。同時に自然農や有機給食がブームとなるなかで、膨大な情報もあふれているが、生命―自然こそがホンモノを知っている。本書の題名を『シン・オーガニック』といういささか挑発的なタイトルにしたのにはそんな想いもある。なお、読者に読みやすくするための言葉選びから、参考文献の提案まで、編集者の田口均氏には、併走というかたちで最後までお世話になった。本書が土と生命の奥深さへの理解に多少なりともつながったとすれば、それは田口氏の下支えの賜物である。この場を借りて厚くお礼を申し上げたい。

令和6年6月

吉田太郎

ま

や

ら

わ

地名索引
（地域順）

な

は

た

か

さ

事項索引
（五十音順）

な

は

ま

人名索引
（五十音順）

あ

か

さ

た

吉田太郎
よしだたろう
1961年、東京都生まれ。筑波大学自然学類卒。同大大学院地球科学研究科中退。専攻は地質学。埼玉県、東京都および長野県の農業関係行政職員として勤務。長野県では農業大学校教授（生物学、土壌肥料学演習）のほか、有機農業推進担当職員として有機農業の啓発普及に従事した。定年退職後は晴耕雨読の生活をしつつ、フリージャーナリストとして活動。NPO法人日本有機農業研究会理事。主な著作は『タネと内臓』『コロナ後の食と農』『土が変わるとお腹も変わる』（いずれも築地書館）、『有機給食スタートブック』（共著、農文協）など。

シン・オーガニック
土壌・微生物・タネのつながりをとりもどす

2024年7月5日　第一刷発行
2024年9月5日　第二刷発行

著者
吉田太郎

発行所
一般社団法人 農山漁村文化協会
〒335-0022　埼玉県戸田市上戸田2丁目2-2
電話：048-233-9351（営業）　048-233-9376（編集）
FAX：048-299-2812　振替00120-3-144478
URL：https://www.ruralnet.or.jp/

印刷・製本
（株）シナノ

ISBN978-4-540-23167-4　〈検印廃止〉

編集・制作／株式会社 農文協プロダクション
ブックデザイン／堀渕伸治©tee graphics